전자재료 및 부품

이 홍 석 저

도서출판 상 학 당

머리말

급속한 전자 · 정보 · 통신 기술의 발전으로 오늘날 우리의 삶은 너무나 빠른 속도로 변화되고 있다. 이와 같은 가술의 발전에 따라 전자재료 분야에 대한 관심이 증대되면서 이와 관련된 각종 소자이론과 전자부품이 매우 중요시되고 있다. 이와 같은 관점에서 저자는 다년간 강의경험과 자료, 그리고 국내외 전기 · 전자재료 관계 문헌을 토대로 다음과 같은 점을 고려하였다.

첫째, 제 1 장 전기 · 전자재료의 기초, 제 2 장 도전재료, 제 3 장 절연재료, 제 4 장 반도체재료와 제 5 장에서는 각종 전자부품의 기초, 제 6 장에서는 센서에 대한 사항을 다루었다.

둘째, 초보자도 쉽게 이해할 수 있도록 수학적인 해석을 탈피하여 개념적인 설명에 중점을 두었다.

셋째, 부품의 고장모드와 원인, 신뢰성 용어 해설을 부록으로 첨가하여 학습자의 이해를 돕도록 하였다.

전기 · 전자재료 분야가 너무나 방대하고 다양한 내용을 갖고 있기 때문에 독자 여러분이 충분히 이해할 만한 설명이 이루어지지 못한 부분이 많을 것으로 생각되나 이 책이 전기 · 전자재료 분야를 공부하는 독자들에게 조금이라도 도움이 된다면 더 이상 바랄 것이 없다. 또한 어느 분야보다 빠르게 발전하는 분야인만큼 앞으로 계속해서 내용을 수정 · 보완할 것을 약속하며 충언을 바란다.

끝으로 이 책의 집필에 있어서 국내외 문헌과 저서를 많이 참고하였기에 이들 저자분들께 깊은 사의를 드리며, 저자의 노력에도 불구하고 뜻하지 않은 오류를 범하게 되었을지 우려되는 바이다. 따라서 선배, 독자 여러분들의 많은 조언을 부탁드리며 이 책이 나오기까지 많은 도움을 주신 상학당 사장님과 직원 여러분께 감사를 드린다.

저자 씀

차 례

제1장 전기 · 전자 재료의 기초

1.1 전기 · 전자재료의 개요 ········· 12
- 1.1.1 전기 · 전자재료의 종류와 용도 ········· 12
- 1.1.2 전기 · 전자재료의 진보와 중요성 ········· 13

1.2 원자와 전자 ········· 15
- 1.2.1 원 자 ········· 15
- 1.2.2 원자핵 ········· 15
- 1.2.3 자유전자 ········· 16
- 1.2.4 주기율표 ········· 17
- 1.2.5 원자의 결합 ········· 18

1.3 금속 내의 전자운동 ········· 21

1.4 고체의 에너지대와 특성 ········· 23
- 1.4.1 에너지대 ········· 23
- 1.4.2 에너지대와 고체 분류 ········· 24
- 1.4.3 반도체 종류 및 성질 ········· 25
- 1.4.4 반도체의 전기전도 ········· 27
- 1.4.5 반도체의 광전효과 ········· 28
- 1.4.6 반도체의 열전효과 ········· 28
- 1.4.7 반도체의 자기장효과 ········· 30
- 1.4.8 물질의 자기적 성질 ········· 30

제2장 도전재료

2.1 도전재료의 성질 ········· 34
- 2.1.1 도전재료의 구비조건 ········· 34
- 2.1.2 금속의 열처리 ········· 35
- 2.1.3 금속의 합금 ········· 37

2.2 전선의 구조 및 종류 41
2.2.1 구조에 따른 분류 41
2.2.2 연합(꼬아 합친)방법에 의한 분류 42
2.2.3 구성재료에 의한 분류 43
2.2.4 절연전선 44

2.3 구리와 그 합금 48
2.3.1 구 리 48
2.3.2 구리 합금 50

2.4 알루미늄과 그 합금 52
2.4.1 알루미늄 52
2.4.2 알루미늄 합금 52

2.5 특수도전재료 54
2.5.1 접촉저항 54
2.5.2 접점재료 54
2.5.3 스프링 재료 58
2.5.4 퓨 즈 59
2.5.5 땜 납 61

2.6 저항재료 63
2.6.1 저항재료의 분류 63
2.6.2 금속저항재료 65
2.6.3 비금속저항재료 70
2.6.4 박막저항재료 73

제3장 절연재료

3.1 절연재료의 분류 81
3.2 절연재료로서 구비해야 할 성질 84
3.2.1 전기적 성질 84
3.2.2 기계적 성질 84
3.2.3 열적 성질 85
3.2.4 화학적 성질 85

3.3 열화현상 및 원인 86

3.4 기체절연재료 ········ 88

3.5 액체절연재료 ········ 91

3.6 고체절연재료 ········ 93

3.6.1 운 모 ········ 93

3.6.2 석 면 ········ 94

3.6.3 세라믹 ········ 96

3.6.4 유 리 ········ 98

3.7 수지계 절연재료 ········ 101

3.7.1 천연수지 ········ 101

3.7.2 합성수지 ········ 102

3.8 고무계 재료 ········ 115

3.8.1 천연고무 ········ 115

3.8.2 합성고무 ········ 115

제4장 반도체재료

4.1 반도체의 이해 ········ 119

4.1.1 반도체의 정의 ········ 119

4.1.2 반도체의 분류 ········ 121

4.1.3 반도체의 역할 ········ 122

4.1.4 반도체의 발달과정 ········ 123

4.2 반도체물성 및 소자 ········ 126

4.2.1 반도체물성 ········ 126

4.2.2 반도체개별소자 ········ 130

4.2.3 전력용 반도체소자 ········ 138

4.3 반도체재료의 종류 ········ 148

4.3.1 원소반도체 ········ 149

4.3.2 화합물반도체 ········ 151

4.3.3 유기물반도체 ········ 153

4.3.4 비정질반도체 ········ 154

4.4 반도체재료의 정제와 단결정제작법 ········ 155

4.4.1 게르마늄과 실리콘의 화학적 정제 ········ 155

4.4.2 물리적 정제법 ········ 156
4.4.3 반도체 단결정제작법 ········ 157

4.5 반도체 제조공정 ········ 159

제5장 전자부품

5.1 전자부품의 외형 ········ 163
5.1.1 저항기 ········ 163
5.1.2 콘덴서 ········ 170
5.1.3 코 일 ········ 182
5.1.4 다이오드 ········ 188
5.1.5 트랜지스터 ········ 194
5.1.6 릴레이 ········ 196
5.1.7 집적회로 ········ 199
5.1.8 프린트 기판 ········ 204
5.1.9 선 재 ········ 205

5.2 전자부품의 규격 및 특성 ········ 208
5.2.1 수동소자 ········ 208
5.2.2 능동부품 ········ 211

5.3 부품의 선정방법 ········ 218
5.3.1 부품의 특성규격 분석 ········ 218

제6장 센 서

6.1 광센서 ········ 226
6.1.1 광전자방출형 센서 ········ 226
6.1.2 광도전형 센서 ········ 229
6.1.3 접합형 센서 ········ 234

6.2 온도 센서 ········ 245
6.2.1 온도 센서의 종류와 그 개요 ········ 245
6.2.2 열전대 ········ 248
6.2.3 반도체 온도 센서 ········ 252
6.2.4 서미스터 센서 ········ 254
6.2.5 측온저항체 ········ 263
6.2.6 감온 리드 스위치 ········ 269

6.2.7 수정 온도 센서 271

부 록 275

• 참고문헌 294
• 찾아보기 295

제 1 장

전기 · 전자재료의 기초

각종 공업의 생산설비나 제품에 사용되는 재료를 공업재료라 하며, 이에는 전기 · 전자재료, 기계재료, 건축재료 및 화학재료 등이 있다.

이들 중 전기 · 전자재료는 다른 공업재료에 비하여 현저하게 상이한 특징을 지니고 있다.

첫째, 재료의 종류가 광범위하게 많고, 천연재료와 인조재료, 무기재료와 유기재료 등 기체 · 액체 · 고체에 걸쳐 물질의 전역에 분포되고 있다.

둘째, 순도 · 품질의 균일성 등의 문제에 대해 매우 높은 정도가 요구되고 있다. 가령, 실리콘의 순도가 99.99999999% 이상이라야 좋은 성능의 반도체소자가 될 수 있다는 것 등이다.

이 장에서는 우선 전기 · 전자재료의 종류, 용도 및 그 중요성 등 전기 · 전자재료의 개념을 파악하고, 이어서 전기 · 전자재료의 기본적인 성질을 이해하기 위해 이미 물리학에서 배운 것과 중복되겠지만, 일단 물질의 구성에 대하여 개략적으로 정리하기로 한다.

1.1 전기·전자재료의 개요

1.1.1 전기·전자재료의 종류와 용도

전기·전자재료를 분류하는 방법에는 여러 가지가 있다. 전기를 이용하는 장치·기기 및 부품 등에 있어서, 어떤 재료를 어떤 용도로서 사용하는가를 배우는 것이 직접적인 목적이므로, 이와 같은 관점에서 실용적으로 전기·전자재료를 기종별, 또는 재료의 성질과 이용방법에 의해 분류할 수 있다.

(1) 전기적 성질과 이용방법에 의한 분류

1) 도전재료

전선재료, 저항재료, 브러시 및 퓨즈 등 전류를 통하게 하기 위한 재료

2) 반도체재료

다이오드, 트랜지스터 등에 사용되는 재료. 광전재료, 열전재료, 홀(Hall) 효과 재료 등 반도체의 특유한 성질을 이용하는 재료

3) 절연재료

천연 또는 인조의 기체, 액체 및 고체(합성수지)로서 전류의 유출입을 방지하는 목적 및 콘덴서의 유전체로서 이용되는 재료

4) 자기재료

자기현상을 이용하는 재료로 영구자석 및 자심 등에 사용되는 재료

(2) 기종별에 의한 분류

1) 전선재료

나전선재료, 절연전선재료, 케이블 재료

2) 개폐기재료

소형 스위치 재료, 유입차단기재료, 공기차단기재료, 자기차단기재료

3) 계기재료

지침형 계기재료, 전자관식 평형계기용 재료

4) 회로부품재료

저항기재료, 코일 재료, 콘덴서 재료, 프린트 배선재료

5) 전자관재료

대소형 진공관재료, 방전관재료, 브라운관재료, 특수 전자관재료

6) 반도체전자재료

트랜지스터 재료, 광전자재료, 전자냉동재료, 서미스터 재료, 바리스터 재료, 홀 전자재료

7) 정류기재료

수은정류기재료, 금속정류기재료

8) 회전기재료

직류기재료, 회전기재료, 유도기재료

1.1.2 전기 · 전자재료의 진보와 중요성

전기를 이용하는 장치나 기기는 여러 부품의 집합이고, 각 부품은 각종 전기 · 전자재료로 되어 있다. 재료는 설계, 공작기술과 더불어 장치나 기기의 성능을 결정하는 중요한 요소이다.

아울러 이들 양자 간은 서로 밀접한 관계가 있어 새로운 원리에 의거한 장치나 기기가 고안되어, 그 설계측에서 새로운 재료의 개발을 요구하는 경우가 있으며, 또는 새로운 재료가 개발되면 그 재료측에서 새로운 장치나 기기의 개발을 촉진시키는 경우도 있다.

이와 같이, 전기·전자재료의 개발이나 진보에 의해 직접 얻어지는 이점이나 효과를 들면 다음과 같다.

1) 장치 및 기기성능의 향상
2) 부품, 장치 및 기기의 신뢰성 향상
3) 장치 및 기기의 소형화와 간략화
4) 새로운 장치 및 기기의 출현
5) 가격저렴화

1.2 원자와 전자

1.2.1 원 자

모든 물질은 매우 작은 분자 또는 원자의 결합으로 되어 있으며, 이들 원자는 양전하를 가진 원자핵(atomic nucleus)과 음전하를 가진 전자(electron)라는 작은 입자로 구성되어 있다. 원자핵의 구조나 원자핵을 둘러싸고 있는 전자의 수에 따라 서로 다른 원자가 된다. 그리고 원자의 모형은 마치 태양 주위를 지구와 같은 행성들이 돌고 있는 것과 비슷하며, 원자핵을 중심으로 [그림 1-1]과 같이 몇 개의 전자가 각각 정당한 궤도 위에서 자전하면서 돌고 있다. 이 중에서 수소원자는 가장 간단한 구조로 되어 있다.

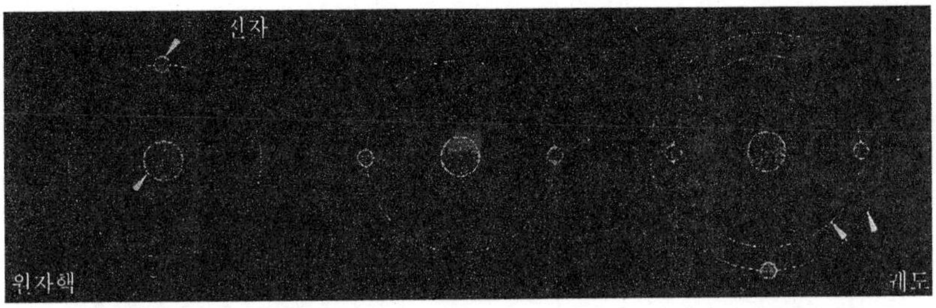

(a) 수소 (b) 헬륨 (c) 리튬

[그림 1-1] 원자의 구조

1.2.2 원자핵

원자핵은 단지 양전하로만 뭉쳐 있는 것이 아니고, $+e$[C]의 양전하를 가진 양성자(proton)와 이것과 거의 같은 질량을 가지지만, 전하는 가지고 있지 않은 중성자(neutron)가 강한 핵력으로 결합된 구조로 되어 있다. 양성자나 중성자는 질량이 전자의 약 1,840배나 되는 입자이며, 이들을 한데 합하여 핵자(nucleon)라 한다. 그러므로 원자의 질량은 전자의 질량을 무시하고 거의 핵자의 질량만이라고 생각해도 된다. 원자핵의 양성자수 Z는, 핵의 양전하 수(*e*를 단위로 하여)를 나타내고 동시에 원자번호를 나타낸다. 원소의 종류에 따라서 양성자의 수 Z는 일정하나, 중성자의 수는 Z에 가까운 값 중에서 몇 가지의 값을 가지는 경우가 있다. 이를테면, 산소(O)의 원자번호는 Z=8(양성자 8개)이나 중성자수는 8, 9, 10개 중 어느 하나를 가진 원자들이 있다. 이와 같이 같은 원소이지만 원자 1개씩 비교하면 양성자 수는 같으나, 핵자의 총수로 나타내는 질량 수가 다른 원소들이 있는데, 이들을 동위원소(isotope)라 한다.

1.2.3 자유전자

일반적으로 금속은 [그림 1-2]와 같이 다수의 원자가 규칙적인 그물눈금(격자) 모양으로 배열된 결정(crystal)구조로 되어 있다. 예를 들면, 반도체재료에 사용되는 실리콘(Si)은 결정체의 전 영역에 걸쳐 [그림 1-2](a)와 같이 규칙적으로 배열되어 있는데 이와 같은 구조를 단결정이라 한다. 그러나 도전재료로 많이 쓰이는 구리는 이러한 단결정조각들이 많이 모여 있는 구조로 되어 있다. 이와 같은 구조를 다결정이라 하며, [그림 1-2](b)와 같은 모양이다.

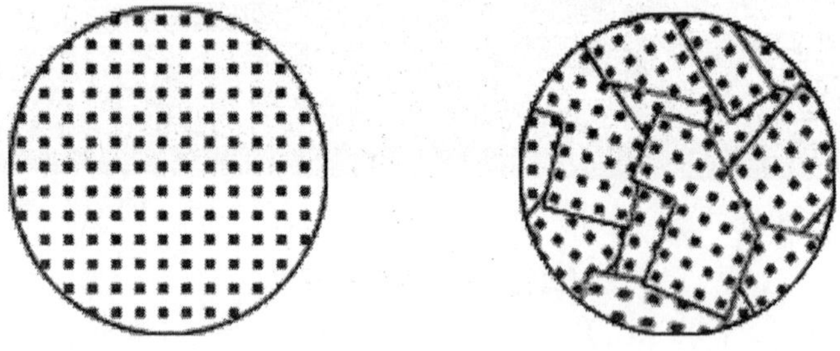

(a) 단결정 (b) 다결정

[그림 1-2] 결정구조의 모형

구리원자는 [그림 1-3]과 같이 29개의 궤도전자가 제각기 무리를 이루고 일정한 궤도를 따라 원자핵 주위를 돌고 있다. 이러한 궤도를 전자각(electron shell)이라 하고, 원자핵의 가까이로부터 순서대로 K각, L각, M각 및 N각이라 한다.

구리의 경우 궤도전자의 수는 K각에 2개, L각에 8개, M각에 18개, N각에 1개가 있다. 이 경우 가장 바깥에 있는 N각의 궤도전자는 원자핵으로부터의 구속력이 가장 약해, 외부로부터 에너지가 주어지면 원자의 구속으로부터 이탈하여 자유로운 운동을 할 수 있는 자유전자로 된다. 자유전자의 전하량 e와 질량 m은 다음과 같다.

$$e = -1.602189 \times 10^{-19} [\mathrm{C}]$$

$$m = 9.109534 \times 10^{-31} [\mathrm{kg}]$$

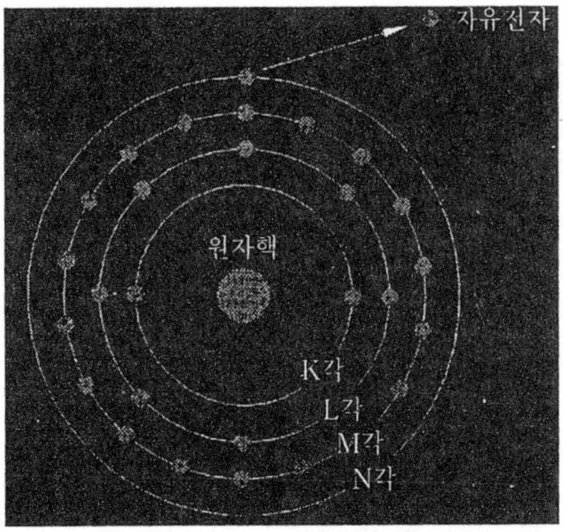

[그림 1-3] 구리의 원자모형

1.2.4 주기율표

최외각전자의 개수는 원자핵의 양성자 개수와 일치하는데 1개에서부터 8개까지 존재할 수 있으며, 최외각전자의 개수가 같은 원자들끼리는 유사한 성질을 갖게 된다. 이처럼 원자들을 최외각전자의 개수에 따라 분류해 놓은 표를 주기율표라고 한다. 주기율표에 따라 원자들은 1족에서부터 8족(또는 0족)으로 구분되며 실리콘의 경우 최외각전자가 4개이므로 4족임을 알 수 있다.

붕소(B) 원자는 주기율표상에 보면 3족 원소이며 따라서 최외각전자가 3개임을 알 수 있고, 마찬가지로 인(P)이나 비소(As)는 5족 원소이며 따라서 최외각전자의 개수는 5개가 되는 것이다.

〈표 1-1〉 고밀도집적회로에 보통 사용되는 원소

		비 금 속 원 소			
		제 3 족	제 4 족	제 5 족	제 6 족
원자번호 원소기호 원 소 명 원 자 량		5 B 붕소 10.811			8 O 산소 15.9994
금속원소					
제 1 족	제 2 족	13 Al 알루미늄 26.98154	14 Si 실리콘 28.0855	15 P 인 30.97376	16 S 유황 32.066
29 Cu 구리 63.546	30 Zn 아연 65.39	31 Ga 갈륨 69.73	32 Ge 게르마늄 72.59	33 As 비소 74.9216	34 Se 셀렌 78.96
	48 Cd 카드뮴 112.42	49 In 인듐 114.82		51 Sb 안티몬 121.95	

1.2.5 원자의 결합

금속이 금속 특유의 성질을 나타내는 원인의 하나는 결정구조이지만 금속 이외에도 결정을 이루는 것은 많다. 금속 특유의 성질, 즉 전기 및 열전도가 우수하다든가 소성변형이 크다든가, 또는 금속광택을 나타내는 근본적인 원인은 원자간의 결합방식에 있다.

일반적으로 원자끼리 결합하는 힘을 크게 나누면 (1)이온 결합, (2)공유결합, (3)금속결합, (4)반데르발스(Van der Waals) 결합이 있다.

그러나 이러한 결합 외에 이들의 중간상태 및 2가지 결합방식을 겸하는 경우도 있다.

금(Au) 및 구리(Cu)는 순수한 금속결합을 하지만 안티몬(Sb) 및 비소(As) 등은 금속결합의 형태라기보다는 공유결합의 색채가 짙어 금속적 특성이 적다.

(1) 이온 결합

결합력은 원자끼리 전자를 주고받아서 ⊕와 ⊖이온으로 되었을 경우에 생기며 2개의 이온 사이의 정전기 힘에 의한 이온결합으로 NaCl결정이 대표적인 예이다.

이것은 서로 결합하는 원자가 ⊕와 ⊖의 전하(電荷)를 갖는 Na과 Cl의 경우이므로 이극(異極)결합이라고도 한다.

이와 같은 이온 결정의 경우에는 전자가 2개의 이온 사이에 고정되므로 금속과 같은 전기전도는 불가능하지만 이온 전도는 약하게 일어난다. 또한 외력을 가하면 금속의 경우 늘어나면서 변형하지만 이온 결합의 경우는 일정한 원자면을 따라 재료가 갑자기 깨져버리는 취성파괴가 일어난다.

(2) 공유결합

2개의 원자 각각의 최외각에 있는 전자가 이 2개의 원자간의 공통인 전자궤도 위를 움직이며 서로 연결되어 그 힘으로 2개의 원자를 결합한 상태인 경우로 대표적인 예가 다이아몬드이다. 이는 서로 똑같은 종류의 원자(C)간에 힘이 작용하여 결합한 것이다. 이 경우에 전자는 어느 쪽의 원자에 속한다고 말할 수 없는, 즉 2개의 원자에 공유된 형태이므로 공유결합 또는 동극(同極)결합이라 한다.

다이아몬드는 강한 방향성 외에 원자간 결합력이 강하므로 경도가 크고 결정 내부 전체를 돌아 움직일 수 있는 전자가 없으므로 전기부도체이며 빛에 대해서는 투명하다.

(3) 금속결합

금속원자의 결합도 같은 종류의 원자간에 작용하는 힘에 의한 것으로 최외각 전자가 각 원자에서 나와 이들이 서로 연결되어 원자를 결합하는 것으로 일종의 공유결합이다.

단, 공유결합과 다른 점은 튀어나온 전자가 특정한 2개 원자에만 공유되지 않고 금속결정을 구성하고 있는 원자 전체에 공유된다는 점이다. 즉, 금속결합은 최외각 전자와 유리된 금속원자가 모든 원자 전체를 에워싸는 수많은 전자의 두꺼운 구름 중에 박혀 있고 유리된 전자구름과 잔여금속 이온군 사이의 상호작용에 의해 각 원자가 서로 결합되어 있다는 것이다.

따라서 전자구름 속에서는 전자가 결정 전체를 자유롭게 이동할 수 있으므로 전기 및 열을 잘 전달한다. 또한 금속원자는 모두 등가이고 외부로부터 응력을 가하면 어느 장소에서 이들 결합이 파괴되고 미끄러져도 쉽게 다시 결합될 수 있으므로 소성변형이 가능하며, 가시광선이 금속에 닿으면 전자구름에서 산란되어 금속광택을 나타낸다.

(4) 반데르발스 결합

Ne, Ar과 같은 원자는 다른 원자와 화합하는 힘을 거의 갖고 있지 않다. 그러나 이와 같은 원자 사이에도 전기적으로 중성인 원자들이 접근하면 그들 원자 내부에서 각 순간순간에 ⊕와 ⊖의 각 전하의 중심이 분리, 즉 분극이 일어나 그 결과 인접 원자 사이에 약한 전기적 이력이 생긴다.

이것이 반데르발스(Van der Waals) 힘으로 분자의 크기가 작은 경우에는 극저온에서만 원자의 열진동보다 우세하여 원자를 결합할 수 있다. 따라서 이러한 힘에 의해 결합한 것은 매우 낮은 온도에서 풀어진다.

그러나 아르곤은 −189[℃] 이하에서는 고체상태로 존재하며 이는 아르곤 원자들 사이에 어떤 결합구조가 있음을 의미한다. 고체 아르곤은 −189[℃] 이상에서 녹기 때문에 이 결합의 크기는 세지 않을 것이다. 예를 들어 아르곤 고체는 −189[℃]에서 융해하며, −186[℃]에서 기체로 되어 버린다.

〈표 1-2〉 결정의 종류

	이온 결정	분자결정	원자결정	금속결정
결정구성단위	양이온, 음이온	분 자	원 자	양이온, 자유전자
결합력	정전기적 인력	분자간 인력	원자간 인력	전기적 인력
굳 기	매우 단단하다 부서지기 쉽다	아주 무르다	아주 단단하다	단단하거나 무르다
녹는점	높 다	낮 다	매우 높다	높다~아주 높다
전기전도성	부도체(고체) 도체(액체)	부도체(고체) 부도체(액체)	부도체(고체) 부도체(액체)	도체(고체) 도체(액체)
예	$NaCl$, KNO_3	I_2, H_2	다이아몬드, SiC, SiO_2	Fe, Cu

1.3 금속 내의 전자운동

금속의 내부에는 무수히 많은 원자가 격자 모양으로 결합되어 있으며, 원자핵에 구속되지 않는 전도전자가 금속 양이온의 사이를 자유로이 운동하고 있다. 이런 상태의 금속에 전지 등을 사용해 전기장을 가하면 양극을 향해서 전도전자의 이동이 일어나며, 그 결과 전류가 흐른다.

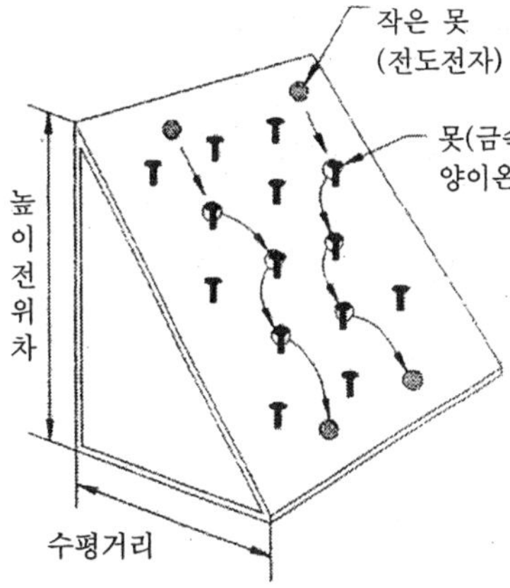

[그림 1-4] 기울기가 큰 공의 속도

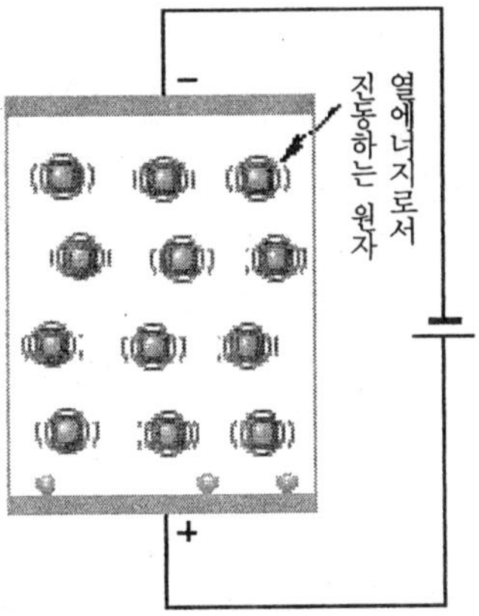

[그림 1-5] 금속 내의 전자의 이동

[그림 1-4]는 그 모양을 모형에 의해 나타낸 것인데, 못이 박혀 있는 판을 비스듬히 세워 놓고 위에서부터 작은 공을 굴리면 공이 가속되어 못에 부딪히면서 굴러 내려간다. 전자의 흐름도 공이 굴러내리는 것과 같이 다수의 전자가 일률적으로 분포한 원자나 금속 양이온 등에 충돌하면서 평균속도로 이동하고 있다. 또 [그림 1-5]에서 비스듬히 놓아둔 판의 높이는 전위차에 상당하고, 전위차와 전도전자의 평균속도는 서로 비례관계에 있다. 일반적으로 상온에 있는 금속도 열에너지를 받아서 금속 양이온이 진동하고 있으므로, 그 사이를 통과하는 전자는 충돌횟수가 많아지고 열을 발생하게 된다. 또, 이동속도가 늦어지므로 전류가 감소한다. 이 모양을 나타낸 것이 [그림 1-5]이며, 금속의

온도가 상승하는 데 따라 전기저항이 증가하는 것도 이런 이유이다. 또 전도전자가 한 번 충돌한 다음 다시 충돌할 때까지의 운동거리의 평균값을 평균자유행정(mean free path)이라 하는데, 전자가 이동하는 자유도를 나타내는 것이다. 이 평균자유행정은 보통 금속도체 중에서는 10^{-4}[m] 정도이나, 진공관의 내부 등과 같이 진공에 가까운 곳에서는 운동을 방해하는 것이 없으므로 10[m] 이상도 되며, 전자만의 자유로운 공간을 만들 수 있다. 다음에는 전자류와 전류의 관계를 알아보기로 한다.

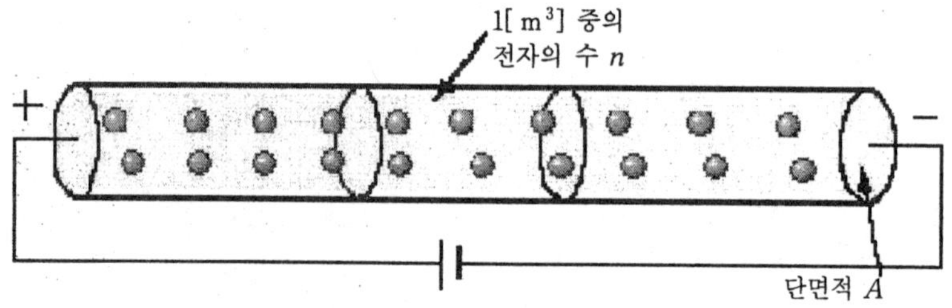

[그림 1-6] 금속 내의 전자의 이동

[그림 1-6]과 같이 도체 중의 전자밀도를 n[개/m^3], 도체의 단면적을 A[m^2], 전자의 평균이동속도를 v[m/s]로 하면, 1초 동안 이 도체의 단면을 통과하는 전자의 수 N은

$$N = nAv[\text{개}] \quad \cdots\cdots (1-2)$$

로 된다. 이 식에 전자의 전하 $-e$[C]를 곱하면, 전류 I는

$$I = -enAv\,[\text{A}] \quad \cdots\cdots (1-3)$$

가 되며, 전류는 전자의 속도 v에 비례한다. 한편, 평균속도 v는 전위차, 즉 전압에 비례하므로 옴의 법칙이 성립하는 것도 알 수 있다.

1.4 고체의 에너지대와 특성

1.4.1 에너지대

하나의 원자에서 운동하는 전자는 각 궤도에 따라 일정한 에너지 준위를 갖는다. 그러나 두 개 이상의 원자로 구성되는 물체에서는 각 원자가 서로 영향력을 주고 받으면서 밀고 당기고 영향을 주게 되고, 결정의 에너지는 일정한 에너지준위에서 벗어나 에너지대를 형성한다. 이 에너지대를 분류하면 다음과 같다.

(1) 허용대(allowed band)

전자가 존재할 수 있는 영역이다.

(2) 금지대(forbidden band)

전자가 존재할 수 없는 영역, 즉 허용대와 허용대 사이의 영역으로 에너지 갭(energy gap)이라고도 한다. 금지대 폭의 크기는 고체를 도체, 반도체 또는 절연체로 구분하는 중요한 요소가 된다.

(3) 전도대(conduction band)

전자가 존재하지 않고 비어 있는 허용대이다.

(4) 충만대(filled band)

전자가 가득 채워져 전자가 이동할 수 없는 허용대이다.

(5) 공핍대(exhaustion band, empty band)

보통의 상태에서는 전자가 존재하지 않는 허용대이다.

1.4.2 에너지대와 고체 분류

모든 고체는 전기전도 정도에 따라 금속도체, 반도체, 절연체로 분류되며, 에너지대 구조에 따라 고체를 분류하면 다음과 [그림 1-7]과 같다.

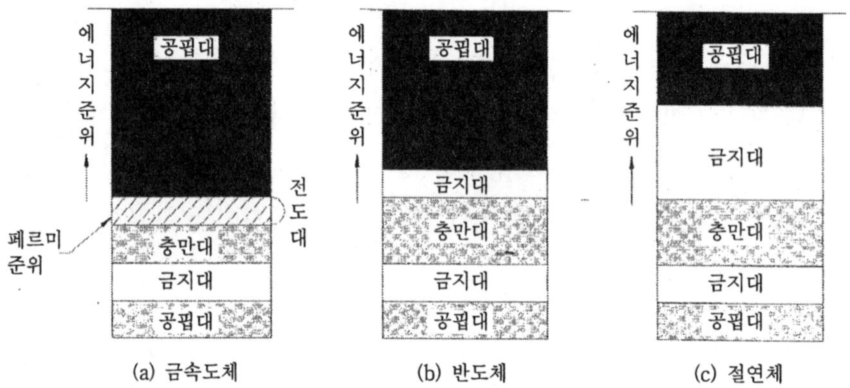

[그림 1-7] 고체의 에너지대

(1) 금속도체

[그림 1-7](a)와 같이 충만대에 공핍대가 접해 있어 공핍대에서는 충만대로부터 전도전자가 옮겨져서 전도대를 형성하고 있기 때문에 전기전도가 매우 높다.

(2) 반도체

[그림 1-7](b)일 때 공핍대에는 전자가 없으며, 또 상위의 충만대와 공핍대 사이의 금지대의 폭이 좁다. 충만대의 일부 전자는 적은 에너지(1[eV] 정도)에서도 비교적 용이하게 금지대를 넘어서 공핍대에 올라갈 수 있다.

(3) 절연체

[그림 1-7](c)와 같이 전자의 움직임은 반도체와 같다고 보나, 충만대와 공핍대 사이의 에너지 갭이 크므로 상당히 큰 에너지(6~7[eV])를 가하지 않으면 충만대의 전자는 공핍대에 올라갈 수 없다.

1.4.3 반도체 종류 및 성질

반도체는 크게 진성반도체(intrinsic semiconductor)와 불순물반도체(extrinsic semiconductor)로 구분한다. 진성반도체는 불순물이 거의 포함되어 있지 않은 순수반도체이며(순도 99.9999999[%]정도), 대표적으로 규소(Si)와 게르마늄(Ge)이 있다. 그리고 불순물 반도체는 진성반도체에 5가 원소를 혼합한 p형 반도체와 3가 원소를 혼합한 n형 반도체로 구분한다.

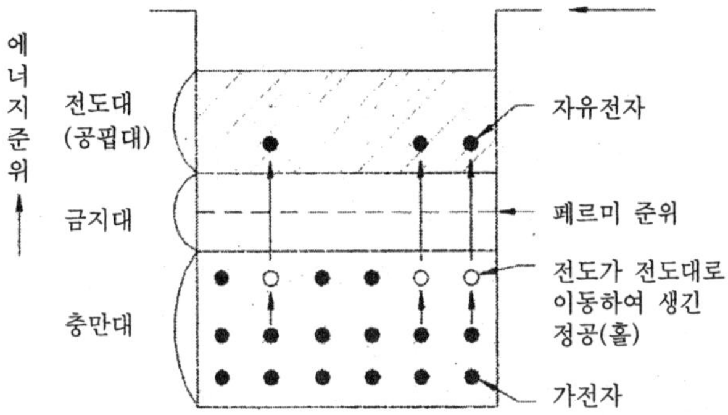

[그림 1-8] 진성반도체의 에너지대 구조

(1) n형 반도체

진성반도체 단결정에 5가의 원소 P(인), As(비소), Sb(안티모), B(비스무트) 등을 혼합한 것을 n형 반도체라 한다. 진성반도체에 5가 원소를 혼합하면 4개의 가전자만 공유결합을 하고 1개의 가전자가 남게 되어 진성반도체에 여분의 자유전자를 주므로 5가 원소를 도너(donor) 또는 n형 불순물이라 한다.

n형 반도체에서는 전기전도가 주로 여분의 자유전자에 의하여 이루어지므로 이 자유전자를 n형 반도체의 다수반송자(majority carrier)라 한다. 그리고 도너 준위는 전도대 바로 아래에 위치하며, 이 도너 준위를 넘어 전기전도가 이루어진다.

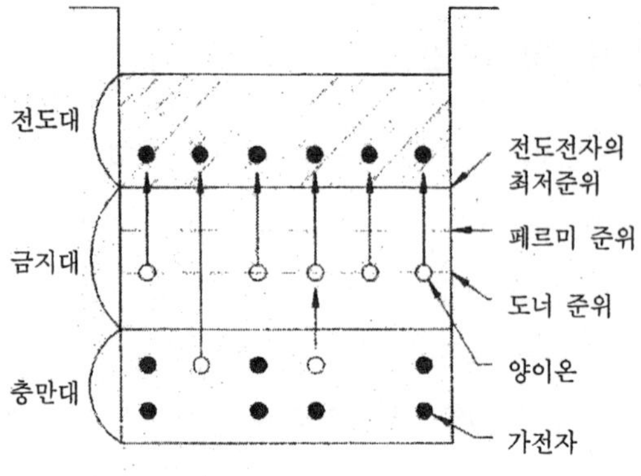

[그림 1-9] n형 반도체의 에너지대 구조

(2) p형 반도체

진성반도체 단결정에 3가의 원소 Ga(갈륨), Al(알루미늄), In(인듐), P(인), B(붕소) 등을 혼합한 것을 p형 반도체라 한다. 진성반도체에 3가 원소를 혼합하면 공유결합을 하는데 1개의 전자가 부족하므로 인접한 진성반도체에서 1개의 전자를 받아들여야 하고, 1개의 전자를 뺏긴 진성반도체에는 전기적으로 양(+)의 성질을 가는 구멍, 즉 정공(positive hole)이 발생한다. 이와같이 공유결합을 위하여 1개의 전자를 받아들여야 하므로 3가 원소를 억셉터(acceptor) 또는 p형 불순물이라 한다.

p형 반도체에서는 전기전도가 주로 정공에 의하여 이루어지므로 이 정공을 p형 반도체의 다수반송자(majority carrier)라 한다. 그리고 억셉터 준위는 충만대 바로 위에 위치하며, 가전자는 이 억셉터 준위로 올라가 전기전도가 이루어진다.

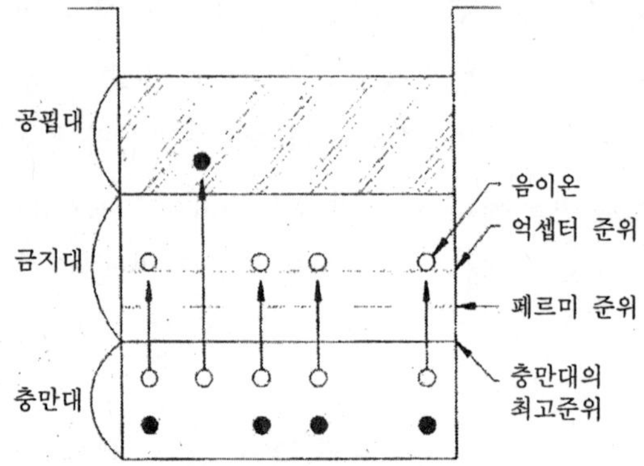

[그림 1-10] p형 반도체의 에너지대 구조

1.4.4 반도체의 전기전도

반도체 내 전류는 크게 전기장에 의한 이동전류(drift current)와 밀도차에 의한 확산전류(diffusion current)로 분류한다.

(1) 이동전류

반도체 양단에 직류 전압을 가하면 전기장에 의하여 정공과 전자는 각각 음극과 양극으로 끌려 전기전도가 이루어지며, 이 전류를 이동전류라 한다.

(2) 확산전류

반도체의 반송자 밀도가 곳에 따라 차이가 있을 때 밀도가 높은 곳에서 낮은 곳으로 반송자가 흘러 전기전도가 이루어지며, 이 전류를 확산전류라 한다.

물체의 전기전도 현상은 온도변화에 따라 변화하며, 금속도체에서는 온도가 증가함에 저항이 증가하는 양(+)의 온도계수를 나타내지만 반도체에서는 온도가 상승함에 따라 저항이 감소하는 음(−)의 온도계수를 나타낸다.

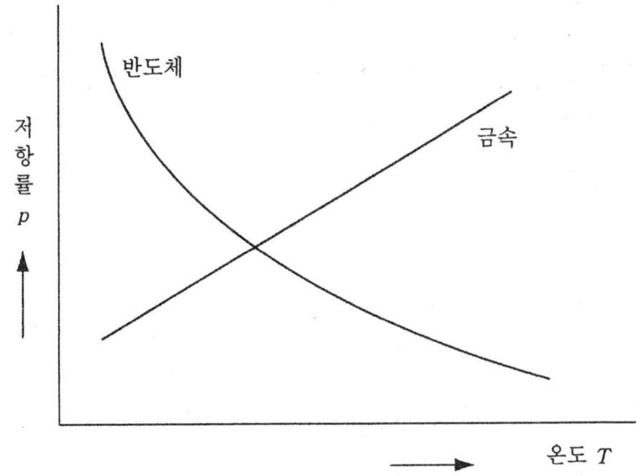

[그림 1-11] 저항률의 온도특성

1.4.5 반도체의 광전효과

(1) 광도전효과

반도체에 전압을 걸고 빛을 조사하면 광자는 공유결합의 전자와 충돌하여 자유롭게 이동할 수 있는 전도 전자를 발생시키고 전자 발생지역에는 정공이 남음으로 한 개의 광자에 의해 전자, 정공 한 쌍의 캐리어가 발생되어 도전율이 증가하는 현상이며, 빛에너지를 전류로 변환하는 광도전소자 CdS에 사용된다.

(2) 광기전력효과

광전효과에 의하여 pn 접합 공핍층에서 발생되는 전자, 정공을 반도체 안에 형성시킨 내부 전계를 사용해서 서로 역방향으로 분리시키면 양극에는 정공이, 음극에는 전자가 모여서 pn 양단에 기전력이 생겨 외부 회로로 전류가 흐르는 현상이며, 광 다이오드, 광 트랜지스터 및 태양전지 등에 사용된다.

(3) 루미네선스

반도체에 전기장을 가하면 반도체 내 여기에 의하여 열을 병행하지 않고 빛이 발생하는 현상이며, 전자발광(electro-luminescence) 현상이라고도 한다. 루미네선스 현상은 레이저다이오드나 LED 등과 같은 표시기나 표지장치에 사용된다.

1.4.6 반도체의 열전효과

(1) 제백효과(Seebeck effect)

서로 다른 두 종류의 도체 또는 반도체의 양쪽 끝을 접합하여 회로를 만들 때 이들 두 접점의 온도를 서로 다르게 하여 주면 이 회로에 열기전력이 발생하고 미소전류가 흐르는 현상이다. 이러한 한 쌍의 금속을 열전대라 하며, 각종 온도측정이나 제어 등에 사용된다.

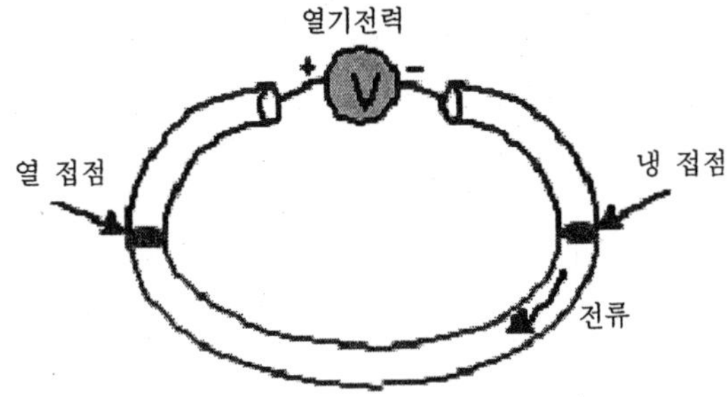

[그림 1-12] 제벡 효과

(2) 펠티에 효과(Peltier effect)

서로 다른 두 종류의 도체 또는 반도체 접점에 전류를 흘리면 그 접점에 줄 열 외의 다른 종류의 열의 발생 또는 흡수가 일어나는 현상이다. 또 전류의 방향을 바꾸면 열의 흡수와 발생 접점이 바뀌지며, 전자냉동장치에 사용된다.

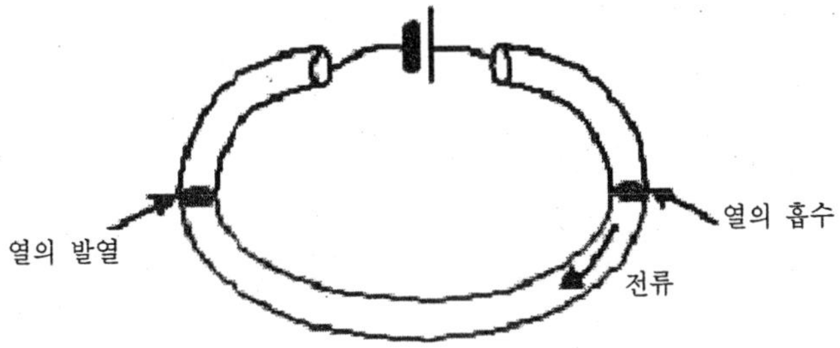

[그림 1-13] 펠티에 효과

(3) 톰슨 효과(Thomson effect)

같은 종류의 금속 중에서 각 부의 온도에 차가 있을 때 여기에 전류를 흘리면 온도차가 있는 부분에서 열의 발생 또는 흡수가 행하여지는 현상, 전류의 방향을 반대로 하면 열의 흡수 또는 발생은 반대로 된다. 전류를 고온부에서 저온부로 흘리면 철, 니켈, 백금 등에서는 열을 흡수하고 구리, 안티몬에서는 열을 발생한다.

1.4.7 반도체의 자기장효과

전류가 흐르고 있는 반도체에 수직방향으로 자기장을 걸면 전류와 자기장에 수직방향으로 전기장, 즉 기전력이 발생한다. 이 자기장 효과를 홀 효과(Hall effect)라 한다. 이때 발생되는 홀 기전력 V_H 는 다음과 같다.

$$V_H = R_H \frac{IB}{d} \text{ [V]} \quad \cdots\cdots (1\text{-}4)$$

여기서 R_H는 홀 상수[m^3/C], I는 전류[A], B는 자기장의 자속밀도 [Wb/m^2], d는 반도체 자기장 방향 길이[m]이다.

따라서 홀 효과를 이용하면 반도체가 p형인지($R_H>0$), n형인지($R_H<0$)를 조사할 수 있으며, 이러한 홀 효과는 전하의 통로가 한쪽으로 몰리므로 자기장 세기에 따라 전기저항이 증가한다.

1.4.8 물질의 자기적 성질

물질의 자성은 원자핵·전자 등의 하전입자의 회전 운동에 의한 자기 모멘트(magnetic moment)에 기인하나, 원자핵의 자기 모멘트는 무시할 정도로 자기 때문에 전자의 궤도(회전)운동 및 자전(spin)에 의한 자기 모멘트가 자성의 지배적인 요소이다.

물체를 자계 내에 놓으면 자화되어 자기 모멘트를 가지며, 단위체적당 자기 모멘트를 자화의 세기 J라고 한다. J와 자계의 세기 H와의 사이에는

$$J = \chi H \text{ [Wb/m}^2\text{]} \quad \cdots\cdots (1\text{-}5)$$

여기서 χ는 자화율(magnetic susceptibilty)이라고 하며, 자성체의 재질에 따라 정해진다. 자성체는 χ의 정·부 및 크기에 따라서 상자성체(paramagnetic substance), 강자성체(ferromagnetic substance), 반자성체(diamagnetic sub-stance)로 대별된다.

(1) 상자성체 : $\chi > 0$

자계를 가하지 않을 경우 원자는 각자 자기 모멘트를 가지며, 이것이 불규칙하게 모든 방향으로 배열하기 때문에 이러한 재료는 자성을 나타나지 않는다. 그러나 자계 내에서는 각 원자의 자기 모멘트가 자계방향으로 배열하게 된다. 이러한 현상을 일으키는 물질을 상자성체라 한다. 상자성체의 자화율은 온도에 역비례하여 직선적으로 변화하고

$$\chi = \frac{C}{T} \quad \cdots\cdots (1-6)$$

(여기서 C : 퀴리 상수)

로 주어진다. 이것을 상자성의 퀴리(Curie) 법칙이라 한다(Al, Mn, Pt, Sn, Ir, O_2, N_2 등이 여기에 속하고 χ는 10^{-6} 이하이다).

(2) 강자성체 : $\chi \gg 0$

철과 같은 재료는 약한 자계 내에서도 상자성체에 비하여 χ의 값이 대단히 크며(10^5 정도) 자계의 세기와 온도에 의하여 그 값이 달라진다.

강자성체는 그 물질에 특유한 온도(Curie temperature) 이상으로 되면 상자성체로 되고, 자화율의 온도 변화는 퀴리-바이스(Curie－Weiss) 법칙에 따른다.

$$\chi = \frac{C}{T - T_c} \quad \cdots\cdots (1-7)$$

(여기서· C : 퀴리 상수, T_C : 퀴리 온도)

강자성체의 물질은 Fe, Ni, Co 및 그들의 합금이며, Cd, Er 등의 원소는 저온에서 강자성을 나타낸다. 강자성체는 자성재료로서 가장 실용적이다.

(3) 반자성체 : $\chi < 0$

외부에서 가한 자계와 반대의 방향으로 약하게 자화되는 것을 역자성이라 하며 렌츠(Lenz)의 법칙에 따라 일어난다.

역자성은 다른 자기적 영향이 없을 때만 검출되며, 공업적으로는 거의 중요성이 없다. χ는 10^{-5} 정도로 온도에 거의 무관하다.

금(Au), 은(Ag), 인(P), 구리(Cu), 게르마늄(Ge), 황(S) 등의 금속 및 비금속 대부분이 반자성체 물질에 속한다.

제2장

도 전 재 료

일반적으로 전기전도성이 좋은 물질, 즉 전류를 잘 통하는 물질을 도체(conductor)라 하고, 이와 반대의 개념을 갖는 물질을 절연체(insulator)라 하는 것은 잘 알려진 사실이다. 전류가 얼마나 잘 통하는가 하는 정도는 재질은 물론 그 온도에 따라서도 크게 달라지므로, 보통은 상온 또는 절대온도 0[°K]에서의 저항률을 기준으로 하고 있다.

금(Au), 은(Ag), 구리(Cu), 알루미늄(Al) 등을 비롯하여 일반적인 금속이나 비금속을 포함하여 합금과 같이 도전율이 큰 물질을 도체라고 하는데 도전율이 큰 것에만 주목하여 단순하게 전기전도를 목적으로 하는 각종의 실용적인 도체를 도전재료(conductive material)라 한다.

2.1 도전재료의 성질

도전재료는 금속이나 비금속, 단원자금속 등으로 다양하게 분류되는데, 같은 종류의 금속이라 할지라도 합금 또는 단원자금속으로 구분된다. 즉 포함하고 있는 불순물의 종류나 양에 따라서 그 전기적 특성이 달라지기 때문이다. 전류를 잘 흘리는 재료는 〈표 2-1〉에 표시한 바와 같이 은(Ag), 동(Cu), 금(Au), 알루미늄(Al) 순서이다.

〈표 2-1〉 각종 단원자금속의 물리적 성질

원소기호	저항률 [μΩ·cm20℃]	도전율 [20℃]	비중 [20℃]	선팽창계수 [$\times 10^{-6}$/℃]	용융점 [℃]	인장강도 [kg/mm^2]
Ag	1.6	107	10.5	19.1	960.5	13
Cu	1.724	100	8.89	17.0	1,083	25
Au	2.4	75	19.3	14.2	1,063	13
Al	2.827	61	2.7	23.03	660	8
Mg	3.9	44	1.74	26	851	18
Na	4.6	37	0.972	71	97.5	–
W	5.5	31	19.2	4.5	3,380	–
Mo	5.7	30	10.3	5.1	2,610	53
Zn	5.9	29	7.14	31	419.4	15
Co	6.2	28	8.9	12.3	1,495	26
Ni	6.8	25	8.9	13.3	1,453	32
Cd	7.5	23	8.65	31	320.9	7
In	9.0	19	7.28	24.6	156.2	0.3
Fe	9.7	18	7.87	12.1	1,536.5	25
Pt	10.6	16	21.5	9.0	1,769	15
Sn	12.8	13	7.3	23.7	231.9	2
Pb	20.5	8	11.4	29	327.7	1.3
Zr	44.6	4	6.5	5.0	1,852	35
Ti	55	3	4.5	8.9	1,668	24

2.1.1 도전재료의 구비조건

① 도전율이 클 것

② 저항률이 작을 것

③ 기계적 강도, 즉 인장강도가 클 것
④ 화학적으로 안정할 것
⑤ 내식성이 클 것
⑥ 가공이 쉬울 것(접속, 땜질)
⑦ 가격이 저렴할 것

그러나 대부분의 단원자금속은 인장강도가 떨어지기 때문에 그대로 도전재료로 사용되는 경우가 드물며 열처리를 하거나 합금을 하여 사용한다. 각종 단원자금속의 물리적 성질은 〈표 2-1〉과 같다.

2.1.2 금속의 열처리

(1) 열처리의 개요

금속재료를 가열하고 냉각하는 데 있어서 그 속도를 변화시키면 조직의 변화가 일어남과 동시에 기계적, 물리적 성질의 변화가 일어난다. 이렇게 사용목적에 적합하도록 가열, 냉각속도를 조정하여 기계적, 물리적 성질의 변화를 일으키는 처리를 열처리(heat treatment)라고 한다. 강에 대한 열처리는 풀림, 불림, 담금질, 뜨임으로 크게 나누어진다. 또 사용용도에 따라서 표면과 내부와의 기계적 성질이 상이하여야 할 경우가 있는데, 재료표면에 어떤 원소를 첨가하여 경화하고 내부는 인성을 가지게 처리함으로써 용도에 적합하게 하는 것을 표면처리라고 한다. 표면처리에는 침탄법, 질화법, 청화법 등이 있다.

(2) 열처리의 목적

일반적으로 열처리를 실시하는 이유는 다음 사항 중 어느 한 가지 목적을 달성하기 위함이다.

① 냉간가공에 의하여 발생된 응력제거 또는 불균일냉각에 의한 응력제거
② 열간가공된 강의 결정립조직의 미세화
③ 바람직한 결정립조직 유지
④ 경도를 감소시키고 연성 향상

⑤ 경도를 증가시켜 내마모성을 향상
⑥ 사용중 충격에 견딜 수 있도록 인성을 향상
⑦ 재료를 절삭에 의해 가공이 가능한 피삭성(被削性) 향상
⑧ 절삭능력 향상
⑨ 전기적 성질 향상
⑩ 자기적 성질 개선

(3) 열처리방법

1) 불 림

불림(normalizing)은 강의 냉간가공, 단조 또는 급랭 등에 의한 내부응력을 제거하고 주조조직을 미세화해서 기계적 성질을 향상시키기 위해 변태점 이상의 온도, 즉 강의 경우에는 A_3 또는 A_{cm} + 50[℃]으로 가열하여 일정시간 유지한 후 대기 중에서 냉각하는 조작을 말하며 강에서 불림처리한 조직을 표준조직이라 한다.

2) 풀 림

소둔(annealing)이라고도 하며, 철 또는 강의 연화, 결정조직의 조정 또는 내부응력의 제거를 하기 위해서 적당한 온도로 가열한 후 서서히 냉각시키는 조작이다. 내부응력의 제거 또는 연화를 목적으로 할 경우에는 적당온도로 가열하며, 결정조직의 조정을 목적으로 할 경우에는 A_3 또는 A_{cm} + 50[℃]로 가열한 후 노냉을 한다. 불림과의 차이점은 냉각방식이 공랭이 아닌 노냉인 점이다.

3) 담금질

담금질(quenching)이란 고온에 있는 것을 급속히 냉각하는 조작을 말한다. 강을 오스테나이트화 온도로부터 급랭해서 강을 경(硬)하게 하거나 강(强)하게 하기 위한 처리를 말한다.

4) 뜨 임

담금질한 강은 대단히 단단하고 취약하므로 여기에 인성을 주어 불안정한 조직을 안정한 조직으로 변화시키기 위하여 변태점 이하의 적당한 온도로 가열, 냉각하는 조작이 뜨임(tempering)이다.

2.1.3 금속의 합금

(1) 합금의 개요

2종 이상의 금속 또는 금속과 비금속을 혼합한 재료를 합금(合金, alloy)이라 한다. 합금을 만드는 각 원소를 합금의 성분(component), 그 성분의 비율을 합금의 조성(組成, composition) 또는 합금의 농도(concentration)라 한다. 2가지 성분으로 된 합금을 이원합금(binary alloy)이라 하고, 3가지 성분으로 된 합금을 삼원합금(ternary alloy)이라 한다. 합금의 종류는 상당히 많으며, 실용화된 금속재료의 대부분은 합금으로 되어 있다.

물질의 상태에는 고체, 액체, 기체의 상태가 있지만 원자 및 분자의 결합형태로 구별할 때에는 상(相, phase)이라는 용어를 사용한다. 상은 물리적으로 균일한 군의 집합체이다. 2개의 금속 A와 B를 혼합해서 가열하면 최후에는 용융되는데, 대개의 경우 성분 A와 B는 서로 녹아서 균일한 액상으로 된다. 이 상태에서 A원자의 결정구조 중에 B원자가 들어가서 균일한 고상으로 된 경우 이 상태를 고용체(solid solution)라 한다. 또한 A금속과 B금속이 화합물 A_mB_n을 구성하면 이 화합물은 금속간화합물(intermetallic compound)이라 한다. 실제의 합금에는 이러한 상이 1개 또는 2개 이상 혼합되어 있는 경우도 있고, 또는 금속간화합물 중에 성분원소가 용해된 경우도 있다.

(2) 합금방법

1) 고용체합금

용질원자가 들어가는 방식에 따라 치환형 고용체(substitution solid solution)와 침입형 고용체(interstitial solid solution)의 2종류가 있다.

① 치환형 고용체 : 용매원자(solvent atome)의 격자점에 용질원자(solute atome)가 치환한 결정으로 구성된 상태의 구조를 치환형 고용체라 한다(예 : 황동(Cu-Sn), 백동(Cu-Ni), 청동(Cu-Zn)).

치환형 고용체는 금속간에 생기고, 특히 용매금속과 용질금속의 결정구조가 같은 경우 및 용매, 용질금속의 원자크기가 비슷하면 치환하기 쉽다. 원자변경에 차가 있을 때에는 결정구조가 변형되므로 용해량은 적게 되고 경화된다.

② 침입형 고용체 : 용매원자의 틈 사이에 용질원자가 들어간 고용체의 경우로 원래 결정구조의 틈은 크지 않기 때문에 침입형으로 들어갈 용질원자는 용매원자보다 작은 것으로 한정되고 일반적으로 비금속원소이다. 그 대표적인 경우가 철에 탄소가 침입형으로 고용된 경우이며, 이때 탄소가 철의 성질 변화를 크게 좌우한다.

2) 공정형 합금

합금계에 있어서 2원 또는 3원계의 하강하는 액상선이 1점 또는 1면에서 합하여 조성된 것을 말하며([그림 2-1] e점), 다른 조성의 것보다 용융점이 낮고 결정이 미세화되어 있으므로 활용도가 크다. 이 융점의 낮은 점을 이용한 것으로는 땜납, 활자합금, 전기 퓨즈 등이 있다.

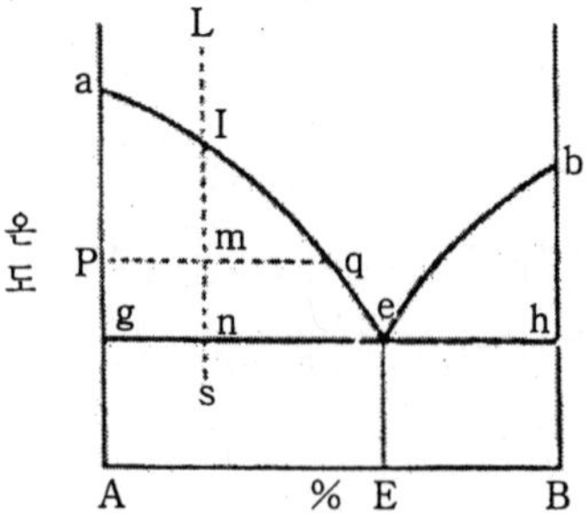

[그림 2-1] 성분금속 A와 B의 합금에서 E조성을 갖는 합금의 용융점(e)

3) 석출경화합금

석출이란 고용체로부터 성분금속이 출현하는 현상이며, 급랭으로 과포화고용된 탄화물과 복탄화물 또는 화합물이 그 후의 시효(상온시효, 고온시효 즉 뜨임)에 의해서 미립 석출하여 경화되는 현상을 석출경화라 한다.

금속은 기지에 미세하게 분산된 불용성의 제2상에 의해 효과적으로 강화되는데, 이때 분산된 제2상이 어떤 방법에 의해 도입되었는가에 따라 석출강화(析出强化, precipitation strengthening)와 분산강화(分散强化, dispersion strengthening)로 구별하여 부르고 있다. 즉 석출강화란 열처리과정을 통하여 과포화고용체로부터 제2상을 석출시켜서 강화시키는 현상을 말하는 것이고, 분산강화란 좀 더 일반적인 용어로서 제2상이 고용체로부터의 석출이 아닌 다른 과정, 예를 들면 분말야금법이나 입자강화 복합재료에서처럼 제조과정 중에 산화물, 탄화물, 붕화물 및 질화물 등의 제2상을 인위적으로 첨가해서 강화시키는 현상을 말하는 것이다.

4) 소결합금

소결합금은 초경질 합금공구로 예를 들면 경질탄화물의 분말을 소량의 연성금속인 Co 또는 Ni의 분말과 혼합하여 압축, 성형한 후에 고온으로 가열하여 소결하는 방법이다. 소결합금은 분말야금에 필요한 방법이며 Al-Ni-Co자석, 오일레스 베어링의 제조 등에 널리 응용되고 있다.

소결합금이 일반적인 용융법으로 제조된 합금에 비해 장점으로 부각되는 것은 다음과 같다.

① 융점이 너무 높아서 공업적으로 용융법에 의해 제조하기 곤란한 합금을 제조할 수 있다(용융온도가 2000[℃] 이상인 합금을 제조할 수 있다).
② 고용도가 전혀 없거나 비중차가 심해서 용융법으로는 만들 수 없는 합금 또는 비금속을 혼합한 금속을 제조할 수 있다.
③ 필터 등 다공질재료를 제조할 수 있다.
④ 균일한 성분 및 정확한 성분의 합금을 제조할 수 있다.
⑤ 동일한 제품을 다량으로 만드는 경우, 특히 기계가공의 비용이 많이 드는

기어류 등의 제조에 적용하면 저렴하면서도 특성이 우수한 제품을 만들 수 있다.

한편, 단점으로는

① 금속분말의 특성이 최종 제품의 성질에 중요한 영향을 미치는 인자가 되며, 특히 분말의 형상과 입도 및 분포는 압축성형의 난이도에 직접 영향을 끼쳐 최종 제품의 품질에 크게 영향을 미친다.
② 소결합금의 공정에 투입되는 중요한 설비로는 혼합기(mixer), 성형기(press), 다이(die), 소결로(sintering furnace) 등이 있다. 실제 성형공정에서 중요한 성형기와 다이의 설비가 가장 문제가 되며, 고가이므로 초기 비용이 많이 들어간다.

2.2 전선의 구조 및 종류

2.2.1 구조에 따른 분류

전선은 구조에 따라 분류하면, 단선과 연선으로 대별한다. 단선은 한 가닥으로 된 전선이며, 규격은 지름의 굵기의 번호로 나타내는 방법이 있고 그 단면은 원형과 평형, 기타형이 있다. 지름의 최대를 12[mm], 최소를 0.1[mm]로 하고 그 사이에 42단계로 구분되어 있다.

연선은 여러 가닥의 소선을 꼰선으로 규격의 지름과 소선 수, 단면적으로 나타내고 있다.

단면적 1000[mm^2]를 최대로 하고 최소 0.9[mm^2]로 하여 이 사이에 25단계로 구분되어 있다. 많이 쓰이는 규정으로 단선에 있어서는 지름으로, 연선은 단면적으로 나타내며 〈표 2-2〉, 〈표 2-3〉과 같다.

〈표 2-2〉 전선지름의 42단계

지름 [mm]	지름공차 [mm]	단면적 [mm^2]	지름 [mm]	지름공차 [mm]	단면적 [mm^2]	지름 [mm]	지름공차 [mm]	단면적 [mm^2]
12.00	0.06	113.10	2.60	0.03	5.309	0.50	0.01	0.1964
10.00	0.06	78.54	2.30	0.03	4.155	0.45	0.01	0.1590
9.00	0.06	63.62	2.00	0.03	3.142	0.40	0.01	0.1257
8.00	0.06	50.27	1.83	0.03	2.545	0.35	0.01	0.09621
7.00	0.06	38.48	1.60	0.03	2.011	0.32	0.01	0.08042
6.50	0.06	33.18	1.40	0.03	1.539	0.29	0.01	0.06605
6.00	0.06	28.27	1.20	0.03	1.131	0.26	0.01	0.05309
5.50	0.04	23.76	1.00	0.03	0.7854	0.23	0.008	0.04155
5.00	0.04	19.64	0.90	0.02	0.6362	0.20	0.008	0.03142
4.50	0.04	15.90	0.80	0.02	0.5027	0.18	0.008	0.2545
4.00	0.04	12.57	0.70	0.02	0.3848	0.16	0.008	0.02011
3.50	0.04	9.621	0.65	0.02	0.3318	0.14	0.008	0.01539
3.20	0.04	8.042	0.60	0.02	0.2827	0.12	0.008	0.01131
2.90	0.03	6.605	0.55	0.02	0.2376	0.10	0.008	0.007854

〈표 2-3〉 연선단면적의 25 단계

공칭절단면적 [mm²]	연선구성 [수/지름]	계산단면적 [mm²]	공칭절단면적 [mm²]	연선구성 [수/지름]	계산단면적 [mm²]
1000	127/3.20	1,021.3	80	19/2.30	78.95
850	127/2.90	838.3	60	19/2.00	59.70
725	91/3.60	731.8	50	19/2.80	58.36
600	91/3.30	601.1	38	7/2.60	37.16
500	61/3.20	490.6	30	7/2.30	29.09
400	61/2.90	402.9	22	7/2.00	21.99
325	61/2.60	323.8	14	7/1.60	14.08
250	61/2.30	253.5	8	7/1.20	7.917
200	37/2.60	196.4	5.5	7/1.00	5.498
150	37/2.30	153.7	3.5	7/0.80	3.519
125	19/2.90	125.5	2.0	7/0.60	1.979
100	19/2.60	100.9	1.4	7/0.50	1.375
			0.9	7/0.40	0.8799

2.2.2 연합(꼬아 합친)방법에 의한 분류

(1) 동심연선

한 개 또는 몇 개의 소선을 중심으로 하여 그 주위에 여러 층으로 소선을 꼬아 만든 것으로 송전선이 그 예이다.

(2) 복합연선

동심연선을 다시 몇 개 모아 합친 것으로 전기기기의 인출선이 그 예이다.

(3) 집합연선

몇 개의 가는 소선을 뭉쳐서 동일방향으로 꼬아 합친 것으로 가연성이 크다. 코드 선이 그 예이다.

(4) 평형연선

소선을 꼬아 합쳐서 평형으로 구성한 것으로 전기기기의 권선이 그 예이다.

(5) 편조선

가는 소선을 수 조 이상 연합한 것으로 원형과 평형의 2종류가 있으며 전기 기기에서 가연성을 요하는 곳의 접속용 도체와 고주파 동축 코드의 외부도체가 그 예이다.

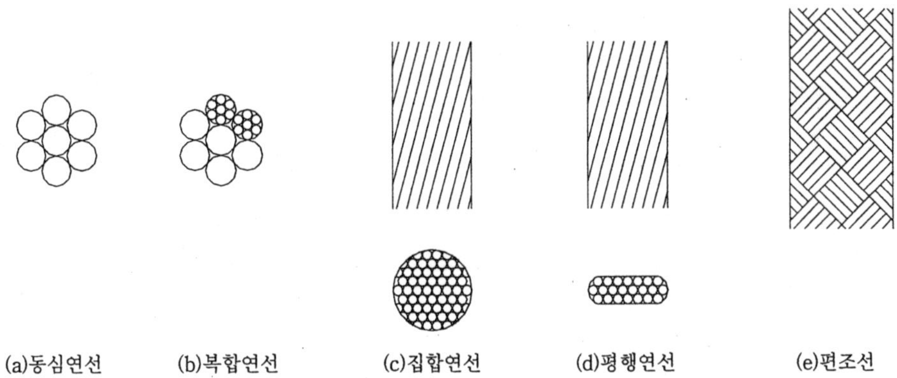

[그림 2-2] 연선의 단면적 구조

2.2.3 구성재료에 의한 분류

(1) 단 선

한 종류의 금속으로 된 것이다(구리선, 알루미늄선).

(2) 합금선

2가지 이상의 금속의 합금으로 된 것이다(구리합금선, 알루미늄합금선).

(3) 쌍금속선

2가지 이상의 금속을 융착해서 만든 것이다(구리복강선, 알루미늄복동선).

(4) 합성연선

2가지 이상의 금속선을 꼬아서 만든 것이다(동심알루미늄선, 동심동연선).

2.2.4 절연전선

절연물로서 도체표면 또는 각 도체간을 절연시킨 것으로 도체, 절연물 및 보호피복 등으로 구성된다. 절연재료로서는 섬유질을 비롯하여 천연고무, 수지 및 합성수지 등을 사용한다. 전선의 사용조건으로 보면 절연재료로서는 절연저항 및 절연내력 외에, 내열성, 내식성, 내마모성, 내유성, 내식성 및 내후성 등의 성질을 구비한 것이 바람직하다.

(1) 고무절연전선

도체에 주석(Sn)을 도금한 다음 천연고무 또는 합성고무로 절연한 전선으로, 강도를 크게 하기 위하여 고무 위에 면사 등으로 편조하든가 또는 납으로 피복한 것을 말한다. 도체에 주석을 도금한 이유는, 구리선이 고무 내의 황과 화합하여 황화구리(CuS)가 되어 노화되는 것을 방지하고, 반대로 고무가 구리의 접촉작용으로 열화되는 것을 방지하며, 납땜을 쉽게 하기 위한 것이다. 고무절연전선은 발진기, 전동기 및 그 밖의 전기기기 등 비교적 열을 많이 받는 부분에 사용한다.

1) 600[V] 고무절연전선

[그림 2-3]에서 보는 바와 같이 고무절연 편조전선이라고 하는데, 고무절연전선 중 가장 많이 사용되고 있는 절연전선이다.

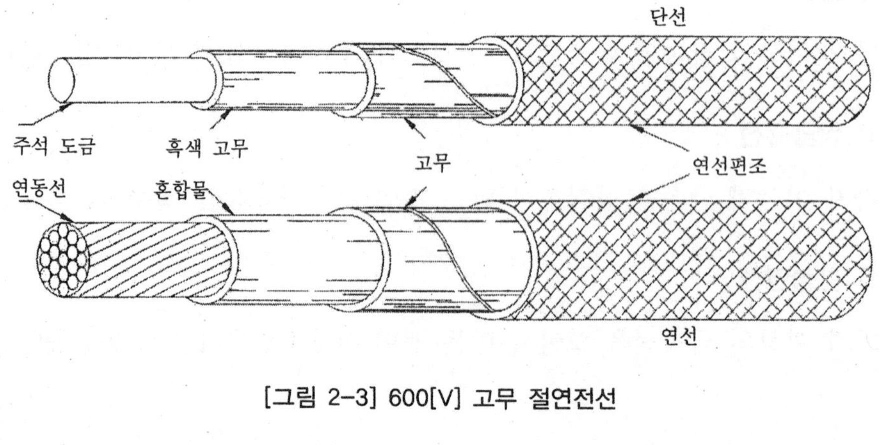

[그림 2-3] 600[V] 고무 절연전선

이것은 600[V] 이하의 일반 전기공작물에 사용되는 전선으로, 주석도금을 한 구리선에 고무탄화수소 30[%] 이상을 함유하는 고무혼합물을 도체 위에 고른 두께로 피복하여 고무를 입힌 천 테이프 또는 종이 테이프를 겹쳐 감아서 완전히 가공하고, 다시 면사로 편조해서 내수성 컴파운드를 침투시킨 것이다. 최근 비닐전선이 이 용도에 많이 사용되고 있다.

2) 옥내 코드 선

실내의 조명기구, 전등, 스탠드 및 소형 전기기기에 사용되는 것으로 가연성을 좋게 하기 위하여 도체의 지름이 0.18~0.32[mm]의 가는 소선을 같은 방향으로 연합한 것이다. 단심, 이심, 편조 코드 등 여러 종류가 있으며 이것들은 위에 종이 테이프를 감고 고무절연과 면실로 편조한 것으로 [그림 2-4]와 같다.

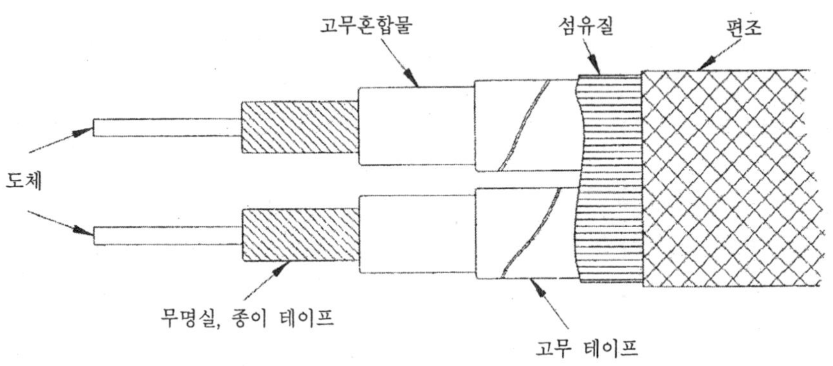

[그림 2-4] 옥내 코드

3) 캡타이어 케이블

주석도금 연동 또는 꼰선을 고무혼합물로 피복한 것으로, 1종부터 4종까지 있다. 이것을 캡타이어 케이블(captire cable)이라고 한다.

제1종은 일반적인 캡타이어 고무를 사용하고, 제2종은 1종보다 양질의 캡타이어 고무를 사용한 것이다. 제3종은 캡타이어 고무피복 중에서 면포로 보강한 것이고, 제4종은 각 심 사이를 고무로 채워서 만든 것이다. 이들의 구조는 [그림 2-5]와 같다.

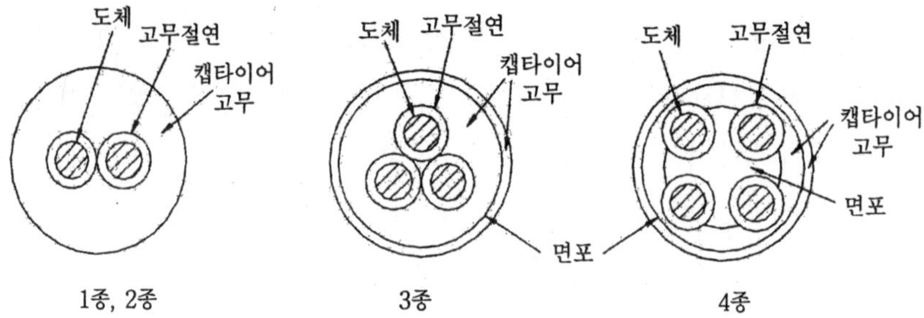

[그림 2-5] 캡타이어 케이블의 구조

캡타이어 케이블은 기계적 강도, 방습성, 내약품성 등이 우수하고 점성이 강하여 사용 중 굴곡, 마찰, 충격 또는 그 밖의 영향을 받기 쉬운 곳에 사용되는 것으로, 광산, 공장 등의 교류 600[V] 또는 직류 800[V] 이하의 이동용 전기기기 배선에 사용한다.

최근 캡타이어 고무피복에는 천연고무보다 여러 가지 특성이 우수한 합성고무(GR－M)가 많이 사용되고 있다.

(2) 고무절연 납 피복전선

고무절연전선에 납을 피복한 것으로, 고무절연전선에 비하여 내습성이 강하고 화학약품이 침투하기 어려운 이점이 있다. 따라서 지하매설공사나 옥외배선공사, 즉 교량, 가로등, 옥내외 인입선 등으로 사용한다.

(3) 비닐 전선

염화비닐(polyvinyl chroride, PVC) 전선을 간단히 비닐 전선 또는 PVC선이라고 하는데, 다음과 같은 특징으로 고무계 절연전선보다 광범위하게 사용되고 있다. 용도는 전자 · 전기기기용 배선, 제어 케이블, 옥외전선, 통신용 케이블, 전력용 케이블 및 기구용 코드 등의 절연체 또는 보호피복으로 사용한다.

비닐 전선의 특징은 다음과 같다.

① 내유성, 내후성, 내노화성, 내약품성 및 내마멸성이 우수하다.
② 착색이 자유롭다.
③ 점적률이 적다.

④ 고무절연선과 같이 동선에 주석을 도금할 필요가 없으므로 도전율을 저하시키지 않고 유연성을 보존한다. 그러나 내열성은 좋지 않다.

(4) 에나멜 전선

도체 표면에 에나멜 도료를 도포, 소부한 것으로 유성 에나멜 동선을 비롯하여 종류도 많고, 특성도 각각 다르다. 특히 합성수지 에나멜 전선은 우수한 특성을 가지며, 대표적인 것으로 포르말 동선, 폴리에스테르 동선, 폴리우레탄 에나멜 동선 등을 들 수 있다.

1) 유성 에나멜 동선

연동선의 표면에 에나멜 동선용 바니시를 도포, 소부한 것으로 값이 저렴하고 내전압성, 내수성이 우수하다. 내약품성, 밀착성, 내열성 및 내바니시성은 좋지 않다.

2) 포르말 동선

연동선에 폴리비닐 포르말을 주체로 하여 절연도료를 소부한 것으로 현재 많이 사용되고 있다. 내약품성, 내유성, 내바니시성 등이 우수하다. 각종 회전기나 코일의 권선 등에 사용된다.

3) 폴리에스테르 에나멜 동선

연동선에 폴리에스테르계의 수지도료를 소부한 것으로 기계적 특성, 전기적 특성, 내열성, 내유성은 우수하나 내마멸성은 포르말동선만큼 우수하지 못하다.

4) 폴리우레탄 에나멜 동선

폴리우레탄 수지를 피막으로 한 에나멜선으로 내열성 및 내약품성은 포르말 동선보다 우수하며, 전기적 특성도 양호하다. 내마멸성은 포르말 동선보다는 못하나 유성 에나멜선보다는 우수한 편이며 또한 고주파특성도 우수하다. 따라서 각종 전자통신기기의 배선으로 많이 사용된다.

2.3 구리와 그 합금

2.3.1 구 리

구리는 금속원소 중에서 도전율이 은(Ag) 다음인 재료로서 생산량도 세계적으로 많고, 값도 싸며, 순도가 높은 것을 쉽게 얻을 수 있어 도전재료로 가장 많이 사용되고 있다. 구리를 제조과정 및 가공방법에 따라 분류하면 다음과 같다.

(1) 조동(crude copper)

황동광($CuFeS_2$)과 같은 황화물의 광석을 제련하여 얻은 것을 조동이라 하며 불순물이 많다.

(2) 전기동(electrolytic copper)

조동을 전기분해에 의해 정련하여 순도를 높게 만든 구리로서 대부분의 전기전자재료에 사용되고 있다.

(3) 경동(hard copper)

전기동을 주조한 후 압연이나 선인 등의 가공에 의해 경도가 증가한 상태 그대로이며, 열처리를 하지 않은 구리를 말한다. 연동보다 상당히 강하지만 저항률이 크다.

(4) 연동(soft copper)

성형가공 등에 의해 경화한 경동을 450~600[℃]에서 풀림(annealing)한 것으로 원래의 무른 상태로 환원시킨 구리를 말한다. 경동보다 기계적으로 약하지만 저항률이 작다. 현재 도전재료로 가장 많이 사용되고 있다. 조동, 경동선, 연동선의 성질을 비교하면 〈표 2-4〉와 같다.

〈표 2-4〉 도전재료용 구리의 성질

	저항률 [μΩ~cm]	도전율 [%]	인장강도 [kg/mm²]	탄성계수 [kg/mm²]	비 중	열팽창계수 [℃]
조 동	1.7100~1.7593	-	15~20	-	8.9	17×10^{-6}
경동선	1.7593~1.7958	96~98	35~47	12,000	8.89	17×10^{-6}
연동선	1.7070~1.7774	97~101	23~28	12,000	8.89	17×10^{-6}

순수한 구리에는 극소량의 금(Au), 은(Ag), 납(Pb), 안티몬(Sb), 황(S), 산소(O) 등의 불순물을 포함하고 있다. 구리 내에 불순물이 포함되면 [그림 2-6]과 같이 도전율이 저하된다. 그러나 산소만은 그 양이 적을 경우에는 구리의 도전율을 증가시킨다.

이는 구리 중에 녹아 굳어 있는 불순물들을 산화시켜 산화물로서 유리시키기 때문에 불순물이 녹아서 굳어 있을 때보다 도전성을 증가시키는 것으로 생각된다.

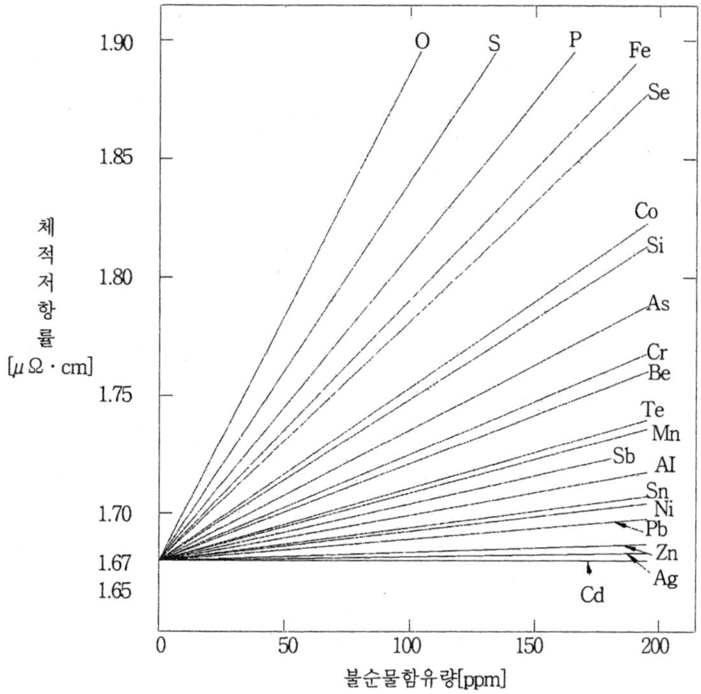

[그림 2-6] 구리의 전기저항에 미치는 불순물의 영향

산소를 200~500[ppm] 정도 함유시켜 불순물에 의한 도전율에 미치는 영향을 적게 한 것을 터프 피치 동(tough pitch copper : 순도 99.90% 이상)이라 한다.

산소를 함유한 구리를 수소 가스 중에서 고온(600~650[℃])으로 가열하면 수소가 구리 중에 확산되어 내부의 산소와 결합해서 재료의 성질을 약하게 만든다. 이 현상을 수소화, 수소병 또는 수소취성(hydrogen embrittleness)이라 한다.

수소화현상이 나타나는 이유는 구리 중의 산소가 대부분 산화제1구리(Cu_2O) 형태로 존재함으로써 이에 고온의 수소가 작용하면 $Cu_2O + H_2 \rightarrow 2Cu + H_2O$의 반응에 의해 고압의 수증기가 발생하고, 이 기압으로 인하여 구리의 조직이 팽창하여 내부에 무수한 공극이 발생되어 재료가 약해지는 것으로 생각된다.

이와 같이 일반 전기동은 보통 0.2~0.04[%] 정도의 산소를 포함하고 있어 수소화가 일어나는 결점이 있으므로 일반 전기동에 인(P), 규소(Si) 등의 탄산소제를 가하여 정제하든가, 또는 수소, 일산화탄소 등의 환원가스 중에서 구리를 용해, 정제해서 산소 함유량을 0.01[%]이하로 한 구리를 사용하는데, 이런 것을 탈산구리 또는 무산소동(OFHS:oxygen free high conductivity copper)이라 한다. 탈산구리는 수소화가 부식에 강하며 화학적으로 안정하다. 또한 얇게 펴서 늘릴 수 있거나 쉽게 구부러지며, 도전율이 보통의 전기동보다 0.4[%] 정도 커서 가공 코드나 전자부품용 리드 선에 사용되고 있다

2.3.2 구리 합금

순수한 구리는 도전율은 좋으나 기계적 강도가 약하고 쉽게 부식되는 결점이 있다. 따라서 순수 구리만으로는 도전재료로서 제기능을 발휘하기가 어렵기 때문에 다른 금속과 합금하여 사용하면 결점을 보완할 수 있다.

(1) 코르손 합금(Corson alloy)

미국의 코르손(M. G. Corson)에 의해 발명한 것으로, 구리에 규화니켈(Ni_2Si)을 3~4[%] 첨가한 합금이다. 이 합금의 조성은 Ni 4[%], Si 1[%]로서 선인한 950[℃]에서 담금질(quenching)하고, 520~580[℃]에서 뜨임(tempering)하여 사용한다.

코르손 합금은 비교적 도전율 및 인장강도가 크고 내식성도 양호하며, 고온에서도 인장강도가 감소하지 않으므로 각종 도전성 스프링, 인장강도를 요하는 전선, 트롤리 선 등에 사용되고 있다.

(2) 구리 - 은 합금

구리 - 은 합금은, 은 0.03~0.1%를 포함한 구리합금이다. 이것으로 전선을 만들면 보통의 구리선에 비해 내열성이 우수하고 고온에서도 마모에 강하므로 내열성이 요구되는 가공선이나 트롤리 선, 고온기기의 권선에 쓰인다.

(3) 청 동

구리와 주석의 합금이다, 인장강도는 구리보다 크지만 도전율은 상당히 낮다. 도전재료로서는 여기에 규소 또는 인을 첨가한 규동(硅銅) 또는 인청동(燐青銅)을 사용한다.

(4) 구리 - 벨륨 합금

벨륨을 약 2~2.5[%] 함유하는 석출경화합금이다. 구리에 대한 벨륨의 고용한도는 850[℃]에서 3[%], 상온에서 0.5[%]이며, 담금질과 템퍼링에 의해 시효경화하고, 인장강도는 130[kg/mm]으로 다른 구리합금과 비교하여 현저하게 크다. 탄성경도가 크고, 내마모성이나 내식성이 강하지만 값이 고가이다. 각종 계측기의 도전성 스프링, 개폐기의 접촉부, 용접기의 전극에 사용된다.

(5) 구리 - 크롬 합금

구리에 약 0.7[%]의 크롬을 포함한 석출경화합금이다. 930[℃]에서 담금질하고, 상온 가공 후 510[℃]에서 뜨임하면 높은 도전율과 인장강도 및 내열성이 얻어진다. 용접용 전극재료로 사용된다.

(6) 구리 - 지르코늄 합금

구리에 지르코늄을 0.1~0.2[%] 첨가한 석출경화합금이다. 구리의 도전율을 저하시키지 않고 내열성을 높일 수 있다. 스위치 등에 사용된다.

2.4 알루미늄과 그 합금

2.4.1 알루미늄

규소 다음으로 많은 양이 지구상에 존재하는 원소이다. 순도 99.6~99.8[%]의 알루미늄은 Ag, Cu, Au 다음의 도전율(약 61%)을 가지고 있고, 비중은 2.7(구리의 ⅓)이다. 구리선과 길이 및 저항이 같은 알루미늄의 지름은 구리선의 약 1.27배 정도 크지만, 그 중량은 2분의 1 정도로 작다. 따라서 같은 도전율이라면 알루미늄을 사용하는 것이 가볍다. 표면적이 크기 때문에 풍설해에 대한 저항은 크지만 코로나의 발생이 작게 되는 이점이 있다. 그러나 기계적 강도가 없기 때문에 내부에 강선을 넣어 보강한 강심 알루미늄 연선(ACSR)이 사용된다.

알루미늄은 구리에 비해 가볍고, 부드러우며, 연성이 풍부하여 가공하기 쉬운 장점을 가지고 있다.

구리선과 비교하면 다음과 같다

① 융점이 구리보다 낮지만, 비열이 높아 구리선과 같은 전류에 녹아 끊어진다.
② 팽창계수가 구리선의 약 1.3배이다.
③ 다른 종류의 금속과 접촉할 경우 전기화학적인 부식이 생기기 쉽다.
④ 납땜 및 용접이 어렵다.
⑤ 구리선에 비해 가격이 저렴하고 자원이 풍부하다.

2.4.2 알루미늄 합금

순수한 알루미늄의 가장 큰 결점인 저인장강도를 개선하기 위해서 알루미늄은 여러 금속원소와 합금하여 사용된다.

이때 사용되는 합금원소는 알루미늄의 도전율을 저하시키지 않고 인장강도만 증가시킬 수 있는 원소가 사용된다.

알루미늄 합금의 대표적인 것에는 Al-Mg-Si 합금이 있으며, Al에 Si, Mg, Fe 등을 소량 첨가한 것을 담금질, 뜨임 등으로 경화시킨 석출경화합금이며, 순수한 Al에 비해 도전율이 약간 저하되지만 인장강도는 약 2배로 되고, 가공 송배전선 등에 사용된다.

또 최근에는 강도와 굴곡성을 향상시킨 세심용(細心用) Al합금(Al-Fe, Al-Mg-Fe)이 통신 케이블이나 전선 등에 사용된다.

〈표 2-5〉는 대표적인 Al합금의 특성을 나타낸 것이다.

〈표 2-5〉 알루미늄 및 그 합금의 성질

알루미늄 및 그 합금		성 분			도전율 [%]	사용허용 온도[℃]	인장강도 [kg/mm²]
		Si	Mg	Fe			
	알루미늄	-	-	-	61.5	90	15~18
Al-Mg-Si 계 합금	알드레이 (Aldrey)	0.5 ~ 0.6	0.4 ~ 0.5	0.3	45~60	90	25~45
	콘드-알 (Cond-Al)	0.08 ~ 0.15	0.25 ~ 0.4	0.45 ~ 0.65	59.2	140	-
	알 듈 (Aldul)	0.4 ~ 0.6	0.4 ~ 0.6	0.2 ~ 0.4	52	-	35

· 듀랄루민 : Cu(3.5~5.5%), Mg(0.2~2.0%), Mn(0.2~1.2%), Si(0.2~1.0%)
나머지는 Al 으로 된 합금으로 가볍고 인장강도가 양호하여 비행기 재료 및 마이크로폰의 진동판 등에 사용된다.

2.5 특수도전재료

2.5.1 접촉저항

도체가 상호접촉하고 있는 부분에 전류를 흘리면, 그 접촉부의 경계면에는 다른 부분에 비하여 높은 전기저항이 나타난다. 이 저항을 접촉저항이라고 부른다.

접촉저항이 나타나는 원인으로서는 다음의 집중저항(constriction resistance)과 경계저항(transition resistance)을 생각할 수 있다.

(1) 집중저항

도체의 표면이 완전히 평활하지 않으므로 두 도체의 접촉면을 확대해 보면 전류의 통과면적이 외관상의 접촉면보다 작게 되고 이로 인해 생기는 저항을 집중저항이라 한다.

(2) 경계저항

금속표면을 깨끗이 하여도 주위의 가스나 물의 흡착증, 금속의 산화물이나 황화물, 또는 기름이나 먼지 등으로 덮여 있는 것이 보통이다. 이와 같은 금속도체 표면에 존재하는 막에 생기는 저항을 경계저항이라 한다.

2.5.2 접점재료

차단기 및 계전기 등과 같이 회로를 개폐하는 부분의 접촉부에 이용되는 것을 접점재료라 하며, 이것이 매개체가 되어 전류의 단속이 이루어진다.

(1) 접점재료의 구비조건

① 전기저항 및 접촉저항이 작을 것

② 재료의 소모 이전이 적을 것
③ 접점이 열릴 때 방전이 신속히 소멸될 것
④ 접촉면이 용착하지 않을 것
⑤ 열전도도가 클 것
⑥ 융점 및 불점이 높고 습기압이 낮을 것
⑦ 기계적 성질이 우수할 것
⑧ 내산성, 내식성이 강할 것
⑨ 수명이 길 것

모든 접점재료가 이상의 모든 조건을 만족시키는 것이 바람직하지만 이들의 조건을 동시에 만족시키는 것은 없다. 따라서 사용목적에 따라 몇 가지 점에 중점을 두어 알맞은 재료를 선택하여야 한다.

(2) 접점재료의 종류

1) 백금계 재료

귀금속은 일반적으로 공기 중에서 침해되지 않으므로 접촉저항이 대단히 안정되어 있지만 고가이기 때문에 사용범위에 제한을 받는다. 백금(Pt) 그 자체는 융점이 그다지 높지 않으므로 용착, 소모현상이 생기기 쉽다. 따라서 백금에 이리듐(Ir)을 10~25[%] 합금시킨 것이 주로 사용된다. 또한 오스뮴(Os)은 백금속 중에서 최고의 융점을 갖고 있으나 대단히 약하므로 단독으로 사용하지 않고 Pt(78.7%) - Os(5%) - Ir(5%) - Rh(17.3%) 또는 Os(50%) - Ir(50%) 합금으로 해서 사용한다.

합금 중에서 오스뮴이 많이 함유된 것은 융착이 적게 되므로 주목받고 있는 재료이다.

2) 은계 재료

도전특성이 좋으며, 접촉특성 또한 양호하나 융점이 낮아 소전류용 접점에 주로 사용되나 마모가 되기 쉬운 단점이 있다.

합금으로는 Ag - Cu, Ag - Pd, Ag - Cd, Ag - Ni, Ag - CdO 등이 있는데 주

로 Ag-Cu합금이나, Ag-Pd 합금이 많이 사용된다. Ag-Cu(10%) 합금은 미소전류 접점, Ag-Pd(10%) 합금은 전화기 접점, Ag-Pd(40~50%) 합금은 신호용 릴레이 스위치, 계전기의 접점에 사용된다.

3) 텅스텐계 재료

텅스텐(W)은 융점이 높고, 경도가 크므로 접점재료로서 소모, 변형이 적다. 그러나 사용 중 공기 중에서 산화되는 점과, 경도가 너무 커서 접촉저항이 크고 가공성이 나쁜 결점이 있다. 그러므로 W-Cu, W-Ag 합금으로 사용하는데 W-Cu 합금은 대전류 스위치, 전류제한기, 릴레이 등으로 사용되며, W-Ag 합금은 과부하 스위치, 차단기 등에 사용된다.

4) 구리계 재료

보통 경동 및 반경동이 주로 사용된다. 가격이 저렴하므로 개폐기 이외의 접촉자로 널리 사용되고 있다. 그러나 표면이 산화되기 쉽고, 접촉저항의 증가가 쉽게 일어나는 결점이 있다. 구리계에 속하는 합금으로 현재 사용되고 있는 것은 Cu-Be(2.5%), Cu-Ag(0.1%) 등의 합금이 있다. Cu-Be 합금은 기계적 강도, 경도, 내식성이 우수하여 접점의 사용횟수가 많은 전동차의 제어기, 용접기의 전극에, Cu-Ag합금은 스위치, 릴레이, 전압조정장치 등에 쓰인다.

〈표 2-6〉 각종 접점재료의 특성 및 용도

접점재료	특 징	용 도
백금(Pt)	접촉저항이 낮고 안정하다. 내산화성이 우수하다. 전기저항이 크다, 그러나 고가	저전류, 저전압, 저압력장치(전화용 릴레이, 화재경보기 등), 주위 분위기가 고온이거나 부식성 가스인 경우
백금합금 (Ir, Os, Rh 등)	백금보다 고경도, 내산호성 강함. 용착, 소모적음. 백금보다 도전율 낮음	내소모성, 내부식성이 특히 요구되는 경우, 단속횟수가 많고 압력이 높은 경우
은(Ag)	접촉저항이 낮음. 저항률 낮음. 융점이 낮음, 저경도	가정용 전자기기 장치, 전화용 릴레이, 전압조정기
Ag-CdO	소모, 용착특성 우수, 고도전율, 접촉저항이 낮고 인장강도 양호, 소호특성 우수, 피막생성에 저항력 강함	전류용량이 크고, 용착에 대한 저항력이 크고, 온도 상승이 낮을 것이 요구되는 접점(항공기용 스위치 등)
Ag-Ni	고도전율, 소호특성 양호, 인장강도 우수	대전류로 용착을 절대로 피해야 할 경우(전동기, 제어기, 중부하 릴레이)
Ag-C	고도전율, 소호특성 양호, 접촉저항이 낮고 안정됨.	윤활특성이 양호하므로 주로 습동접점에 사용
은합금 (Au, Pt, Pd합금)	접촉저항이 낮고 안정됨. 소모 적음. 전류용량 적음	저전압, 저전류, 저압력장치(전화용 릴레이, 다이얼)
텅스텐(W)	고경도, 소모, 용착에 대한 내력이 강함. 고접촉저항, 산화되기 쉬움.	고압력, 저전류, 단속횟수가 많은 경우
W-Cu	고도전율, 고경도, 소모, 용착에 대한 내력이 강함. 고접촉저항	대전류 중부하 스위치, 기중 및 유중차단기
W-Ag	W-Cu와 비슷함. 차단특성 우수, 접촉저항은 W-Cu보다 낮음.	중부하 스위치, 릴레이, 유중차단기
Cu-Ag	순은보다 경도 큼. 소모 용착성 양호, 은보다 접촉저항 큼.	단속횟수가 보통인 것, 릴레이, 전압조정기, 가정용 자동차용 조명기구
필라듐(Pd)	저접촉저항, 산화부식, 소모에 대한 내력이 강함, 도전율, 저경도	저전류, 저전압의 경우에 저가이므로 Pt의 대용품으로 사용됨
필라듐 합금 (Ag, Ni 등)	저접촉저항, Pd보다 강도가 높고 소모에 대한 내력강함. Pd보다 도전율 낮음. 저용점	고경도가 요구되는 민감한 장치에 대해서 Pd의 대용품으로 사용됨

2.5.3 스프링 재료

(1) 전자부품으로 사용하는 스프링의 기능

① 진동력을 억제하고 복귀력을 준다.
② 반복운동을 한다.
③ 접촉력을 크게 한다.

(2) 스프링 재료로서 구비할 성질

① 탄성률, 탄성한도 및 인장강도가 클 것
② 전기저항이 작을 것
③ 특성의 경년변화가 적을 것
④ 구리(도체)에 대한 열기전력이 적을 것
⑤ 자성이 없을 것
⑥ 내식성이 우수할 것
⑦ 가공이 쉬울 것

(3) 스프링 재료의 종류

1) 인청동(Sn－P－Cu)

전류가 흐르는 곳 스프링에 사용(전자측정기)

2) 양은(Ni－Zn－Cu)

전화교환기 등 판 스프링에 사용

3) 스테인레스강(Cr－Ni－Fe)

전류가 흐르지 않은 곳 스프링에 사용(통신기기용 스프링 및 전화기용 다이얼 스프링)

4) 베륨강(Be－Ni－Co－Cu)

전기저항을 적게 하는 곳 스프링에 사용(각종 스프링재료, 계기용 축받침 및 전극 등)

2.5.4 퓨 즈

퓨즈(fuse)의 가용체로서는 언제나 정격전류를 흘리게 되므로 저항이 작은 금속재료가 적당하다. 회로에 과대전류가 흘렀을 때 수초~수분 사이에 전류를 차단하여 회로를 보호하기 위해 사용하는 것으로 용융온도가 낮은 재료를 사용해야 한다.

〈표 2-7〉 퓨즈 저용점합금

합금명	성 분[%]				용융 온도[℃]
	Sn	Bi	Cd	Pb	
Wood 합금	12.5	50.0	12.5	25.0	68
Lipomitz 합금	13.3	50.0	10.0	26.7	70
DArccet 합금	25.0	50.0	–	25.0	93
Newton 합금	15.0	52.5	–	32.0	96
Rose 합금	22.0	50.0	–	28.0	100
thermo－fuse	58.0	30.0	–	12.0	100~120

퓨즈는 그 사용목적에 따라 과전류(overcurrent)방지에 사용되는 전기 퓨즈와 과열방지에 사용되는 온도 퓨즈(thermal fuse)로 나뉜다.

(1) 전기 퓨즈

전기회로 및 기기의 단락보호에 사용되는 기기에는 전류차단기가 있는데, 퓨즈는 전류차단기와 비교하면 다음과 같은 특징이 있다.

① 소형, 경량으로 설치가 쉽다.
② 차단 전류가 큰 것도 가능하다.
③ 고속도 차단이 가능하다.
④ 가격이 저렴하고 보수가 쉽다.

한편, 다음과 같은 단점도 있다.

① 퓨즈는 용단되어 회로를 차단하는 것이므로, 차단기처럼 재사용할 수 없다.

② 퓨즈는 일상적인 사용에서 녹아 단락되지 않아도 과전류 통전시간에 따라서 열화, 변질하는 일이 있다.

1) 전력 퓨즈

고압 및 특별고압회로와 기기의 단락보호용의 퓨즈로, 소호방식에 따라 전류제한형과 비한류형으로 나뉜다.

전류제한형 퓨즈는 높은 아크 저항을 발생시켜 단락전류를 강제적으로 한류억제하여 차단하는 퓨즈로, 밀폐된 절연통 내에 퓨즈 엘리먼트와 규사 등의 거친 가루 상태의 소호제를 충전한 구조의 것이 많이 사용된다.

2) 배선용 퓨즈

주파수 60[Hz]의 교류 600[V] 이하 및 직류 750[V] 이하의 전류보호에 사용되는 퓨즈로서 판 퓨즈, 링크 퓨즈, 통형 퓨즈 및 플러그 퓨즈 등이 있다.

3) 미소 퓨즈

마이크로미터, 검류계, 라디오, TV 등의 전자기기 보호용으로 사용되는 것으로 미소전류에 사용하는 퓨즈이다. 이들 동작전류는 약 1/100[A] 정도부터이다.

4) 기타 퓨즈

이외에도 규정된 과전류영향에 대해 용단시간을 특별히 증대시킨 타임 래그 퓨즈, 전동기의 시동전류에 의해 용단하지 않는 허용시간-전류특성을 가진 전동기용 퓨즈, 변압기회로에 사용하기 위해 설계된 변압기용 퓨즈 등이 있다.

(2) 온도 퓨즈

온도 퓨즈는 전열기구 등의 과열방지를 위해 사용하는 퓨즈로 보통 회로에 직렬로 넣어 과열인 경우에는 용단으로 회로를 차단하는 구조에 사용하고 있다.

따라서 퓨즈 재료는 전기 퓨즈와는 달리 녹기 쉬운 합금만이 사용된다. 주로 Sn, Pb, Bi, Cd 등을 주성분으로 한 합금이 사용되고, 일반적으로 100~170[℃]의 저온에서 용단된다.

2.5.5 땜 납

땜납은 접합하는 재료보다 낮은 용융점을 가져야 하며, 완전히 녹아서 붙을 수 있는 합금이어야 한다. 땜납은 그대로 사용하지 않고 땜납합금에 맞는 페이스트(paste)와 함께 사용하여 그 효과를 높이고 있다. 즉 페이스트는 산화피막을 제거하기 때문에 금속의 접합을 더욱 튼튼하게 할 수 있다.

(1) 경 납

땜납의 융점이 450[℃] 이상 되는 것을 경납(hard solder)이라고 하며, 전선의 접속, 전기기기, 전자관의 조립, 도파관의 제조 등과 같이 강도를 필요로 하는 곳에 사용된다.

경납에는 은납(Ag-Cu-Zn), 황동납(Cu-Zn), 인동납(Cu-P), 알루미늄납(Al-Si)이 있고, 납땜을 할 때 사용되는 페이스트는 붕산염으로 부식성이 있기 때문에 사용 후에는 잘 닦아야 한다.

(2) 연 납

연납(soft solder)은 보통 땜납으로 불리는 것으로서 일반적으로 납, 주석의 합금이 이용되며, 저온용 땜납, 고온용 땜납으로 분류하고 있다.

저온용 땜납은 반도체와 같이 접합하는 재료의 모재 자체의 융점이 낮은 부분에 사용하는 것으로 저온 퓨즈 재료와 같은 안티몬, 납, 주석 등의 합금이다.

보통 땜납은 가장 많이 사용하는 것으로 용도에 따라 성분 비율이 다르나, 납 50[%], 주석 50[%] 합금이 가장 일반적이다.

(3) 납땜용 페이스트

납땜용 페이스트의 목적은 모재금속과 납합금이 접합하기 쉽게 이들 사이에 있는 산화피막을 제거하고, 더구나 작업 중의 산화를 방지하며 접합을 돕기 위해 사용되는 것이다.

페이스트에 요구되는 일반적인 조건은 다음과 같다.

① 납땜 및 모재표면을 화학적으로 청정하게 하는 작용이 있을 것

② 땜납의 용융점 이하에서 녹을 것
③ 유해 가스를 발생하지 않을 것

연납에 사용되는 페이스트는 송진 등으로 된 수지계와 염산, 염화나트륨 등으로 된 염산계가 쓰이고 있는데, 염산계는 부식성이 강해 통신 기기 등에는 사용하지 않는다. 경납에 사용되는 페이스트는 작업온도가 높아 사용온도에서 분해하거나 탄화하지 않아야 하며, 붕사, 붕산 또는 나트륨 등의 붕소산염 등이 사용된다. 이들 페이스트는 부식성이 있어 사용 후에는 그 잔류분을 제거해야 한다.

2.6 저항재료

저항재료는 도전재료임에는 틀림없으나 그 특성이나 현상 및 응용이 전류를 흘리는 데 주목적을 두고 있는 도체와는 다르므로 도전재료에서 분리하였다.

저항은 전자기기 및 측정기에서 표준저항, 정밀저항 또는 부성저항 등으로 이용될 뿐만 아니라 전기에너지를 열에너지로 변환시키기도 한다. 한편 저항변화 현상은 진공도측정, 온도측정, 응력측정 등에도 광범위하게 이용되고 있다.

2.6.1 저항재료의 분류

저항재료를 재료별로 분류하면 금속저항재료와 비금속저항재료로 분류한다. 또 저항재료가 갖는 용도는 대단히 광범위하지만 성분에 따라 분류하면 〈표 2-8〉과 같다.

〈표 2-8〉 저항재료의 분류

구 분		재 료
금속성	단일 금속	텅스텐(W), 몰리브덴(Mo), 백금(Pt), 니켈(Ni), 탄탈(Ta), 구리(Cu), 철(Fe)
	합금	동합금 : 망가닌, 구리-니켈합금 니켈합금 : 니크롬 철합금 : 철합금
비금속성		탄소 및 탄화물 : 탄소, 흑연, 탄화규소 산화물 : 산화석, 산화지르코늄 규화물 : 규화몰리브덴 질화물 : 질화탄탈

(1) 저항재료의 성질

저항재료로서 갖추어야 할 일반적인 성질은 다음과 같다.

① 저항률이 클 것

② 저항의 온도계수가 적고 화학적으로 안정한 물질일 것

③ 다른 금속에 대한 열기전력이 작을 것
④ 내식성이 우수할 것
⑤ 고온에서 산화하지 않을 것
⑥ 가공 접속이 용이하고 기계적으로 적당한 탄력성을 가질 것
⑦ 값이 저렴할 것

(2) 저항재료의 분류

또한 저항재료를 사용 목적에 따라 분류하면 다음과 같다

1) 표준저항재료

저항률이 크고 저항의 온도계수 및 동에 대한 열기전력이 적고, 저항값이 영구불변이어야 한다. 이 목적으로 현재 구리 - 망간계 합금이 널리 사용되고 있다. 대표적인 것이 망가닌이다.

2) 가감저항재료

저항률이 크고 온도에 따라 저항률이 변하지 않으며 가열성과 기계적 강도가 요구되는 동시에 제조, 가공이 용이하고 가격이 저렴해야 한다.

3) 전열용 저항재료

고온에서 항상 사용하므로 내열성이 강하고 저항률도 크고 가공이 용이하며 가격이 저렴해야 한다.

4) 고주파용 저항재료

보통의 금속저항체는 고주파에 대하여 표피작용과 인덕턴스가 크고 저항값이 현저히 변화한다. 그래서 표면에 진공증착 또는 음극(sputtering) 현상을 이용하여 수 마이크로 옴 이하의 금속 박막을 붙이면 이들이 나타내는 전기저항은 금속과 달리 이상하게 높은 전기저항을 나타내며 그 온도계수도 마이너스로 된다.

2.6.2 금속저항재료

(1) 구리를 주성분으로 하는 저항재료

1) 구리－망간(Cu－Mn)계 합금

이 재료의 온도곡선은 [그림 2-7]에서 보인 바와 같이 망간의 증가와 더불어 경사가 완만하고 저항이 감소하는 경향으로 된다. Mn 12.3[%]의 곡선은 상온부근에서 저항이 최대의 범위를 나타내며 온도계수가 대체로 적으므로 상온에서 사용되는 저항으로서는 매우 양호한 것이 특징이다. 단지 기계적 가공이나 열처리에 의해서 특성이 상당히 변화하나 가공 후 풀림을 행하여 온도계수를 적게 할 수 있다. 그렇지만 고온에서 가열하면 Mn이 기화하므로 이를 방지하기 위해 질소 또는 알코올 등의 가스 중에서 풀림을 할 필요가 있다. 이 합금은 표면이 산화하기 쉬우므로 실제 사용할 경우 표면을 와니스처리하든가 유침하여 사용한다.

이 합금의 대표적인 것은 망가닌이라는 합금으로 현재 정밀저항재료로 널리 사용한다.

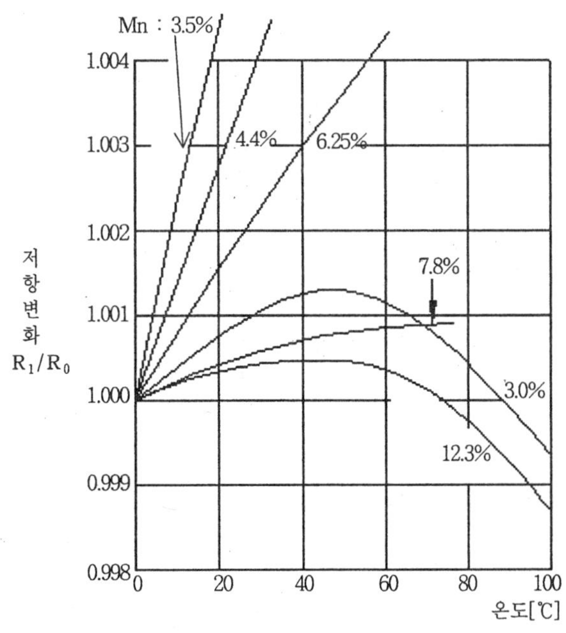

[그림 2-7] 구리－망간합금의 저항온도 특성

2) 구리-니켈(Cu-Ni)계 합금

구리와 니켈은 임의의 비율로서 고용체를 만들 수 있으며, [그림 2-8]에서 보인 바와 같이 니켈 40~50[%] 정도로서 저항률이 최대가 되며 저항의 온도계수가 최소를 보이므로 이 부근의 니켈 성분으로 하는 것이 저항재료로서 양호한 특성이 된다.

그러나 구리에 대한 열기전력이 큰 것이 결함이므로 이것을 개선하기 위해 철(Fe), 망간 등을 첨가하는데 망간은 탈산제이고, 철은 저항온도계수의 저하와 기계적 강도를 증가시키는데 표준저항으로 사용되기는 어렵다.

콘스탄탄은 교류용 정밀저항이나 전기계기 또는 미끄럼저항기, 저항선에 쓰이고 있을 뿐만 아니라 열기전력이 크므로 구리과 조합하여 250[℃] 이하의 철과 조합하여 900[℃] 이하의 측온용 열전대로 사용한다. 그리고 모노메탈은 250[℃] 이하에서 니켈 강(Ni 32~42[%], 나머지는 Fe)과 양금속판을 서로 붙여서 200[℃] 부근 이하의 바이메탈에 사용되고 있다.

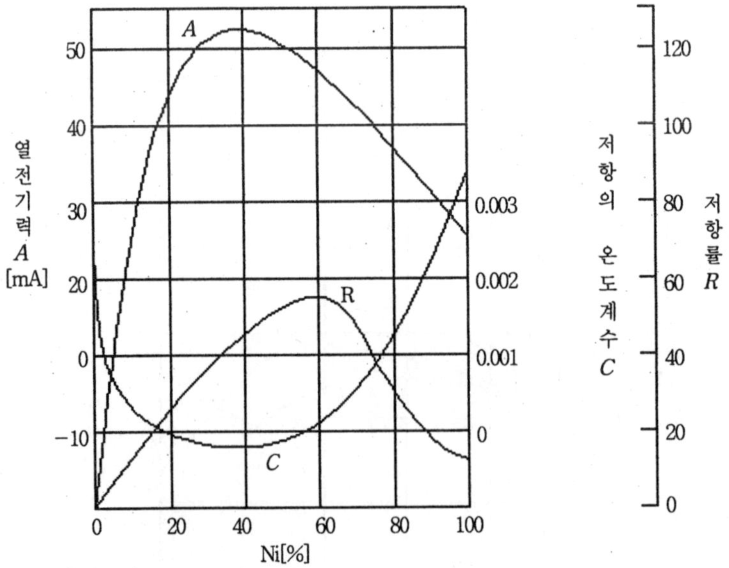

[그림 2-8] 구리-니켈합금의 전기적 성질

3) 구리-니켈-아연(Cu-Ni-Zn) 합금(양은)

Cu(50~70%), Ni(10~30%), Zn(5~30%)을 포함한 고용체합금으로, 상온가공이 쉽고 경도 및 인장강도가 크며 내식성과 탄성이 풍부하므로 정밀급 저항선에 이용된다. 그리고 전화계전기의 판 스프링 재료로도 사용되고 있다.

(2) 니켈을 주성분으로 하는 저항재료

1) 니켈-크롬(Ni-Cr)합금

니켈-크롬 합금은 크롬량을 많이 하면 저항이 증가해서 온도계수가 감소하나 가공성은 저하된다. 또한 이 합금의 특성을 개선하기 위해 구리, 알루미늄, 망간 등을 첨가해서 열처리를 한다. 니켈의 일부를 구리, 알루미늄으로서 치환한 것이 에바노옴이다.

이 합금은 니크롬으로 알려져 있으며, 저항률이 높으며 고온에서도 산화하기 힘들며 인장강도가 크므로 전열재료로 널리 사용된다. 그러나 저항온도계수가 크고 안정성이 그리 좋지 않으므로 정밀저항으로서 사용되지 않는다. 전열선에 사용되는 니크롬의 특성으로서 제1종은 내열성이 좋으므로 1100[℃]까지 사용된다. 제2종은 900[℃] 이하에서 사용된다.

2) 니켈-망간(Ni-Mn)합금

Ni(97%)-Mn(2.5%)-Fe(0.5%)의 합금으로 크로멜과 조합시켜 600~1000[℃]의 온도를 측정하는 열전대에 사용한다.

(3) 철을 주성분으로 하는 저항재료

1) 철-탄소(Fe-C)합금

저항재료로서 사용되는 종류에는 예를 들면 주철(castiron)이 있으며 저항률이 크고 내식성도 우수하며 저가이므로 그리드 저항체로서 전동기의 시동이나 속도조절, 또는 전기화학공업 등의 대전류제어용으로 사용된다.

철에 규소(Si)나 알루미늄을 첨가하여 저항률을 증가시키는 경향이 있다. 이 합금은 산화하기 쉬운 결점이 있으므로 아연 등으로 표면처리를 하여 내식성을 크게 해 실용화하고 있다.

2) 철-니켈(Fe-Ni)합금

이 합금은 어떠한 조성으로 하여도 고용체를 만들며 비율에 의하여 저항이 변하지만 [그림 2-9]와 같이 니켈 25~30[%]의 부근에서 저항률이 최대가 된다.

이 합금 중 인바(invar)는 열팽창계수가 매우 적고 20~100[℃] 사이에서 (8~11)× 10^7/[℃] 정도로 이는 저항용보다 측정기용으로 사용된다. 그리고 황동판(Cu(60~70%), Zn(30~40%) 열팽창계수 18× 10^6/[℃])과 바이메탈을 만든다.

듀멧(dumet)은 철 54[%], 니켈 46[%]로서 유리와 동일한 열팽창계수를 갖고 있으므로 표면에 구리도금하여 전구나 진공관의 봉상 스템 도입선에 상용된다. 이외에 딜버(dilver)는 철 56[%], 니켈 44[%]로 역시 듀멧과 같은 용도에 사용된다.

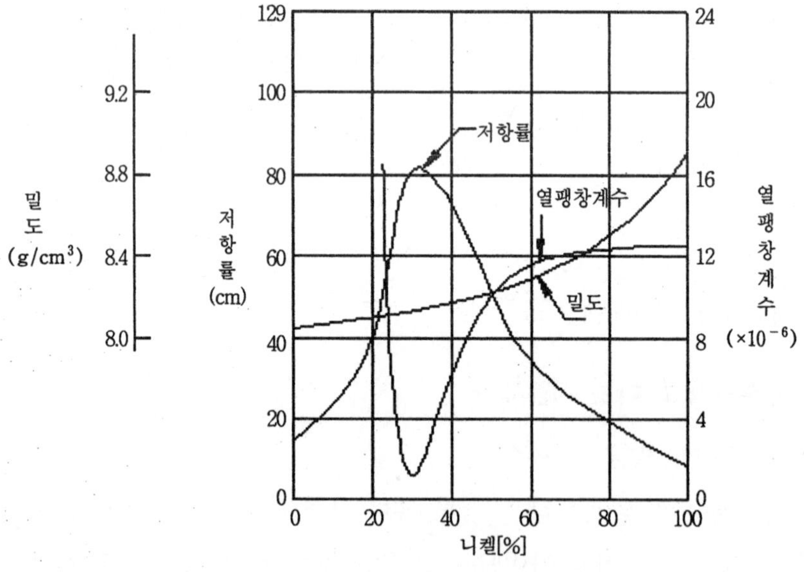

[그림 2-9] 철-니켈합금의 저항률

3) 철-크롬-알루미늄(Fe-Cr-Al)합금

이 합금은 철에 크롬 13~33[%], 알루미늄 3~5[%] 정도로 니켈-크롬 합금보다 체적저항률이 크며 내열성도 우수하므로 1200[℃]까지 사용할 수 있다. 일반적으로 크롬, 알루미늄의 함유량이 증가되면 저항률, 내열성, 내식성 및 인장강도 등이 증가하나 부러지기 쉬워서 곤란하게 된다. 따라서 5000[℃] 정도에서 가공을 행한다.

(4) 단일금속저항재료

철, 니켈, 몰리브덴, 텅스텐, 백금, 이리듐 등의 단일 금속들은 융점이 1000[℃] 이상으로 고온이며 저항률이 크기 때문에 전열용 저항재료로 사용한다.

〈표 2-9〉 단일금속저항재료의 성질

물리적 성질 / 종류	밀도[g/cm^2]	융점[℃]	저항률 [μΩ·cm]	온도계수 [×10^{-3}]
니켈(Ni)	8.9	1.452	6.9	6
몰리브덴(Mo)	10.2	2.620	4.77	3.3
철(Fe)	7.86	1.535	10.0	5
텅스텐(W)	19	3.370	5.48	4.5
백금(Pt)	21.4	1.771	10.5	3

1) 철

철을 30~100[mmHg] 정도의 수소를 충만시킨 유리관에 봉입하여 안정저항관으로 사용한다.

2) 몰리브덴

융점은 높으나 1650[℃] 이상에서 증발되므로 주로 수소 중에서 사용한다.

3) 텅스텐

단일금속 중에서 융점이 가장 높으나 공기 중에서 산화되므로 진공 중에서 발광용 전구나 진공관의 필라멘트에 사용한다.

4) 백금

공기중에 사용해도 산화하지 않으나 고가이므로 연구실용 소형 전기로의 발열체에 사용한다.

5) 이리듐

질소 중에서 2100[℃] 까지의 전열선으로 사용한다.

2.6.3 비금속저항재료

(1) 탄소

탄소(C)는 매우 중요한 비금속저항재료이다. 탄소의 저항률은 금속에 비하여 100배 이상으로 크기 때문에 저항체로 유용하게 사용된다. 탄소에는 결정질탄소(흑연)와 비결정질탄소가 있다. 목탄, 코크스, 카본블랙(carbon black) 등은 비정질탄소이며 흑연은 결정질탄소이다. 흑연에는 천연광물로 산출되는 천연흑연과 전기로에서 비정질탄소를 233~2500[℃]로 가열하여 재결정시킨 인조흑연(전기흑연)이 있다.

1) 탄소체저항재료

이른바 솔리드 저항기(solid resistor)로서 회로부품의 소형 저항기로 널리 사용되고 있다. [그림 2-10]은 이 저항기의 구조를 나타낸다. 저항체는 카본블랙이나 흑연 분말을 결합체로 성형해서 만들며, 결합재의 종류에 따라 자기(磁器)형과 수지(樹脂)형이 있다.

자기형은 결합재로 점토를 사용하여 비산화성 분위기 내에서 1100[℃] 이상에서 소성한 것으로 무기물이 주성분이므로 비교적 안정하다.

수지형은 카본블랙에 결합재로 페놀수지를, 충전제로 실리카(silica)를 가하여 가열, 분쇄한 다음 금형에 넣어 가열, 압축성형한 것이다. 또 성형할 때 단자도 동시에 매입시킨다. 수지형은 많은 양을 생산할 때 적합하지만 수지를 사용한 관계로 자기형보다 안정성이 떨어진다.

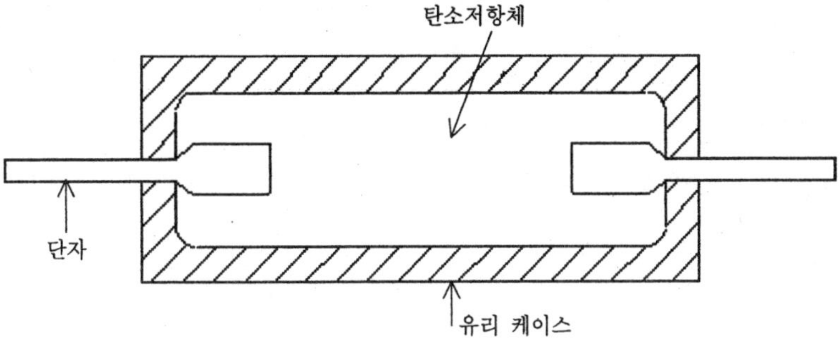

[그림 2-10] 탄소체저항기의 구조

두 저항체의 저항값은 재료의 혼합비로서 조절하며, 혼합비를 변화시킴으로써 수 [Ω]에서 수 [MΩ] 정도의 저항을 얻을 수 있다. 솔리드 저항기는 소형으로 고저항을 얻을 수 있고, 단선의 염려가 없으며, 인덕턴스가 작으므로 고주파특성도 양호하지만 후술하는 탄소막저항에 비하여 제품이 불균일하고, 저항의 온도계수와 잡음이 크다.

2) 탄소분말저항재료

탄소는 접촉저항이 높고, 외기의 변화에 대해서도 산화가 진행되지 않고 안전하다. 압력과 접촉저항의 관계를 이용하여 전화기의 송화기용이나 마이크로폰용 저항재료, 가변저항기 등에 사용되고 있다.

(2) 탄화규소저항체

이것은 탄화규소(SiC)를 주성분으로 하고, 여기에 규소, 타르 등을 가하여 성형한 후 소성한 것으로 주로 발열체로 사용된다.

[그림 2-11]은 탄화규소 발열체의 형상을 나타낸 것이다.

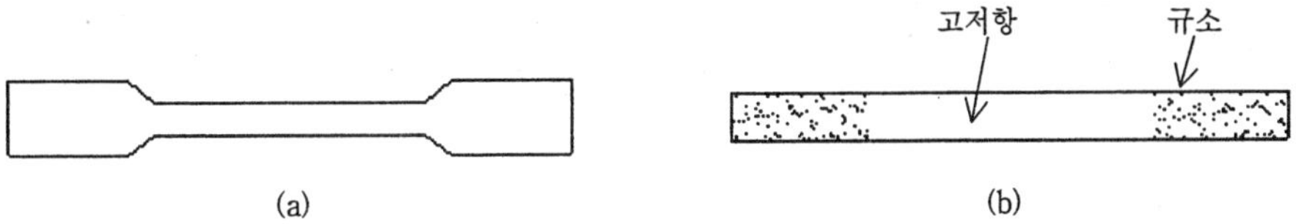

[그림 2-11] 규소 발열체의 형상

발열부분은 봉의 중앙이므로 [그림 2-11](a)와 같이 중앙부를 가늘게 하여 이 부분의 저항을 크게 하든가, [그림 2-11](b)와 같이 봉의 양단에 규소를 침투시켜 양단부의 저항을 중앙부의 1/10~1/100 정도로 작게 한다.

이 저항체는 0.1~50000[Ω.cm] 정도의 광범위한 저항이 얻어지고, 내산성이 좋아 1500[℃] 정도의 고온까지 사용되지만, 기계적 강도가 약하고 저항의 균일성이 좋지 않으며, 온도계수가 마이너스이며, 단자의 접속이 곤란한 점 등 몇 가지 결점이 있다.

특히 규소는 반도체이기 때문에 저항의 온도계수가 마이너스이므로 금속발열체와는 달리 사용중 온도가 증가함에 따라 전류가 더 흐르기 쉽게 된다. 따라서 노(爐)의 온도를 조정하기 위해서는 이 점을 유의해야 한다.

(3) 물

물의 저항률은 온도, 수질 등에 의해 크게 변한다. 〈표 2-10〉은 여러 가지 물의 저항률을 나타낸 것으로, 20[℃]에서 순수의 저항률은 10^7[Ω.cm]로 비교적 크다.

그러나 여기에 소금이나 수산화나트륨(가성소다)과 같은 전해질을 가하면 저항률은 심하게 감소된다. 따라서 일정량의 전해질을 가하여 그 농도를 조절하여 전극간의 거리를 가감하면, 대전류제어 및 조절용 저항재료로 사용할 수 있다.

〈표 2-10〉 물의 저항률

물의 종류	저항률[Ω.cm](20℃)
수돗물	10^4
증류수	10^7
우물물	$(2\sim7)\times10^3$
바닷물	30
포화식염수	4

2.6.4 박막저항재료

최근 전자기기의 고정밀화 및 소형화 추세에 따라 박막저항재료가 널리 사용되고 있다.

박막저항재료는 일반재료와는 달리 그 특성이 구성재료의 종류나 조성뿐만 아니라 제조과정 및 조건에 따라서 크게 영향을 받는다. 박막저항재료로서는 금속을 사용하는 경우와 탄소를 사용하는 경우가 있다.

박막저항의 일반적인 특징은 다음과 같다.

① 온도계수가 작다.
② 수 [Ω]에서 수 [MΩ]에 걸쳐 광범위한 저항값을 갖는다. 따라서 소형화 시킬 수 있다.
③ 고주파특성이 좋고, 100[MHz]까지 직류저항과 거의 차이가 없다.
④ 잡음이 적다.
⑤ 내열성이 좋고, 120~130[℃] 정도까지 사용가능하다.

(1) 금속박막저항기

고주파전류가 흐르는 회로의 전류를 제어하기 위해서는 수 [Ω]~수 [MΩ]의 고저항이 필요하게 된다. 그러나 금속권선저항에서는 고저항값을 얻기가 어렵고, 자기유도가 커서 그 임피던스가 주파수에 따라 변하기 때문에 부적당하다. 이와 같은 용도에 사용되는 것이 금속박막저항기로, 금속박막을 적당한 절연성 지지체 위에 부착시킨 다음 합성수지막 등으로 절연피복을 한 것이다.

금속의 저항률은 작으므로 박막화함으로써 저항을 100[MΩ] 정도로 높일 수 있다. [그림 2-12]는 금속박막의 두께와 저항률의 관계를 나타낸 것이다. 금속박막의 두께가 전도전자의 평균자유행정수 10[μm]와 비교할 수 있을 정도로 얇아지면, 전자가 금속표면에 충돌하여 산란되므로 전기저항이 증가하게 된다.

금속박막저항재료는 순금속(Pt, Au, Ti, Ni, Mo, Ta, W), 합금(Ni-Cr), 화합물(TaN) 등이 사용가능하다. 백금박막은 막의 연속성이 좋고 화학적으로 안정하기 때문에 고저항정밀용으로 알맞다.

니켈-크롬 합금박막은 가장 많이 사용되는 금속박막재료로서 현재 대부분

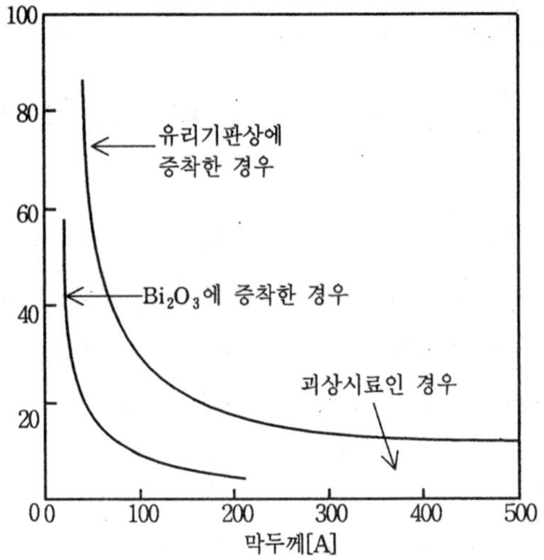

[그림 2-12] 금속박막의 막두께와 저항률의 관계

의 금속박막저항기는 니켈-크롬 박막이다. 이 저항재료는 제1종 니크롬 전열선과 같이 니켈 80[%]-크롬 20[%]의 조성을 갖는 합금을 증착시켜 만들며, 비교적 낮은 저항의 박막을 만드는 데 적합하다.

〈표 2-11〉은 대표적인 금속박막저항의 전기적 특성 예를 나타낸 것이다.

한편 지지체(기판)로서는 기계적 강도가 크고, 내고온성이며, 알칼리 금속을 포함하지 않고, 열팽창계수가 박막저항체와 동일하고, 표면상태가 평활해야 될 것 등의 조건을 가져야 하며, 현재 세라믹, 석영유리, 사불화(四弗化)에틸렌 수지 등이 사용된다. 금속박막의 제조법은 다음과 같은 것이 있다.

〈표 2-11〉 각종 박막저항의 특성의 예

특 성	Ni-Cr	TaN	Ni-P
면적저항[Ω/sq]	15~300	15~300	0.15~10
저항범위[Ω]	$15\sim150\times10^3$	$15\sim150\times10^3$	0.08~2000
저항오차[%]	±5	±2.5	±5
온도계수[ppm/℃]	±100	-200~100	±150
허용전력손[mW]	50	50	30
저항변화율[%]	0.25 이하	0.25 이하	0.5 이하

1) 진공증착법

$10^{-4} \sim 10^{-8}$[torr]인 고진공 중에서 금속을 가열시켜 지지체에 부착시켜 금속박막을 만든다. 이 방법은 가장 간단한 금속박막제조법이지만 융점이 높은 금속은 사용할 수 없다. 니켈-크롬 박막은 이 방법으로 만들어진다. 이때 [그림 2-13]에 나타낸 것처럼 1550[℃]에서 증착하면 니크롬의 합금조성과 동일한 조성의 박막이 얻어진다.

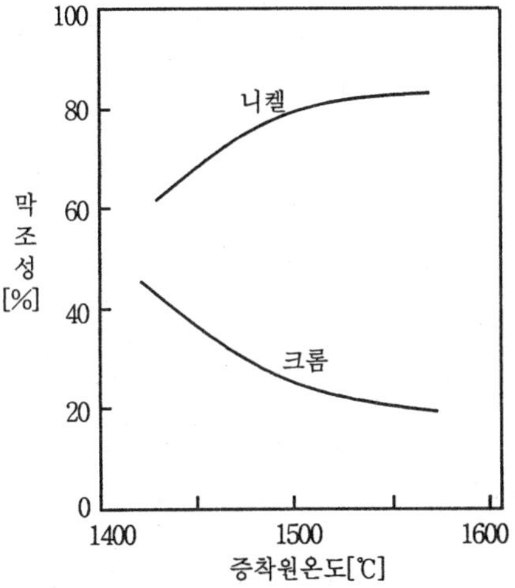

[그림 2-13] 니켈-크롬 박막의 조성과 증착원 온도와의 관계

2) 음극 스퍼터링

10^{-4}[torr] 정도의 고진공 중에서 양극에 지지체를, 음극에 증착시킬 금속을 놓고, 이 양극간에 1~15[kV]의 직류고전압을 가하여 방전을 일으킨다. 그러면 양이온이 음극금속에 충격을 주어 금속으로부터 금속증기가 방출되어 지지체 위에 박막이 만들어진다. 이 방법에 의해 금, 은, 백금박막 등이 만들어진다. 〈표 2-12〉는 이와 같이 만든 백금박막의 저항값과 그 온도계수와의 관계를 나타낸 것이다. 백금 자체의 저항온도계수는 30×10^{-4}으로서 박막의 두께가 두껍게 될수록 백금 자체의 값에 가까워진다. 음극 스퍼터링 방법은 융점이 비교적 높은 재료에 사용된다.

〈표 2-12〉 백금박막의 저항과 온도계수

저항값	저항온도계수
1866	7.5×10^{-4}
506	10.7×10^{-4}
93	14.7×10^{-4}
65	20×10^{-4}

(2) 탄소피막저항재료

탄소피막저항기는 1925년경 독일에서 처음으로 개발되어 현재 전자회로부품으로서 널리 사용되고 있으며, 피막저항체의 제조과정에 따라 석출형, 탄화형, 베이킹(baking)형 등이 있다.

1) 석출형

[그림 2-14]와 같이 진공로 내에 놓여 있는 석영, 세라믹(장석자기, 스테아타이트자기) 등의 지지체를 약 1000[℃]로 가열한 후, 여기에 벤젠이나 메탄 등의 탄화수소를 주입시키면 이들 탄화수소는 지지체에 닿아 열분해되어 지지체 표면에 탄소피막이 입혀진다. 이어서 피막에 나선상의 홈을 파서 필요한 저항값을 얻는다. 이와 같이 하여 만든 저항체에 단자를 붙이고, 절연도료를 도포하고 손질하여 완성한다.

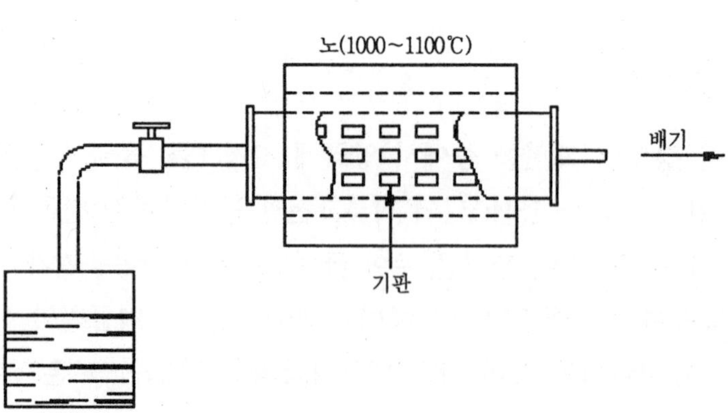

[그림 2-14] 석출형 탄소피막저항의 제조

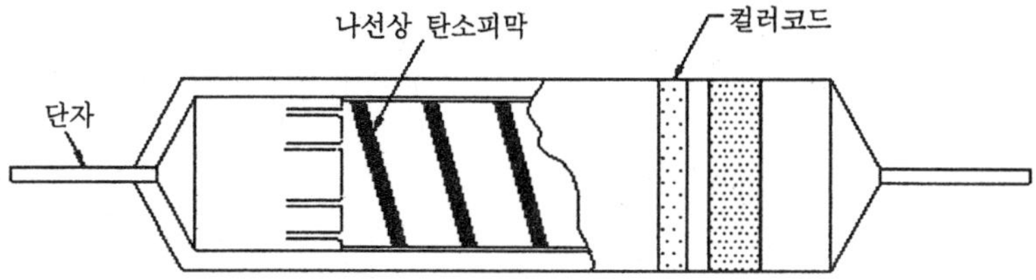

[그림 2-15] 탄소피막저항기의 구조

[그림 2-15]는 탄소피막저항기의 구조를 나타낸 것이다. 이와 같은 저항체의 저항값은 수[kΩ]에서 10[kΩ] 정도의 것이 있고, 저항온도계수는 -2.6×10^{-4} 정도이다. 일반적으로 이런 종류의 저항체의 저항값은 시간이 경과함에 따라 어느 정도 증가하지만 탄소솔리드 저항기보다는 훨씬 양호하다. 또한 잡음특성도 솔리드 저항기보다 우수하다

2) 탄화형

탄화형은 세라믹 기판에 미리 페놀수지, 유기물도료 등을 도포하고 불활성 가스 중에서 800[℃] 정도로 가열하여 탄소피막을 형성시키는 것이다. 전기적 특성은 석출형에 비하면 약간 떨어진다.

3) 베이킹형

세라믹 기판 표면에 콜로이드상 흑연을 도포하고 이것을 불활성 가스 중에서 가열하여 흑연을 세라믹 기판 표면에 구워 붙여서 탄소피막을 형성한다. 이 형은 막 두께가 두꺼운 것이 얻어지지만 전기적 성질은 앞서 설명한 2개형에 비하여 떨어진다.

(3) 금속산화물 저항재료

현재 금속산화물 박막재료로는 산화주석(SnO_2)이 가장 실용화되고 있다. 산화주석 박막을 만들려면 염화주석($SnCl_4$)에 염화안티몬($SbCl_3$)이나 염산을 가한 수용액을 500~800[℃]로 가열한 유리 또는 자기 지지체 위에 스프레이하면 염화물이 기판 위에서 열분해되어 투명한 산화주석이 생긴다. 이 저항은 무색투명하고 내열성, 안정성이 우수하므로 정밀전력용 저항재료로서 사용된다.

제3장

절 연 재 료

전기나 열이 전달되지 않도록 하기 위해 사용하는 재료를 절연재료라고 한다. 전기의 절연재료는 기체, 액체, 고체로 나눌 수 있는데 공기 외에도 산소, 질소, 수소 등과 같은 일반기체도 양호한 절연재료가 된다. 액체로 된 절연재료는 석유계 절연유, 실리콘유, 염소화유 등의 합성절연유 등이 있고, 고체절연재료에는 무기계(無機系), 자기계(瓷器系), 유리계, 섬유질계, 수지계, 고무계, 니스계 등 많은 종류가 있다.

공기는 무의식중에 절연재료로서 사용되고 있으며, 질소는 대형 변압기의 탱크 속에, 수소는 대형 회전기기계의 냉각촉진용으로 사용된다. 석유계 절연유는 대부분의 전력용 변압기의 탱크 속에 들어 있으며, 권선(捲線)의 섬유질 절연재료를 장기간 좋게 유지하는 목적이나 또는 차단기 · 유입개폐기(油入開閉器)용으로, 합성절연유는 불연성 또는 난연성유(難燃性油)로서 변압기 등에 사용된다.

고체절연재료의 계열별 사용례를 들면 다음과 같다.

(1) 무기질재료

운모(mica), 석면, 대리석, 황 등이 있으며, 이것들은 고온에 견디는 재료로서 오래 전부터 사용되었다.

(2) 자기계 재료

보통 자기는 애자와 애관으로서 고압 · 저압선로의 절연에, 스테아타이트 및 유리도자기는 고주파회로용으로 애자, 코일 프레임 또는 대형 진공관의 구성재 등에 사용된다.

(3) 유리계 재료

유리도 매우 우수한 절연재이며 석영유리, 소다유리, 납유리 등이 전구, 진공관, 네온사인 등에 널리 사용된다.

(4) 섬유질재료

목재, 종이, 면사, 견직물, 마사(麻絲), 폴리에스테르 등의 합성섬유가 있으며, 종이나 면사 등은 오래 전부터 케이블, 전선, 권선에 사용되어왔다.

(5) 수지계 재료

최근 급속히 용도가 확대된 재료로서 고체상 필름상의 것이 있고, 폴리스틸렌, 폴리프로필렌, 폴리에틸렌, 폴리염화비닐, 나일론 등 종류가 많으며 용도도 여러 방면에 걸쳐 있다.

(6) 고무계 재료

천연고무, 에보나이트, 부틸고무, 클로로프렌고무, 실리콘고무 등이 오래 전부터 널리 사용되고 있다.

(7) 니스(varnish)계 재료

원재는 액상(液狀)이며 이것을 권선의 절연재료로서 침투시켜 건조 경화시키는 예도 있고, 니스를 침투시켜 사용하는 니스크로스, 니스페이퍼 등 이외에도, 합성수지계 니스로서 에폭시 수지 니스, 포르말 수지 니스, 실리콘 수지 니스 등이 있다.

또한 절연재료에는 전하가 이동하기 어려운, 즉 전기 저항이 높은 재료로 운모, 페놀 수지, 폴리에스테르, 대리석, 파라핀, 폴리스테롤 등이 있다.

3.1 절연재료의 분류

전기절연물로 사용되는 물질은 그 종류가 대단히 많다. 즉 기체, 액체, 고체의 3가지로 이루어져 있으며, 또 광물류에서 얻어지는 무기질의 것과 동식물에서 얻어지는 유기질의 것이 있다.

현재 사용되는 절연재료를 그 조성에 따라 분류하면 〈표 3-1〉과 같다. 또 절연재료를 그 형태상에 의하여 분류하면 〈표 3-2〉와 같다.

한편, 절연재료의 내열구분에 따라서 각각 기기의 최고허용온도가 있기 때문에 이에 준하여 절연재료를 내열성에 따라 구분하면 〈표 3-3〉과 같다.

〈표 3-1〉 절연재료의 조성상의 분류

<table>
<tr><th colspan="3">구 분</th><th>원료소재의 예</th><th>가공재료의 예</th></tr>
<tr><td rowspan="7">천연물</td><td rowspan="2">무기물</td><td>기 체</td><td>공기, 질소</td><td></td></tr>
<tr><td>광물질</td><td>운모, 아스베스트
수정, 황</td><td>마이카 제품, 애자
아스베스트 제품, 자기</td></tr>
<tr><td rowspan="5">유기물</td><td>섬유질</td><td>목재, 펄프, 생사, 목면, 마</td><td rowspan="5">절연지, 판지
절연 바니시
컴파운드 바니시
절연처리목재
고무가공품
적층재형 재품</td></tr>
<tr><td>동식물성
유 지</td><td>아마유, 올리브유,
고래기름, 어유</td></tr>
<tr><td>석유계
물 질</td><td>광유. 파라핀, 아스팔트</td></tr>
<tr><td>천연수지</td><td>로진, 코펄, 고무</td></tr>
<tr></tr>
<tr><td rowspan="3">합성물</td><td rowspan="3"></td><td>기 체</td><td>프레온, 6불화황</td><td></td></tr>
<tr><td>합성유</td><td>염화디페닐, 실리콘유
염화나프탈린</td><td></td></tr>
<tr><td>합성수지</td><td>페놀레진, 합성섬유,
합성고무, 비닐계 레진</td><td>절연 바니시, 고무가공품</td></tr>
</table>

〈표 3-2〉 절연재료의 형태상의 분류

분 류		예
기체절연재료		공기, 질소, 프레온
액체절연재료	절연유	광유, 합성유
	절연바니시	유성 바니시, 합성수지 바니시
반고체절연재료	절연컴파운드	함침용, 충전용 컴파운드
	탄성체	천연고무, 합성고무
고체절연재료	계상, 관상 절연물	천연섬유, 합성섬유, 적층판
	박막절연	바니시 피막, 산화막
	적층품	합성수지 적층판
	형조물	합성수지형조품, 운모렉스
	요업품	유리, 도자기, 스테아타이트

〈표 3-3〉 절연재료의 내열성에 의한 분류

종 류	최고사용온도[℃]	절연재료
Y 종	90	목면, 견, 종이 등의 재료로 구성되고 바니시류에 함침되지 않고 또는 유중에 함침되지 않은 것
A 종	105	목면, 견, 종이 등의 재료로 수성되고 바니시류에 함침되거나 유중에 함침된 것. 폴리비닐, 폴리아미드, 포르말 프레스보드
E 종	120	플라스틱의 대부분
B 종	130	운모, 석면, 유리섬유 등의 재료를 아스팔트의 접착재료와 같이 구성시킨 것
F 종	155	운모, 석면, 유리섬유 등의 재료를 알킷 수지, 에폭시 수지 등의 내열성이 우수한 접착재료와 같이 구성한 것
H 종	180	운모, 석면, 유리섬유 등의 재료를 규소수지 등 특히 내열성이 우수한 접착재료와 같이 구성한 것
C 종	180 이상	운모, 석면, 유리 등을 단독으로 사용한 것, 또는 시멘트 등의 무기 접착제와 조합시킨 것

〈표 3-4〉 전기절연유의 특성비교

특 성	변압기유	케이블유	콘덴서유	Askarels (P,C,B일종)	실리콘유
B.D.V(kV) 2.5mm Gap	150	300	200	200~250	300~400
유전율	2.2~2.3	2.3~2.6	2.1	4.8	2~73
손실[%], 60[Hz]	0.1	0.2	0.025	0.06	0.1
체적저항 (Ohm-cm)	E^{12}~E^{13}	E^{12}~E^{13}	E^{13}~E^{14}	$2E^{12}$	$3E^{14}$
비중(20[℃])	0.89	0.93	0.88~089	1.4	1.0~1.1
점도(20[℃]) cstokes	30	30	30	100~150	10~1000
굴절률	1.4820	1.4700	1.4740	1.6000	1.5500
열팽창(/dog)	$7E^{-4}$	$7E^{-4}$	$7E^{-4}$	$7E^{-4}$	$5E^{-4}$
허용수분함유량 (ppm)	50	50	50	30 이하	30 이하

3.2 절연재료로서 구비해야 할 성질

전기절연재료로서 필요한 여러 가지 성질을 일괄하면 다음과 같다. 물론 각 용도에 따라서 이들 중에 어느 것에 중점을 두어야 할 것인가를 구체적으로 판단하지 않으면 안 된다.

3.2.1 전기적 성질

절연재료에 요구되는 전기적 성질을 일괄하여 들면 다음과 같다.

① 절연저항이 높을 것
② 표면누설이 적을 것
③ 절연내력(내전압)이 클 것
④ tan δ(유전정접)가 작을 것
⑤ 비유전율의 값이 적당할 것
⑥ 전기적 제성질의 온도계수가 적을 것
⑦ 내아크성이 좋을 것

3.2.2 기계적 성질

주로 고체재료에 대한 성질에 있어서 다음과 같은 여러 항목이 요구된다.

① 인장강도(항장력)가 클 것
② 압축강도(항압력)가 클 것
③ 구부림강도가 클 것
④ 전단강도가 클 것
⑤ 경도(hardness)가 적당할 것
⑥ 탄성한계가 적당할 것

⑦ 가공이 용이할 것
⑧ 점도(액체의 경우)가 적당할 것

3.2.3 열적 성질

전기기기는 많든 적든 발열현상을 일으키기 때문에 내열성이 요구되는 것은 물론이다.

절연재료의 열적 성질을 들어 보면 다음과 같다.

① 내열성이 양호할 것
② 용융점 또는 연화점이 높을 것(고체인 경우)
③ 열전도도가 좋을 것
④ 열팽창계수가 적을 것(고체), 또는 적당히 클 것(기체, 액체)
⑤ 비열이 클 것
⑥ 불점이 클 것(액체)
⑦ 응고점이 적을 것(액체)

3.2.4 화학적 성질

절연재료로서 요구되는 화학적 성질은 다음과 같다.

① 흡습성, 흡수성이 적을 것
② 내수성, 내유성, 내산성, 내후성 등이 좋고 열화하지 않을 것
③ 난연성이고 폭발 등의 위험이 없을 것, 아울러 독성이 없을 것

3.3 열화현상 및 원인

모든 전기, 전자제품의 수명은 결국 재료의 수명에 달려 있으며 특히 절연재료의 열화로 인한 절연파괴에 의하여 수명을 다하게 된다. 전기절연재료의 열화요인을 크게 나누면 다음과 같다.

① 외부요인 : 열(熱), 광(光), 힘(力), 전기(電氣)
② 내부요인 : 분자구조, 첨가제, 불순물
③ 환경요인 : 산소, 오존, 산, 알칼리

이러한 요인 중 가장 큰 열 열화와 전기적 열화, 방사선 열화에 대하여 설명하면 다음과 같다

(1) 열 열화

온도가 증가하면 누설전류가 증가하여 산화분해반응속도가 빨라진다. 유기질 절연재료의 경우 염소분자가 존재하면 산화를 동반한 열분해가 빠르게 진행된다. 전기적 열화는 부분방전열화, 트래킹(tracking) 열화, 트리잉(treeing) 열화, 아크 열화로 구분한다.

(2) 전기적 열화

1) 트래킹 열화

재료표면에 수분, 염분, 불순물 등이 부착되어 누설전류가 흐르면서 탄화도전로가 형성되어 절연파괴에 이르는 열화를 말한다.

2) 트리잉 열화

유기고분자 재료의 국부적인 장소에 전계가 집중되어 나뭇가지 모양의 방전흔적을 형성하면서 절연파괴로 진전되는 열화를 말한다. 직류, 임펄스, 교류전압 순으로 트리 방전이 잘 일어나며 산소 원자를 갖지 않은 재료(PP, PE 등)

는 수소가스가 발생하고, 산소원자를 함유한 재료(에폭시, 아크릴 등)는 물이 검출된다.

3) 아크 열화

아크 방전에 의하여 열분해가 일어나면서 탄화물이 생성되어 절연파괴가 발생되는 현상으로 탄소원자를 함유하는 고분자재료에서 많이 발생한다.

(3) 방사선열화

유기 고분자재료에 방사선을 쪼이면 분자간에 가교나 분해를 일으켜 열화되는 현상을 말하며 내부 산소원자의 확산이 원인인 것으로 알려져 있다.

3.4 기체절연재료

기체절연재료로는 공기, 질소, 탄산가스 등이 콘덴서, 케이블, 차단기 등에 사용되어왔으나 근간에는 고기압기체를 절연매체로 하는 가스절연방식이 각종 송전기기에 적용되고, 특히 절연성능, 소호성능이 뛰어난 부성기체의 이용이 급속히 진전되고 있다. 또 고진공을 소호, 절연매체로 한 진공개폐기에 실용화되어 전동력응용이나 배전설비에 널리 이용되고 있다.

(1) 공 기

절연재료로서 가장 널리 이용되고 있는 천연기체이며, 또 가장 풍부하게 주위에 존재하는 것으로 그 조성은 NO_2(80%)+O_3(20%)이다. 상온기압의 평등전계에서 공기의 절연파괴강도는 약 30[kVcm] 정도로 고체, 액체에 비하여 낮으므로, 이들과의 복합계에서는 공기층이 약점으로 되어 열화의 한 요인이 된다.

공기를 고압력에 사용하는 것은 산소분압이 증가하여 산화작용을 촉진하므로 바람직하지 못하다. 또 공기는 질소와 산소의 혼합물이므로 공기 중에서 코로나 방전이 발생하면 오존(ozone, O_3)이나 산화질소(NO 또는 NO_2)가 발생하여 부근의 절연체나 금속을 부식시킨다. 따라서 고전압절연이 필요한 경우에는 N_2 또는 N_2+CO_2 등 혼합기체를 사용한다. 공기를 절연의 주체로 설계한 기기로는 공기 콘덴서, 공기건식변압기, 공기차단기, 애자 등이 있다.

(2) 수 소

수소의 절연내력은 공기에 비해 약 1/2 정도로 낮으며 열전도율이 크고 확산속도가 공기의 주성분인 질소, 산소에 비해 10배 정도로 냉각효과가 크므로, 회전기 내에 봉입하여 냉각작용과 풍손(風損)의 감소에 유효하게 사용된다.

(3) 질 소

질소의 절연내력은 공기와 비슷하지만 화학적으로 불활성이므로, 전력용 변압기에 봉입하여 절연유가 공기에 접속되어 열화되는 것을 방지하거나 전력용 케이블 등에 가압 봉입하여 사용된다.

(4) 프레온(freon)

메탄(CH_4)의 수소를 염소나 불소로 치환한 프레온은 듀퐁사의 상품명으로 그 종류에는 $F_{12}(F_2C_{12})$, $F_{13}(CF_3Cl)$, $F_{14}(CF_4)$, $F_{22}(CHClF_2)$, $F_{23}(CHF_3)$ 등이 있는데 이 중 F_{12}(freon 12)가 대표적인 것이다.

이 기체는 상온에서 불연성이고, 독성, 부식성이 없으며, 화학적으로 안정하여 불활성이지만 코로나 방전이나 불꽃방전에 의해 부식성 또는 유독성의 할로겐 기체($COCl_2$)의 분해생성물을 발생하므로, 금속이나 다른 절연체를 보호할 필요가 있다. 또 이 기체는 상온에서 4~5기압으로 압축해도 액화되지 않아 4기압 정도로 압축해서 사용하면 광유계 절연유에 필적할 만한 절연내력을 갖게 된다.

따라서 초고압절연에 이와 같은 고기압 프레온을 사용하면 기기의 소형화가 가능하다. 프레온은 전기절연 외에 비점이 낮은 점을 이용하여 냉동기의 냉매로서 널리 이용되고 있다.

(5) 육불화유황(SF_6)

이 기체는 무색, 무취, 무독, 불연성으로 정상상태에서는 부식성이 없고, 화학적으로 극히 안정하며, 사용할 수 있는 온도 범위가 넓고, 아크나 코로나 방전에 대한 절연특성이 우수하다. 또 포화증기압이 높으므로, 프레온과 같은 응축염려가 없고, 상온에서 50기압 정도까지는 압축이 가능하지만 실제로는 10기압 이하에서 사용될 때가 많다. 약 2기압으로 압축한 것은 광유계 절연유에 필적할 만한 절연내력을 갖는다. 이 SF_6의 또 하나의 특징은 우수한 아크 소호능력이 있다는 점이다. 이와 같은 우수한 절연성 때문에 기기의 소형화에 크게 공헌하고 있으며, 건식 변압기, 관로기 중 송전선로, 입자가속기의 절연매체 및 차단기의 소호매체 등으로 중요시되고 있다.

또 SF_6의 우수한 절연내력은 마이크로파 영역까지 유지되므로 전력용뿐만 아니라 통신기기회로의 절연에도 사용되는 경우가 있다.

〈표 3-5〉 각종 기체절연재료의 특성

종 류	분자량	밀 도 [g/1(℃]	용융점 [℃]	불 점 [℃]	N_2를 1로 했을 때의 절연내력
공기	28.95	1.293	-	-	-
질소	28.02	1.251	-209.9	-195.8	1
수소	2.016	0.0899	-259.1	-252.8	-
프레온	146.1	6	-	-63.8	2.3
육불화유황	120.9	5.575	-158	-29.8	2.4

3.5 액체절연재료

현재 주로 천연광유와 합성유가 액체절연재료로서 사용되고 있으며, 이들 절연유는 기체에 비해 절연파괴강도가 높고 유침절연계의 매체로 중요하며, 또 변압기절연과 같이 액체순환에 의한 냉각효과로도 이용된다.

절연유의 용도와 사용목적에 따라 요구되는 중요성질을 열거하면 다음과 같다.

(1) 변압기 및 차단기유

변압기유는 절연, 냉각을 목적으로, 또 차단기유는 절연 및 차단기개폐시 발생하는 아크를 소거하기 위해 사용한다.

주로 경질광유가 사용되며 절연파괴강도가 클 것, 전기적 · 화학적으로 안정할 것 등의 성질이 요구된다.

(2) 함침 케이블유

전력용 종이절연 케이블의 절연증대를 위한 함침 컴파운드로 사용되는 것으로 일반적으로 케이블유로서 요구되는 성질로는 함침온도에서는 점도가 낮으나 사용온도에서는 높은 것, 점착성 및 열팽창계수가 작은 것, $\tan\delta$가 작은 것 등이 있다.

(3) 유입 케이블 및 콘덴서유

유입 케이블유는 절연과 함께 냉각을 목적으로 사용되며, 일반적으로 변압기유보다 더 경질의 것이 사용된다. 이 기름은 절연파괴강도가 큰 것, 체적저항률이 높고 $\tan\delta$가 작은 것, 고전계에 의해 가스가 발생하지 않는 것 등 엄격한 특성이 요구된다.

콘덴서유는 비유전율이 높아야 하며, 고전압용 콘덴서에서는 염소화합성유, 저전압용 콘덴서에는 파라핀이나 염화나프탈렌이 사용되는 경우가 많다.

1) 광 유

광유는 양호한 절연재료이며, 가격이 저렴하여 널리 이용되고 있으나 인화점이 약 140[℃] 정도로 낮고 산화하여 열화되며, 온도에 의한 점도의 변화정도가 크다는 결점이 있다.

〈표 3-6〉 광유계 절연유의 주요특성

종 류	저점도			중점도	고점도
용 도	변 압 기	콘 덴 서	OF케이블	POF충전용	POF함침용
밀도[℃]	0.90	0.90	0.88	0.92	0.94
점도 37.8[℃]	11	22	9.9	160	760
[CSt] 100[℃]	2.4	3.6	2.3	10	24
팽창계수[10^{-4}/℃]	7.0	6.5	7.0	7.2	6.8
인화점[℃]	150	130~150	140	180	210
유동점[℃]	−50	−50	〈 −50	−23	−10
평균분자량	270	300	−	400	−
비유전율(20[℃])	2.2	2.2	2.2	2.2	2.3
tanδ[%](80[℃])	0.05~0.1	0.05	〈 0.01	0.02	0.01
ρ[Ω.cm](80[℃])	5×10^{13}	2×10^{13}	〉 10^{16}	2×10^{13}	2×10^{13}

2) 합성유

〈표 3-7〉각종 합성절연유의 특성

특 성	알킬벤젠	나프탈렌유	폴리프텐	실리콘유
비 중[15℃]	0.089	0.955	0.895	0.962
인화점[℃]	170	140	140~220	300 이상
유통점[℃]	−40	−50	−50~2.5	−50 이하
점 도(30℃)[cSt]	44.5	10.0	21~35,000	50
비유전율	2.17	2.44	2.16	2.5
tanδ[%]	0.001	0.02	0.005	0.01 이하
체적저항률[Ω. cm]	6.4×10^{16}	3×10^{15}	$(1\sim3)\times10^{15}$	1×10^{14} 이상
파괴전압[kV/2.5mm]	70 이상	80	50	50 이상

3.6 고체절연재료

고체절연재료는 기체나 액체절연재료보다 절연성이 우수한 편이다. 고체절연재료는 무기재료(운모, 석면, 유리, 자기, 대리석 등의 광물질재료)와 유기재료(종이, 목재, 면, 포, 고무, 플라스틱 등의 고분자화합물)로 대별된다.

유기질과 무기질의 차이점을 들어보면 유기질은 비결정성이며 탄소분자의 연쇄결합으로 형성되어 있고, 온도가 100[℃]를 초과하면 분해되어 탄소가 석출되어 가공이 쉽고 착색성이 좋은 성질을 가진다. 이에 반해서 무기질은 결정성인 것이 많고 온도가 300[℃] 이상의 내열성을 가지며 화학적으로 안정하나 단단하여 가공이 곤란하고 비착색성인 점도 있다. 무기재료와 유기재료는 이와 같은 장단점이 있으나 절연재료로써 유용하게 사용된다.

3.6.1 운 모

운모(mica)는 무기질 절연재료의 대표적인 것으로서 외관은 투명 또는 반투명인 결정체이며 성분은 SiO_2, Al_2O_3, K_2O와 결정수를 함유한다. 종류에 따라 Mg, Fe, Na, Li 등을 함유하는 것이 많지만 오래전부터 절연재, 내열재, 유전체로서 사용되고 있으며 그 특징은 다음과 같다.

① 엷게 벗겨지고 비교적 유연하다.
② 열에 약하다.
③ 절연성, 내코로나성이 우수하다.
④ 유전손실이 작다(백운모인 경우).

운모는 천연운모와 합성운모로 나누어지며, 천연운모에는 백운모와 금운모가 있다.

(1) 백운모

경질운모라고 하는 것으로 무색 투명하며 결정수를 4~6[%] 함유하며 금운모에 비하여 경질이며 내약품성이 강하다. 그러나 내열성은 금운모보다 좋지 못하며, 최고 허용온도는 550[℃] 정도이다. 이 운모의 화학조성은 $KAl_3Si_3O_{10}(OH)_2$이다. 백운모는 전기적 특성이 좋고 비유전율은 6~8, 유전손($2\sim8\times10^{-4}$)은 작고 절연내력(90~120[kV/mm])은 크기 때문에 콘덴서의 유전체나 전자관 및 각종 전자기기의 절연에 사용된다.

(2) 금운모

연질운모라고 부르며 내열성이 우수하고 연속사용온도는 800[℃] 정도이다. 이것은 결정수를 3[%] 이하로 포함하며 전기적 특성은 좋지 못한 편이다, 백운모에 비해 유전율은 크며 화학조성은 $KMg_3AlSi_3O_{10}(OH)_2$이다. 내열성이 우수하므로 전자통신기기, 전기기기 등의 절연, 절연기구 열절연 등에 사용된다.

(3) 합성운모

천연운모는 결정수를 함유하기 때문에 고온가열로 결정수를 잃게 되면 사용할 수 없게 된다. 이 결점을 보완하기 위하여 금운모의 수산기(OH)를 불소로 치환하여 $KMg_3AlSi_3O_{10}F_2$로 한 것을 합성운모라고 한다. 내열성이 우수하고 최고사용온도는 1100[℃]로서 다른 운모에 비하여 높은 편이다. 결정구조와 외관은 금운모와 같으나 경도는 약간 크고 가공성이 우수하다.

3.6.2 석 면

석면은 무기절연재료 중 유일한 섬유성 광물로 목면과 같이 방적이 가능하다. 일반적으로 유연하고 가소성, 불연성, 내열, 내아크성이 우수하므로 각종 가공품을 만드는 데 사용되어왔으나 최근에는 초자섬유로 점차 치환되고 있다.

(1) 석면의 종류

석면에는 여러 가지 종류가 있으나 전기절연재료로 쓰이는 것에는 온석면과 청석면이 있다.

1) 온석면

[$3MgO$, SiO_2, $2H_2O$]로 조성되었으며, 1[μ] 이하의 백사계상의 광택을 가지고, 유연하며, 내열성 450[℃]이 뛰어나고 화학적으로 안정하여 각종 전기재료로 많이 쓰인다.

2) 청석면

이 석면은 [Na_2O, Fe_2O_3, $3FeO$, $8SiO_2$, $2H_2O$]로 조성되었으며 섬유가 굳어지고 짙은 청색으로 되어 광택이 적다. 화학적으로 약하며, 내열성 300[℃]로 온석면보다 낮고 600[℃] 전후에서 결정수를 잃고 부스러진다.

(2) 석면제품

1) 석면계

장섬유의 석면에 10[%] 정도의 면섬유를 가하여 실로 만든 것으로, 내열성 전선 및 전열용 코드 등의 피복에 사용된다. 석면포, 석면 테이프 등은 내열절연재료 및 적층판용 기재로서 사용되는데, 최근에는 이들 용도에 초자섬유도 사용한다.

2) 석면지

석면섬유에 약 10[%]의 목재 펄프를 혼합하여 0.12~0.5[mm] 정도의 종이 모양으로 만든 것으로 내열성을 요하는 절연에 사용되고 또한 권선, 적층재료에도 쓰인다.

3) 석면판

석면, 지나, 석면섬유를 무기접착제로 서로 맞붙여 압축한 것으로 내열, 내아크 차단을 요하는 곳이나 배전반재료로 쓰인다.

4) 석면형조품

석면과 석탄 또는 시멘트를 물과 혼합하여 소요형에 넣어 압축시켜 각종 형상을 만든다. 절연내력이 적으나 500[℃]의 온도에 견디므로 기중차단기, 고속도차단기 등의 소호질벽으로 쓰인다.

5) 석면 외의 무기절연재료

대리석, 석면석, 수정, 유황 등이 있다

3.6.3 세라믹

1종 또는 2종 이상의 산화물 또는 이들의 화합물로써 이루어지는 것으로 도자기를 합한 것을 말하며, 전자재료로서는 자기가 더 중요하고 이들은 모두 요업제품의 대표적인 것이다. 일반적으로 SiO_2(70~75%), Al_2O_2(20~50%), 그 밖에 Fe_2O_3, CaO_2, MgO 등을 포함하는데 이들의 분말을 혼합, 성형하여 1300~1500[℃] 정도로 소성하여 만든다.

전자재료로서 이들 산화물은 절연재료, 유전재료 외에 반도체, 자성체, 저항체 및 내열재료로서 많이 사용된다. 세라믹(ceramic)의 특징은 다음과 같다.

① 절연성이 좋다.
② 기계적, 화학적으로 강하다.
③ 고주파손실이 작다.
④ 내열성이 좋다.
⑤ 유전율이 크다.
⑥ 열팽창계수가 작다.
⑦ 내후성이 우수하다.
⑧ 금속과의 봉착성이 좋다.

세라믹은 사용주파수, 전압・전류의 대소, 직류와 교류 및 온도와 습도에 따라 특성이 달라지므로 용도에 적합한 재료를 선택해야 한다. 세라믹 재료에는 여러 가지가 있으나 전자재료로서 주로 사용되는 것은 아래와 같다.

(1) 규산알루미나 자기(장석자기)

수 종의 규산염분말, 즉 장석(KO_2 · Al_2O · $6SiO_2$), 규석(SiO_2), 점토(Al_2O_3 · $2SiO_2$ · $2H_2O$)를 1 : 1 : 2로 혼합 성형하여, 1330~1500[℃]의 고온에서 소성한 자기로 조성은 SiO_2(70~75%), Al_2O_3(20~25%), 그 외 소량의 Fe_2O_3, CaO, MgO 등을 함유하고 있다.

장석자기는 가격이 저렴하고 내열성, 내습성이 좋으며, 또 상당한 전기절연성과 기계적 강도를 가져 고압 및 저압용의 절연재료로서 애자, 부싱 등 전력용 기기에 널리 사용된다. 그러나 치수 정도가 낮고 고주파 또는 고온절연에 적합하지 못하다는 결점을 갖고 있다.

(2) 마그네시아 자기(활석자기)

장석자기의 SiO_2, Al_2O_3 대신에 MgO를 주성분으로 한 자기로 활석(3MgO · $4SiO_2$ · H_2O)에 알칼리토류 금속산화물을 소량 첨가하여 약 1400[℃]에서 소성한다. 이 자기는 일반적으로 스테아타이트라 불리며, 소성시의 치수 정도가 높고 기계적 강도가 크며, 알칼리 성분이 적으므로 전기적 성질도 우수하다. 특히 유전손이 지극히 작으므로 고주파절연용으로서의 코일의 보빈 등 각종 통신용 부품에 사용한다

그러나 표면이 오염되면 대기 중에서 표면저항이 현저히 감소하고 또 열팽창계수가 커서 열충격에 약한 결점이 있다.

(3) 알루미나 자기

Al_2O_3를 1800[℃] 정도에서 고온소성한 자기로 내열성 특히 고온 절연성이 좋고 기계적 성질이 우수하여 점화전(點火栓), 애자, 내열기구용 대형 애자 등에 사용된다.

(4) 산화티탄 자기

산화티탄(TiO_2)은 대체로 유전율이 크다. 특히 산화티탄의 결정형을 가진 천연광석인 금홍석의 비유전율은 그 주축방향으로 173, 수직방향으로 89, 분말을 소성시킨 것도 약 110의 값을 갖고 있다.

산화티탄자기는 산화티탄을 1200[℃]에서 가소하여 분해하고, 성형 후 다시 1400[℃]에서 소성하여 얻어지는 황갈색의 자기로 비유전율은 80 정도이다.

고주파용 콘덴서의 유전체로 사용되나 유전율의 온도계수가 음이므로, 공진회로의 공진주파수의 온도보상용으로도 이용된다.

유전율의 온도계수가 음인 산화티탄 자기에 유전율의 온도계수가 양인 SiO_2, MgO, Al_2O_3 등을 첨가하여 온도에 의한 유전율의 변화를 개선할 수 있다. TiO_2 · MgO의 화학조성을 갖는 티탄산마그네슘 자기가 이에 해당한다.

(5) 티탄산바륨 자기

산화티탄과 탄산바륨($BaCO_3$)을 같은 몰(mole)비로 혼합하여 1300~1400[℃]의 고온에서 소성시킨 자기로 $BaTiO_3$의 조성을 가진다. 비유전율의 값은 극히 커서 110[℃] 부근에서 극대값을 나타내고, 상온부근에서 1000~3000의 큰 값을 갖는다. 그러나 온도에 의한 유전율의 변화가 크고 또 $\tan\delta$가 상온부근에서 $(100 \sim 200) \times 10^{-4}$로 약간 크기 때문에 콘덴서 유전체로서의 주된 용도는 소형의 바이패스 콘덴서용 등 제한된 부분에만 사용한다.

또 이 자기는 강유전성을 지니고 있으므로, 압전소자로서도 중요하다.

3.6.4 유 리

유리(glass)는 무기질 산화물을 혼합, 용융하여 얻어진 고점성 액체를 경정질이 석출되지 않을 정도로 급랭응고시킨 무정형물질로 실리카(SiO_2), 붕산탄산소다, 석회석 등을 원료로 하고 냉각 중의 고점성을 이용하여 성형한다.

유리는 혼합된 성분에 따라 그 종류가 분류되며, 보통의 유리는 Si-O를 주체로 하고 연화온도를 낮추기 위해 염기성 성분으로서 알칼리 또는 알칼리토금속 등의 산화물의 금속이온을 포함한 구조로 되어 있다. 알칼리이온은 반지름이 작고 유리 중을 이동하기 쉬워 유리의 저항률이 감소되므로 전기절연성에서 보면 알칼리 성분이 적을수록 좋다.

(1) 소다석회유리

SiO_2에 Na_2O, CaO, K_2O 등이 함유된 유리로 Na_2O는 K_2O와 함께 실리카의 점도를 저하시키고 저융화하며, CaO와 소량의 Al_2O 및 MgO는 유리의 내수성을 증가시킨다.

연화온도가 낮고 가공성은 좋으나, 알칼리 성분의 함유량이 많아 이온 전도를 일으키기 쉬워 저항률이 낮으므로 전기절연용으로는 적합하지 않다.

(2) 납유리

소다석회유리의 알칼리 성분을 적게 하고 대신 PbO를 첨가한 유리로 연화온도가 낮고, 가공성이 우수하며, 알칼리 성분의 감소로 인해 비교적 전기적 성질도 좋다.

진공관, 전구의 유리로 많이 사용되며 PbO의 함유량이 높은 것은 유리 콘덴서 유전체에 이용되고, 빛의 굴절률이 높아 광학용이나 장식용 등으로 이용된다.

(3) 붕규산유리

알칼리 성분을 적게 하고 대신 B_2O_3를 첨가한 대표적인 경질유리로 전기적 성질 특히 고주파특성이 우수하다. 또 열팽창계수가 작아 열충격에 강하고 연화온도는 비교적 높아 고온에 견디며 화학적 내구성도 크다.

중요한 관구용(管球用) 유리, 고주파용 절연물로 이용한다.

(4) 석영유리

산소가 전부 4면체에 공유되면 3차원의 SiO_2의 망상구조가 되어 결정화된 것을 수정이라고 한다. 수정은 알칼리 성분을 포함하지 않고 전기적 성질이 극히 우수하여 고주파절연물 또는 압전소자로서 중요하다. 석영유리 또는 용융석영(fused silica)은 수정이나 고순도의 SiO_2 분말을 용융한 것으로 결정화되지 않고 무정형구조를 가졌으며, 연화점이 높고 열팽창계수가 낮다. 유리 중에서 전기적 특성이 가장 우수하며 특히 고주파에서의 유전체손은 아주 작다.

(5) 유리섬유

무알칼리 유리를 용융하여 지름 5~10[μm]의 섬유모양으로 만든 것으로 유리의 특징과 섬유의 특징을 고루 갖춘 재료이다.

기계적으로 강하고 내열성, 내약품성이 우수하며 전기적 성질도 양호하여 실 또는 포로 가공하여 전선피복, 코일절연 등에 사용된다.

불포화 폴리에스테르, 에폭시 수지와 함께 강한 플라스틱의 기재로서 중요하다. 일반적으로 B종 이상의 기기절연에 사용되며 특히 실리콘 바니시로 처리한 것은 H종 절연재료가 된다.

〈표 3-8〉 각종 유리의 성질

재 료	비 중	연화점 [℃]	비유전율 1[MHz],25[℃]	tanδ 1[MHz],25[℃]	체적저항률 [Ω·cm] 25[℃]	절연파괴강도 [W/mm]
소다석회유리	2.47	696	6.9	0.01	2.5×10^{6}	5~20
납유리(전기용)	2.85	626	6.6	0.0016	7.9×10^{8}	5~20
붕규산유리	2.57	728	6.6	0.0047	2×10^{8}	20~35
유리섬유	2.23	820	4.6	0.0062	1.3×10^{8}	-
석영유리	2.20	1,580	3.9	0.0002	6.3×10^{11}	25~40

3.7 수지계 절연재료

수지계 절연재료는 플라스틱 또는 유기고분자화합물이라고 불리는 것으로 전자재료에서 절연, 유전, 구조, 봉지 및 접착재료 등으로 중요한 역할을 하고 있다.

이들 재료에는 천연물과 합성물이 있고, 어느 것이나 이용분야가 넓으나, 특히 합성물은 천연물에서 얻을 수 없는 우수한 특성을 가진 것이 많이 개발되고 있다. 내열성을 가진 새로운 합성수지의 개발은 전자기기의 소형화에 크게 기여하고 있다.

전자재료에서의 수지계 재료의 특성은 다음과 같은 것이 바람직하다.

① 체적저항률이 클 것
② 절연내력이 클 것
③ 기계적 강도가 클 것
④ 내열성, 내유성, 내약품, 내후성이 우수할 것
⑤ 성형가공이 쉬울 것
⑥ 다른 재료를 부식하지 않을 것
⑦ 내아크성, 내코로나성, 내오존성이 우수할 것
⑧ 온도 및 습도에 따라 전기적 성질이 저하하지 않을 것

3.7.1 천연수지

(1) 로 진(rosin)

소나무의 몸체에서 분비된 생송진에서 증류에 의해 테레빈유를 빼낸 수지로 담황색의 송진을 말한다. 알코올, 휘발유와 같은 용재에 녹고 연화점 70[℃], 절연내력 24[kV/mm]로 전기적 성질은 양호하나 기계적 성질이 좋지 않고 산성이다. 바니시, 컴파운드, 도료의 원료로 쓰이며 광유와 섞어 케이블함침제로도 쓰인다.

(2) 코 펄(Copal)

열대식물에서 분비되는 수지로 생수지에서 체취되는 생코펄이 있고, 지하에 묻혀 화석상으로 되어진 화석 코펄이 있다. 생코펄은 용해하기 쉬우므로 주정 바니시의 원료로 쓰이고, 화석 코펄은 녹기 어려우므로 유성 바니시, 컴파운드 원료로 쓰인다.

(3) 담마르(dammar)

열대식물에서 채취한 수지로 고급품은 담색, 투명한 덩어리로 되어 있으며 휘발성 바니시의 원료로 쓰이고 운모판, 기타 바니시의 원료로 쓰인다.

(4) 셀 락(shellac)

세이론, 인도지방에 있는 락충의 분비물에서 정제한 것으로 천연수지 중 유일의 열경화성 수지이다. 알코올이나 아세톤에 녹으나 광유에는 녹지 않는다. 연화점 90~100[℃], 절연내력 16~23[kV/mm]로 크고 접착력도 뛰어나므로 알코올에 녹여 바니시, 접착제로 쓰인다.

(5) 호 박(amfaoid)

과자식물의 수지가 화석이 된 담황색으로 연화점 75[℃], 체적저항률 5×10^{16}[Ω · m], 표면저항률 $10^{15} \sim 10^{16}$[Ω]이고 $\tan\delta$가 적다. 이 분말을 아세톤에 넣어 가압, 성형한 것이 호박이다. 정밀측정기, 정전측정의 단자절연에 쓰인다

3.7.2 합성수지

합성수지(플라스틱)재료는 다른 재료와 비교하면 다양한 특징을 가지고 있다. 가장 큰 특징은 무게가 가볍고 여러 가지 색상을 자유자재로 낼 수 있으며, 또한 제품을 만들기도 쉽고 부식이 되지 않는다는 점이다. 이러한 합성수지의 특징을 구체적으로 살펴보면 다음과 같다.

(1) 합성수지 제품의 장점

1) 가볍고 강한 제품을 얻을 수 있다

금속과 세라믹에 비하여 무게가 가벼우며 강한 제품을 얻을 수 있다는 장점이 있다. 특히 유리섬유를 보강한 합성수지는 강도가 크다.

2) 착색이 자유롭고 투명품을 얻을 수 있다

광택과 투명성이 있는 아름다운 제품을 만들 수 있다. 이것은 착색이 자유롭고 상품가치를 높일 수 있다는 점이다.

3) 내약품성이 좋고 부식에 대한 강성이 있다

여러 가지 약품에 견딜 수 있는 내약품성이 우수하고, 금속의 단점인 부식이 되는 문제를 해결할 수 있다.

4) 단열효과가 있어 열을 통과 시키지 않는다

비열이 작기 때문에 보온 단열효과가 크다.

5) 열과 전기를 통과시키지 않는다

합성수지 재료는 절연성을 갖고 있어 절연체로 많이 사용된다.

6) 경도를 자유롭게 선택할 수가 있다

진동을 흡수하는 고무와 같이 부드러운 것부터 금속과 같이 딱딱한 것까지 각종의 재료가 있고 용도에 따라 자유롭게 선택할 수 있다.

7) 제품의 가격이 저렴하다

(2) 합성수지 제품의 단점

1) 열에 약하고 타기 쉽다

합성수지의 최대 단점은 열에 약하다는 것이다. 금속과 유리에 비하면 상당히 떨어지고 낮은 온도에서 변형된다.

2) 온도변화에 따라 성질이 크게 좌우된다

3) 금속에 비하여 기계적 강도가 약하다

같은 체적으로 금속과 비교하면 기계적 강도가 약하다.

4) 내구성이 떨어진다

합성수지는 약품에 대하여 우수하지만, 강도 및 표면의 광택성에 있어서는 내구성이 떨어지는 편이다.

5) 스크래치성이 약하고 이물질이 잘 붙는다

표면경도가 전반적으로 떨어지기 때문에 긁히기 쉽고 정전기를 띠기 때문에 이물질이 잘 붙어서 쉽게 더러워진다.

6) 치수 안정성이 떨어진다

흡습과 온도변화에 대한 경년변화가 생기기 쉽다.

(3) 타 재료와의 비교

1) 비 중

합성수지는 일반적으로 가볍다. 보통 무거운 재료라 하더라도 비중이 2.0을 넘어가는 경우가 드물다. 금속재료에서는 가장 가벼운 알루미늄이 2.7, 듀랄루민이 2.8 정도이고 강철이 7.85의 비중을 가지고 있다. 그리고 세라믹은 1.5~3.2 정도로 합성수지와 금속의 중간정도이다.

2) 기계적 성질

합성수지재료는 금속재료보다 기계적 강도가 약하다. 그러나 엔지니어링 합성수지는 기계적 강도가 상당히 우수하다.

3) 가공성

합성수지는 성형 가공성이 우수하다. 이 점은 합성수지의 큰 특성이며 원료의 가격은 아직 다른 재료에 비하여 비싼 편이나 성형성이 좋아서 오히려 제품의 가격은 싼 편이다.

4) 열적 성질

합성수지는 일반적으로 내열성이 낮다.

5) 화학적 성질

합성수지는 내약품성은 여러가지 경향을 나타내고 있으나 일반적으로 내화학성이 좋다. 그러나 금속재료는 유기용재에는 강하지만 산과 알칼리성에는 약하다.

6) 전기적 성질

합성수지는 절연체로 많이 사용되고 있고, 금속재료는 양호한 전도성을 가지고 있다.

7) 치수 정밀도의 특성

정밀도는 가공 방법에 따라 다르나 사출성형에서는 합성수지의 점탄성으로 인하여 1/100[mm] 정도의 정밀도를 나타내고 있으며 금속재료는 1/1,000~1/10,000[mm] 정도의 정밀도로 가공이 가능하다.

(4) 합성수지의 종류 및 특성

1) 합성수지의 종류

합성수지의 종류는 표 〈3-9〉와 같다.

〈표 3-9〉 합성수지의 종류

<table>
<tr><th colspan="2">구 분</th><th>종 류</th></tr>
<tr><td rowspan="12">열가소성 수지</td><td rowspan="6">결정성 수지</td><td>폴리에틸렌(Polyethylene : PE)</td></tr>
<tr><td>폴리프로필렌(Polypropylene : PP)</td></tr>
<tr><td>폴리아미드(Polyamide : PA=Nylon)</td></tr>
<tr><td>폴리아세탈(Polyacetal : POM)</td></tr>
<tr><td>불소수지(Fluorpcarbon Resin)</td></tr>
<tr><td>포화 폴리에스테르(Saturated Polyester)</td></tr>
<tr><td rowspan="6">비결정성 수지</td><td>폴리스티렌(Polystyrene : PS)</td></tr>
<tr><td>ABS수지(Acrylonitrile Buradiene Styrene : ABS)</td></tr>
<tr><td>아크릴(Polymehyl Methacrylate : PMMA)</td></tr>
<tr><td>폴리카보네이트(Polycarbonate : PC)</td></tr>
<tr><td>폴리염화비닐(Polyvinyl Chloride : PVC)</td></tr>
<tr><td>AS수지(Acrylonitrile Styrene : AS)</td></tr>
<tr><td colspan="2" rowspan="6">열경화성 수지</td><td>페놀수지(Phenol Formaldehyde : PF)</td></tr>
<tr><td>멜라민수지(Melamine Formaldehyde : MF)</td></tr>
<tr><td>불포화 폴리에스테르(Unsaturated Polyester : UP)</td></tr>
<tr><td>에폭시수지(Epoxy Resin : EP)</td></tr>
<tr><td>우레아수지(Urea Formaldehyde : UF)</td></tr>
<tr><td>폴리우레탄(Polyurethane : FUR)</td></tr>
</table>

2) 합성수지의 특성

열가소성 수지는 다음과 같은 특성을 가지고 있다.

① 폴리에틸렌(Polyethylene : PE)

- 전형적인 무극성 폴리머이기 때문에 각종 전기적 성질, 특히 고주파영역에서 전기적 특성이 우수하며, 내수성도 뛰어나기 때문에 여러 가지 방면에 절연재료로서 사용되고 있다.

- 화학적으로 매우 안정된 수지이며, 갖가지 화학약품에도 잘 견딘다.
- 접촉제나 인쇄 잉크에 대한 친화성이 나쁘기 때문에, 표면에 인쇄를 하는 것은 곤란하다.
- 수분투과도는 매우 작으나, 가스투과도는 매우 크다.
- 물성, 성형가공성이 뛰어나므로 사출성형, 압출성형, 취입성형, 진공성형 등 많은 성형법을 적용할 수가 있다.
- 전선피복 · 고주파 케이블 또는 고전압 케이블의 절연체로 사용된다.

② 폴리프로필렌(Polypropylen : PP)

- 각종 성질이 폴리에틸렌과 비슷하지만, 비중은 모든 수지 중에서 가장 가벼운 부류에 속한다.
- 점화하면 폴리에틸렌처럼 연소하지만 특이한 냄새를 내기 때문에 폴리에틸렌과 간단히 구별할 수 있다.
- 고밀도 폴리에틸렌과 비교하면 연화온도가 현저하게 높고(융점:176[℃]), 인장강도, 굽힘강도, 강성 등도 크지만 충격강도는 매우 뒤진다.
- 폴리에틸렌보다 성형품의 투명성이 높고, 표면광택은 양호하며 성형수축률(1.2~1.7[%])이 작고 또한 수축률의 방향성 정도도 작으므로 적당한 성형조건을 선택하면 치수정밀도가 양호하고 잔류변형이 적은 성형품을 얻을 수 있다.
- 전기적 성질 중에서 유전율이나 역률은 폴리에틸렌과 거의 같으며, 내전압, 내아크성은 약간 뛰어나고 고주파절연재료로서 우수한 성능을 갖고 있다.
- 내약품성은 고밀도 폴리에틸렌과 동등 내지 약간 우세한 정도이고, 스트레스 크래킹에 대한 저항성이 폴리에틸렌보다 각별히 뛰어나다.
- 접착가공이나 인쇄는 곤란하다.
- 약전 기기나 자동차 부품 등의 공업용품으로 이용된다.

③ 폴리아미드(Polyamide : PA)

- 강한 수소결합을 가진 고분자로 유극성이므로 전기적 성질은 보통이다.

- 인장강도 및 충격강도가 합성수지 중에서 뛰어나다.
- 내마모성이 우수하다.
- 연화온도가 높아 200[℃]의 온도에서 연속사용이 가능하다.
- 기구재료, 구조재료로 사용되며 전기, 통신부품(스위치 부품, 전지 케이스, 모터프리)에도 사용된다.

④ 폴리아세탈(Polyacetal : POM)

- 분자가 규칙적으로 배향하여 결정화하기 쉽고, 결정의 융점은 높다. 외관이 유백색으로 불투명하다.
- 인장강도, 굽힘강도, 압축강도는 폴리아미드, 폴리카보네이트와 함께 열가소성 수지 중 최고수준에 있다.
- 내피로성은 열가소성 수지 중에서 가장 우수하며, 내마모성도 폴리아미드에 버금갈 정도로 뛰어나다.
- 내용제성이 뛰어나다. 상온에서 모든 유기용제에 용해되지 않는다.
- 산에는 약하고 알칼리에는 잘 견딘다.
- 전기·전자기계부품, 자동차 기타 수송기계 부품, 정밀기계 부품에 이용된다.

⑤ 불소수지(Fluorpcarbon Resin)

- 정상상태에서는 대부분의 화학약품에 안정하기 때문에 내약품성이 뛰어나다.
- 고온에서의 연속사용이 가능하기 때문에 내열성이 뛰어나다.
- 유전율이나 유전체역률이 낮고 온도, 습도의 영향을 거의 받지 않으며, 내코로나성을 제외하고는 일반적으로 전기적 성질은 우수하다.
- 화학적으로 불활성이며 용제에 녹지 않기 때문에 접착가공이 곤란하다.
- 값이 고가이기 때문에 실용적이지 못하다.
- 공업용에 뛰어난 내화학약품성을 살려 화학장치류의 가스킷, 패킹, 튜브, 파이프, 가정용의 전자 레인지, 전기다리미, 통신기기나 고주파 케이블의 절연물 등의 부식방지 라이닝으로 이용된다.

⑥ 포화 폴리에스테르(Saturated Polyester)

- 일반적으로 표면평활성이 풍부하고, 광택이 있는 외관을 나타낸다.
- 높은 융점과 결정화도를 가지며, 흡수율이나 열팽창계수가 낮기 때문에 뛰어난 치수안정성을 나타낸다.
- 비교적 낮은 체적저항, 유전체역률 및 뛰어난 절연파괴강도, 내아크성 등의 전기 특성을 나타내기 때문에 절연재료로서 양호한 수지이며, 내후성이 좋다.
- 광범위한 약품에 견딘다.
- 기체 투과도는 일반적으로 매우 낮다.
- TV 튜너 부품, 커넥터, 플러그, 소켓, 코일 보빈, 스위치, IC 캐리어, 반도체 케이스, 휴즈 케이스, 트랜스퍼머, 스테레오 부품, 헤드폰 등 전기 · 전자부품에 이용된다.

⑦ 폴리스티렌(Polystyrene : PS)

- 일반용 폴리스티렌 : 무색 투명하며, 선명한 착색이 자유롭다. 비중이 1.05로 폴리프로필렌, 폴리에틸렌 다음으로 가볍다. 뛰어난 전기적 성질을 가지며 특히 고주파특성이 우수하다. 또한 빛안정성 및 방사선에 대한 저항력은 모든 합성수지 중에서 가장 강하다. 성형가공성이 뛰어나다.
- 내충격용 폴리스티렌 : 일반용 폴리스티렌의 결점 중의 하나인 취약성을 개선하기 위해서 합성고무를 배합(고무함량 : 10~20[%])한 것으로 충격강도는 고무함량이 늘수록 커지는데, 인장강도, 내열성, 내광성, 표면광택 등은 저하한다. 또한 투명성도 잃게 되어 유백색의 불투명상태가 된다.
- 폴리스티렌에 20~40[%]의 유리섬유를 배합하면, 인장강도, 내충격성, 탄성계수 등의 기계적 성질을 현저하게 향상시킬 수 있다.
- 통신기기, TV, 냉장고, 테이프, 레코더, VTR, 에어컨디션 등의 전기공업용으로 사용된다.

⑧ ABS수지(Acrylonitrile Buradiene Styrene : ABS)

- 스티렌의 광택, 전기적 성질, 성형성과 아크릴의 내열성, 강성, 내유성,

내후성 및 부타디엔의 내충격성이 결합된 특성을 발휘한다.

- 인장강도나 강성에 대한 저항 없이 뛰어난 내충격강도, 특히 저온에서 비할 데 없는 충격강도를 가지며, 또한 열변형온도가 높다.
- 전기적 성질, 내화학약품성, 내유성이 뛰어나고 또한 가공적응성도 좋아서 사출성형, 압출성형, 진공성형 등 모든 성형법에 적용될 수 있다.
- 광택이 좋은 성형품을 얻을 수 있다. 합성수지 중에서 가장 도금하기가 쉽다.
- 성형재료로서 뛰어날 뿐만 아니라 상용성이 좋기 때문에 다른 수지의 재질보강재료로서 사용된다
- 전기기구 : 냉장고, 세탁기, 청소기, 선풍기, 라디오, 텔레비전, 테이프 레코더 등 많은 데 쓰인다.

⑨ 아크릴 수지(Polymehyl Methacrylate : PMMA)

- 가시광선 투과율이 높고, 균일하기 때문에 투명성에서 모든 수지 중 가장 뛰어나다.
- 비중은 유리의 1/2 정도이며, 내충격강도는 유리의 10배이다.
- 내후성이 뛰어나 장기간 옥외노출 사용해도 강도의 열화, 변색 등이 적다.
- 판의 절단, 천공, 굽힘가공 등이 용이하며 내약품성, 전기절연성이 뛰어나다.
- 투명, 반투명, 불투명의 선명한 색조를 자유롭게 얻을 수 있다.
- 간판, 디스플레이, 라디오, 텔레비전의 앞면 유리, 명판 등에 쓰인다.

⑩ 폴리카보네이트(Polycarbonate : PC)

- 비중이 1.2, 무색 내지 약간의 갈색조를 띤 투명재료로 강성이 풍부하고 자소성을 갖는다.
- 내충격성이 수지재료 중에서 최고이다.
- 유전율은 온도나 주파수의 변화에 의해서 큰 변동을 나타내지 않고 전기적 성질이 양호하다.
- 흡수성은 폴리에틸렌, 폴리프로필렌에 비하면 크지만 기타 열가소성 수지보다는 작은 편에 속한다.

- 내후성은 양호하다
- 각종 스위치, 스위치 커버, 텔레비전 전면판, 헤어드라이어, 선풍기 등의 가정 전기기구나 전산기 부품, VTR부품, 오피스 오토메이션 부품, 컴퓨터 부품 등에 사용된다.

⑪ 폴리염화비닐(Polyvinyl Chloride : PVC)

- 비중이 약 1.4인 백색 분말이며, 내수성, 내산성, 내알칼리성, 무독성, 난연성, 전기절연성이 있다.
- 메탄올, 에틸렌글리콜, 초산, 에테르, 물 등에 용해하지 않고 가솔린, 윤활유, 벤젠 등에는 팽윤하며 클로로포름, 아세톤 등에는 약간 용해하고 시크로헥사론, 니트로벤젠, 다이옥신, 초산부틸, 니크롤에탄, 메틸이소부틸케톤 등에는 용해된다.
- 수지는 65~85[℃]에서 연화하고 170[℃] 이상에서는 용융하며, 190[℃] 이상되면 격렬하게 염산을 방출, 분해된다.
- 경질 PVC는 평판, 파형판, 파이프, 완구, 전화기 본체, LP레코드 등에 쓰인다.
- 연질 PVC는 필름, 절연 테이프, 튜브, 전선피복 등에 쓰인다.

⑫ AS수지(Acrylonitrile Styrene : AS)

- 폴리스티렌의 특징인 투명성을 해치는 일 없이 기계적 강도가 현저하게 개선되어 있으며 특히 인장강도, 탄성계수는 열가소성 수지 중 최고의 부류에 속한다.
- 폴리스틸렌과 비교하여 내열성, 내후성, 내약품성이 개선되어 있다.
- 유동성이 약간 저하하기 때문에 성형성이 약간 뒤진다.
- 약간의 흡수성이 있다.
- 선풍기의 날개, 적산전력계 커버, 텔레비전의 프론트 글라스 등

3) 또 열경화성 수지는 다음과 같은 특성을 가지고 있다.

① 페놀 수지(Phenol Formaldehyde : PF)

- 일반적으로 기계적 강도, 가공성, 치수안정성, 내열성이 뛰어나고 또한

전기절연성, 내용제성, 내산성 등도 우수하며 특히 고온에서 강성을 유지하며 전반적으로 우수하다.

- 대기중에 장시간 사용하면 적갈색으로 변색하는 경향 때문에 착색범위에 제한이 따른다.
- 산에는 강하지만 알칼리에는 약하다.
- 300[℃] 이상에서 열분해하고 많은 코크스(cokes)상의 탄소가 남는다. 따라서 전기적 성능에서 내아크성은 불량하다.
- 합성수지 중에서 내연성이 뛰어나고 또한 저온에서 고온까지 넓은 온도범위에 걸쳐서 치수, 강도, 열전도율 등의 특성이 변화하지 않는 특징을 가지고 있기 때문에 건축물이나 항공기용 단열재료로서 매우 뛰어난 성능을 가지고 있다.
- 성형의 용이성과 전기적 특성을 살린 전자·통신 관련분야의 각종 절연재료 및 각종 절연판(인쇄회로기판), 플러그, 소켓, 부식방지용 도료, 접착제 등에 사용된다.

② 멜라민 수지(Melamine Formaldehyde : MF)

- 내아크(arc)성이나 내트래킹(tracking)성이 뛰어나다.
- 착색이 자유롭고 양호한 내수성 및 높은 표면경도를 갖고 있다.
- 유기용제에 전혀 영향을 받지 않고 내약품성이 뛰어나다.
- 내수성, 내열성, 접착력이 양호하다.
- 갖가지 전기기기 성형품 재료, 예를 들면 소켓, 스위치, 릴레이, 퓨즈상자, 브레이커, 커넥터, 타이머 등

③ 불포화 폴리에스테르(Unsaturated Polyester : UP)

- 비교적 낮은 점도의 액상 수지이기 때문에 일반적으로 액상 그대로 성형가공에 사용한다.
- 다른 열경화성 수지보다 열변형온도는 약간 낮고, 장시간 내열온도로 110~ 140[℃] 정도이다. 내한성은 거의 문제가 없고 특히 강화한 것은 −60[℃] 이하에서도 영향을 받지 않는다.

- 전기적 성질은 열경화성 수지 중 좋은 쪽 부류에 속한다.
- 산화성 산을 제외하고 일반적인 산에는 비교적 강하지만 알칼리에는 약하다.
- 다른 열경화성 수지와 같이 내후성이 뛰어나나 보통 옥외노출 사용시 습도 및 자외선에서 가스분해가 일어난다.
- 유리섬유, 충전재 등의 배합성형재료로 사용된다.

④ 에폭시 수지(Epoxy resin : EP)

- 접착제는 액상, 페이스트상, 분말상, 봉상 등 여러 가지 타입이 시판되고 있다.
- 도료는 금속을 비롯하여 각종 재질에 대한 밀착성이 좋고 강인하며 내수성, 내약품성이 뛰어나다.
- 적층품은 전기적 성질, 기계적 성질, 내수성, 내약품성, 내열성이 대단히 뛰어나다.
- 고가이다.
- 특징으로 도금이 가능하다.
- 프린트기판재료, 주형, 봉지용 재료, 접착제 등으로 쓰인다.

⑤ 우레아 수지(Urea Formaldehyde : UF)

- 성형품은 단단하고 내용제성이나 내약품성이 양호하다. 선명한 색조로 자유로이 착색시킬 수 있으며 가격이 저렴하다.
- 질소함유량이 높고 난연성이며 특히 내아크성을 갖고 있다.
- 접착제는 목재에 대한 접착력이 뛰어나기 때문에 가구류, 라디오나 텔레비전의 캐비닛, 차량이나 선박의 내장재 등의 접착제로서 값이 저렴하다는 장점으로 다량 생산되고 있다.
- 소켓이나 스위치류, 조명기구 등 각종 전기부품, 접착재료 등에 사용된다.

⑥ 폴리우레탄(Polyurethane : FUR)

- 일반적으로 탄성, 인장강도가 크고 내마모성이나 내노화성 및 내유성, 내용제성이 뛰어나며 저온특성도 뛰어나다. 그러나 가스 분해하기 쉽

고 산, 알칼리에 비교적 약하다.

- 도료는 내마모성, 내용제성, 접착성 등이 좋고 건조시간이 짧은 특징이 있다.
- 가격이 고가이나 시공이 쉽고 접착력, 탄력성이 뛰어나다.
- 일반적으로 스판텍스라는 명칭으로 알려져 있는 섬유로 신축성, 내마모성, 염색성이 뛰어나다.
- 내외장용, 공업용, 에나멜, 와이어 등 주로 코팅에 이용된다.

⑦ 실리콘 수지(silicon resin)

- 내열성, 내습성, 내한성, 절연성이 우수하다.
- H종 절연물의 주역을 담당하고 있으나 고가이다.
- 전자부품의 접착제, 가정용 전자기기 도장용 등에 이용된다.

3.8 고무계 재료

고무는 탄성절연재료로서 최근까지 많이 사용되었으나, 합성수지의 급격한 개발로 고무가 차지하는 비중은 점점 감소되어 가고 있다. 천연고무와 합성고무가 있다.

3.8.1 천연고무

고무나무 수액에서 얻어지는 라텍스(latex)를 정제한 것으로 이소프렌 [$CH_2=C\cdot CH_3-CH=CH_2$]의 천연중합체이며, 황(S)을 넣고 140[℃]로 가열하면 분자간에 황을 통한 가교반응이 일어나 첨가하는 황의 정도에 따라 탄성이 우수한 연질재료로부터 기계적 강도가 현저히 개선된 경질재료까지 만들어진다.

황 성분을 3[%] 정도로 첨가하여 가열한 것은 연질고무라 하고, 황 성분을 30~70[%] 첨가하여 가열한 것은 경질고무라 한다. 이 경질고무는 검은색의 단순한 수지상 물질로서 공기중에서 열화(熱火)가 심하므로 현재에는 거의 사용되지 않고 있다.

일반적으로 천연고무는 황을 첨가함에 따라 전기적 성질은 약간 저하되며 흡습성이 있으나 충전제를 넣어 기계적으로 보강하여 전선피복재료로서 이용한다. 그러나 합성수지의 진출에 따라 천연고무의 사용영역은 좁아지고 있다.

3.8.2 합성고무

(1) 부타디엔계 고무

부타디엔계 고무는 부타디엔[$CH_2=CH-CH=CH_2$]과 스티렌[$CH_2=CH(C_6H_5)$] 공중합고무로 널리 알려져 있다. 부타디엔과 스티렌과의 공중합비는 80 : 20 ~ 70 : 30 정도이나 스티렌 성분이 50[%] 이상이 되면 탄성이 상실되어 수지와 같이 단단한 고분자의 물질이 된다.

천연고무에 비해 전기적 성질은 비슷하나 내마모성, 내열성, 내열노화성이 우수하여 케이블 피복재료, 자동차 타이어 등에 이용된다.

(2) 클로로프렌계 고무

클로로프렌 [$CH_2=C \cdot Cl-CH=CH_2$]의 중합체로 분자구조에 염소를 함유하므로 전기적 성질은 약간 떨어지나 난연성, 내유성, 내산화성, 내오존성이 우수하므로 전기절연재료보다는 전선 케이블의 보호피복재료에 이용된다.

(3) 부틸 고무

부틸 고무는 이소부틸렌[$CH_2=C \cdot (CH)_3)_2$]의 중합체로 중합도에 따라 고무상 고체로부터 고점도의 액체까지 만들어진다. 화학적으로 안정하며, 열가소성이고 내노화성, 내열성, 전기절연성이 우수하다. 부틸 고무는 이소부틸렌에 2~4%의 이소프렌을 가하여 공중합시킨 것으로 내열성, 내약품성, 내오존성, 전기적 성질이 우수하여 전력 케이블의 절연피복 등으로 널리 사용되고 있으나 내유성에 약하고 가연성인 결점이 있다.

(4) 실리콘 고무

실리콘 고무는 Si-O 를 골격으로 하여 여기에 과산화벤졸을 사용하여 분자간 가교를 만든 것으로 사용온도범위가 넓고 H종의 내열성, 내한성을 지니며 내오존성 및 내코로나성, 전기절연성이 우수하여 절연재료로서 바람직한 특성을 나타내나 일반적으로 기계적 강도가 낮고 고온의 증기에 접촉하면 분해되기 쉬운 결점이 있다.

〈표 3-10〉 고무계 절연재료의 특성

재 료	비 중	인장강도 [kg/mm^2]	신장률 [%]	비유전율 [60Hz] [20℃]	유전정접 [60Hz] [20℃]	절연파괴 강도 [KV/mm]	체적저항률 [cm] [20℃]	허용온도 [℃]
천연고무	1.3 ~ 1.6	0.8~1.8	400 ~ 600	3~4	0.015 ~ 0.03	20~30	10^{15}	60
부타디엔계 고무	1.3 ~ 1.6	0.4~0.8	400 ~ 650	4~7	0.02 ~ 0.02	20~30	10^{13} ~ 10^{14}	75
클로로프렌계 고무	1.4 ~ 1.6	1.2~1.6	400 ~ 600	–	–	–	10^{8} ~ 10^{10}	70
부틸 고무	1.4 ~ 1.5	0.4~0.6	450 ~ 800	3~4.5	0.01 ~ 0.03	20~30	10^{14} ~ 10^{16}	80
실리콘 고무	1.2 ~ 1.7	0.4~0.6	200 ~ 400	3~5	0.02 ~ 0.04	15~20	10^{14} ~ 10^{15}	180

제4장 반도체재료

4.1 반도체의 이해

4.1.1 반도체의 정의

철사처럼 전류가 흐르는 물질을 도체라고 하고, 유리처럼 전류가 흐르지 않는 물질을 부도체라고 한다. 전기 · 전자공학에서는 전기가 흐르는 정도를 전기전도도라고 한다. 따라서 도체는 전기전도도가 아주 크고 부도체는 전기전도도가 0(제로)라고 할 수 있다. 일반적으로 전기전도도가 도체와 부도체의 중간 정도 되는 물질을 반도체라고 한다. 그래서 반도체를

반 + 도체 또는 semi + conductor

라고 한다.

사실 순수반도체는 부도체나 마찬가지다. 즉 전기가 거의 통하지 않는다. 하지만 부도체와는 달리 어떤 인공적인 조작을 가하면 도체처럼 전기가 흐르기 시작한다. 빛을 비춰 준다거나 열을 가한다거나 특정불순물을 넣어주면 도체처럼 전기가 흐르는 것이다. 그러나 도체가 전기는 잘 통하지만 사람이 조절하기 어려운 반면에 반도체는 사람이 어떻게 조작하느냐에 따라 조절이 용이하다는 특징이 있다.

이처럼 도체와 부도체의 장점을 다 가지고 있는 것이 바로 반도체이고 전기전도도의 조절용이성이 바로 반도체의 무한한 가능성을 의미한다고 할 수 있다.

반도체를 한마디로 정의한다면 다음과 같다.

① 전기전도(電氣傳導)가 전자와 정공(hole)에 의해 이루어지는 물질로서 그 전기저항률, 즉 비저항(比抵抗)이 도체와 절연체 비저항값의 중간값을 취하는 것이다.

② 원래는 거의 전기가 통하지 않지만 빛이나 열, 또는 불순물을 가해주면 전기가 통하고 또한 조절할 수 있는 물질이다.

(1) 반도체의 일반적인 특징

① 일반적으로 전기저항의 온도계수가 마이너스(−)이면 반도체라고 할 수 있다. 마이너스 온도계수란 온도가 증가할 때 저항이 감소함을 의미하며 금속 등의 전도체는 대개 플러스(+) 온도계수를 나타낸다.

② 반도체내에 함유된 금속원자(불순물)의 양이나 결정의 불안정성 여부 등의 전기저항이 매우 큰 영향을 미치는 물질을 반도체라고 정의한다.

③ 광전효과, 홀 효과, 정류작용 등 특수한 효과를 나타내는 것을 말한다.

(2) 반도체물질

위에서 언급한 반도체의 일반적 특성을 한두 가지 만족하는 물질도 있지만 완전히 충족시키는 물질도 있다. 완전히 충족시키는 물질은 실리콘이나 게르마늄이 해당한다. [표 4-1]은 주요 반도체물질을 나타낸 것이다.

〈표 4-1〉 주요 반도체물질

구분		물질
원소반도체	4족	실리콘(Si), 게르마늄(Ge)
	6족	셀렌(Se), 텔루르(Te)
3~5족 화합물반도체		갈륨비소(GaAs), 갈륨인(GaP), 인듐비소(InAs), 인듐인(InP)
2~6족 화합물반도체		황화아연(ZnS), 셀렌화아연(ZnSe), 황화카드뮴(CdS), 셀렌화카드뮴(CdSe)
산화물 반도체		산화아연(ZnO), 아산화동(Cu_2O)

4.1.2 반도체의 분류

반도체는 불순물의 포함여부 및 그 종류에 따라 다음과 같이 분류된다.

<table>
<tr><td rowspan="3">반도체</td><td colspan="2">진성반도체(순수반도체)</td></tr>
<tr><td rowspan="2">외인성 반도체
(불순물반도체)</td><td>n형 반도체</td></tr>
<tr><td>p형 반도체</td></tr>
</table>

(1) 진성반도체

실리콘 단결정은 실리콘 원자가 규칙적으로 늘어서 있다. 한 개의 실리콘 원자는 최외각에 4개의 전자를 가지는 주기율표상의 4족원소이며, 서로 이웃하는 전자끼리 굳게 결합함으로써 결정을 이루게 된다. 이러한 결합을 공유결합이라고 한다.

이런 순수한 실리콘에서는 원자핵에 결합되어 있는 전자가 움직일 수 없기 때문에 실리콘 외부에서도 전류는 흐르지 않으며 이를 진성반도체라 한다.

결정(crystal)은 형성방법에 따라 단결정과 다결정으로 분류되는데 단결정이란 시료의 어느 부분을 보아도 결정축의 방향이 같은 것이고, 다결정이란 이런 많은 단결정들이 여러 방향으로 모여 있는 것이다.

(2) 외인성 반도체

부도체나 다를 바 없는 진성반도체에 특정불순물을 집어넣어주면 전류가 흐르기 시작한다. 여기서 불순물은 전류의 근원, 즉 전류라고 할 수 있으며, 이렇게 불순물로 자신의 전기전도도를 조절할 수 있는 반도체를 불순물(extrinsic) 반도체라고 한다. 불순물반도체에는 p형과 n형 2 가지가 있다.

1) n형 반도체

주기율표상의 5족 원소를 소량 넣어주면 전자가 남는 상태, 즉 잉여전자가 생긴다. 이 상태에서 실리콘에 전압을 걸어주면 제자리를 못찾는 잉여전자가 자유전자가 되며 전류가 흐르게 되는 것이다. 이를 n형 반도체 또는 n형 실리콘이라고 한다.

2) p형 반도체

순수한 실리콘, 즉 진성반도체에 주기율표상의 3족원소를 소량 넣어주면 전자가 비어 있는 상태, 즉 정공(hole)이 생긴다. 이 상태에서 실리콘에 전압을 걸어주면 전류가 흐르게 되는 것이다. 이를 p형 반도체 또는 p형 실리콘이라고 한다.

4.1.3 반도체의 역할

(1) 정 류

전기신호의 흐름에는 직선처럼 생긴 직류와 파동처럼 생긴 교류 2가지가 있다. 전기신호를 처리하다 보면 직류를 교류로, 또는 교류를 직류로 바꾸어주어야 할 경우가 있다. 이런 작업을 전기신호의 흐름(전류)을 정리해주는 의미에서 정류라고 하고 정류작용을 하는 반도체를 일반적으로 다이오드라고 한다.

(2) 증 폭

전기신호를 이동시키다 보면 점점 약해진다. 따라서 전기신호를 정상적으로 전달하기 위해서는 이동중에 원상태로 또는 보다 크게 해주어야 한다. 이처럼 약한 신호를 강한 신호로 키워주는 것을 증폭이라 하는데, 증폭작용을 하는 반도체로 트랜지스터가 있다.

(3) 변 환

전기신호는 필요에 따라 빛(광)이나 소리(음)등으로 바꾸어줄 필요가 있다. 지하철이나 고속도로에서 볼 수 있는 전광판에 쓰이는 반도체는 전기신호를 빛으로 바꾸어주는 역할을 하며 이러한 반도체를 발광소자라 한다.

(4) 전기신호 처리

1) 전 환

정보(데이터)에는 연속적인 상태의 아날로그와 불연속적, 즉 1(ON)과 0(OFF)만의 상태인 디지털이 있다. 정보를 처리하다 보면 아날로그를 디지털

로 또는 디지털을 아날로그로 바꾸어주어야 할 경우가 있다. 반도체는 이처럼 정보의 상태를 전환해줄 수 있다.

2) 저장과 기억

컴퓨터의 전원을 켜주면 모니터를 통해 프롬프트 상태가 되기 전에 여러 가지 메시지가 나타나는 것을 볼 수 있다. 이것은 그러한 메시지 정보가 프로그램화되어 컴퓨터 메모리에 저장되어 있기 때문에 가능하다. 이처럼 반도체는 정보를 프로그램화해서 저장할 수 있으며, 이러한 반도체를 메모리 반도체라고 한다.

3) 계산과 연산

PC(퍼스널 컴퓨터)가 나오기 전에 널리 사용되던 것으로 전자계산기가 있다. 사용하기 편하고 속도도 빠른 이 전자계산기 속에도 반도체가 들어 있다. 이처럼 수치정보를 계산하는 데 사용되는 반도체를 논리 반도체라고 한다.

4) 제 어

기계나 설비가 정해진 순서에 따라 동작하도록 해주는 것을 제어라고 한다. 이런 작동순서를 프로그램화하여 반도체 IC에 기억시켜두면 그 순서에 따라 장비나 작업을 자동으로 제어할 수 있게 되는데 이러한 반도체를 마이크로프로세서라 한다.

4.1.4 반도체의 발달과정

요즘 나오는 전자제품을 뜯어서 자세히 보면 [그림 4-1]과 같은 반도체 집적회로가 들어 있다. 수천만개 이상의 트랜지스터 및 저항기, 커패시터가 집적되어 있으며 기계를 제어하거나 정보를 기억하는 일을 한다. 이러한 반도체집적회로는 실리콘이라는 반도체물질로 만들어진다.

이러한 반도체 집적회로는 통신기술과 계산능력의 발달과 밀접한 관련이 있다. 멀리 떨어져 있는 사람끼리 대화를 주고받을 수는 없을까 하는 생각이 통

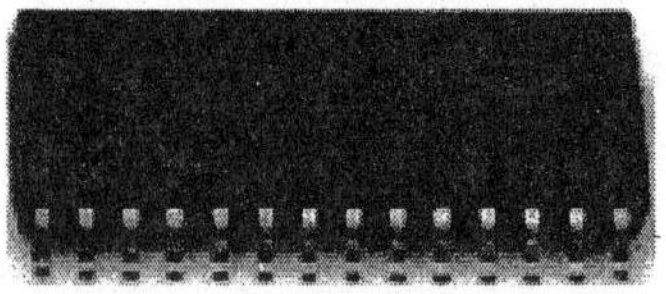

[그림 4-1] 외형으로 본 반도체

신기술을 발전시키는 동기가 되었으며, 그 발전과정에서 전기신호를 사용하게 되었다. 그런데 장거리를 이동하는 도중에 전기신호가 약해지는 현상이 나타났고 이러한 것을 보완하기 위해서 중간중간에 이를 증폭시켜주어야만 하였다. 바로 이 증폭기능을 위해 최초로 개발된 것이 진공관이다(진공관 → 트랜지스터 → 집적회로).

(1) 진공관

작열하는 필라멘트에서 생긴 전자빔이 전극에서 전극으로 전류를 운반하는 구조로 되어 있는 진공관은 최초로 나온 것은 20세기 초였다. 1904년 영국의 과학자 플레밍(J. A. Flemming)이 발명한 것은 2극관이고, 뒤이어 1906년에 미국의 포레스트가 전극이 3개 부착된 3극관을 만들었다. 2극관은 교류를 직류신호로 바꾸는 다이오드 작용을 하고 3극관은 신호를 증폭한다. 이것들이 라디오와 텔레비전과 녹음기술의 발달에 결정적인 역할을 해냈다.

그러나 진공관은 꽤 부피가 컸고 사용하는 필라멘트도 언젠가는 타서 끊어져 버리는 단점이 있었다. 이러한 단점들이 진공관을 안심하고 사용하지 못하게 하는 요인이 되었으며, 진공관으로 작은 전자장치를 만든다는 것은 불가능했다. 따라서 열을 받지 않도록 고체로 만들어진 새로운 증폭장치의 개발이 절실하게 필요했다.

(2) 트랜지스터

진공관의 문제를 해결해낸 과학자들은 벨연구소에서 일하던 윌리엄 쇼클리, 죤 바딘과 월터 브래튼 세 사람이었다. 1948년 드디어 세사람은 전자공학분야에 결정적인 영향을 미친 2가지(반도체로 된 다이오드와 트랜지스터)를 발명하였던 것이다. 조그만 반도체가 필라멘트와 전극을 대신하였으므로 작으면서

도 신뢰성이 매우 높은 새로운 고체증폭장치가 탄생된 것이다.

진공관의 이러한 단점을 개선하려는 노력은 계속되었고 결국 트랜지스터의 발명으로 이어지게 되었으며, ENIAC과 같은 거대한 장치도 2.42cm의 작은 실리콘 위에 만들 수 있게 되었고, 전구보다 적은 전력손실과 20달러 이하의 가격으로 실현시킬 수 있게 되었다.

그러나 트랜지스터도 단점은 있었다. 많은 트랜지스터와 전자부품들을 서로 연결해주어야 다양한 기능을 가진 하나의 제품을 만들 수 있는데, 제품이 복잡해지면 복잡해질수록 서로 연결해주어야 하는 부분이 기하급수적으로 증가하게 되고 바로 이 연결점들이 제품을 고장내는 주요원인이 되었던 것이다.

(3) 집적회로

여러 개의 전자부품들(트랜지스터, 저항, 커패시터)을 한 개의 작은 반도체 속에 집어넣는 방법을 연구한 사람이 있었다.

1958년 미국 TI사의 기술자 킬비(J. Kilby)에 의해 발명된 이것은 집적회로(IC, Integrated Circuit)라고 불리게 되었으며, 기술이 발전함에 따라 하나의 반도체에 들어가는 회로의 집적도 SSI, MSI, LSI, VLSI, ULSI로 발전하였다.

트랜지스터나 다이오드 등 개개의 반도체를 하나씩 따로따로 사용하지 않고 몇 천 개, 몇 만 개로 모아서 한 개로 만든 덩어리를 말한다. 물론 덩어리라고는 해도 구슬처럼 둥글게 빚어서 만든 것은 아니고 실리콘의 평면상에 차곡차곡 필림을 인화한 것처럼 쌓아놓은 것이다. 이것을 '모아서 쌓는다,' 즉 집적한다고 하여 IC라는 이름이 붙게 된 것이다. integrated circuit의 integrate란 수학의 적분을 말하기도 하고 뒤의 circuit는 전기의 회로라는 뜻이다.

4.2 반도체물성 및 소자

4.2.1 반도체물성

반도체소자 및 회로의 기능은 반도체재료의 물리적, 전기적 특성의 응용으로 가능하다. 이들 반도체재료들은 금속(conductors)이나 부도체(inslators)와는 다른 특성을 갖는다. 이들 반도체재료를 기판(substrates)으로 사용하는 경우, 웨이퍼 가공시에 전기적으로 변화를 받게 된다. 여기에서는 순수한, 또는 불순물이 주입된 반도체의 전기적 특성을 알아보기로 하자.

(1) 원자구조

반도체재료의 물성을 이해하기 위해서는 어떤 원소나 원자의 조성에 대한 기본적인 지식이 필요하다. 원자는 원자입자(atomic particles)라 불리는 3가지 입자로 구성되어 있다. 즉 전자(electrons), 양성자(protons) 그리고 중성자(neutrons)가 그것이다. 음으로 대전된 전자들은 원소의 핵(nucleus) 주위의 궤도(orbit)상을 움직이고 있다. 핵은 양의 전하를 갖는 양성자와 전기적으로 중성인 중성자들이 모여서 이루어졌다.

보어(Bohr)에 의해 처음으로 가정되어진 이 모델은 원소들의 전기적, 기계적, 화학적 그리고 물리적인 성질들을 적절하게 설명하고 있다. 다행히도 원자입자에 의해 구성되어지는 원자들이 매우 질서정연한 체계로서 존재하고 있으며 이러한 원자구성의 원칙을 나열하면,

① 모든 원소에서의 양성자수와 전자수는 같다.

② 전자들은 한정된 개수의 전자들을 수용할 수 있는 특정한 궤도내를 움직이고 있다.

③ 최외각전자들의 개수가 같은 원소들은 서로 비슷한 성질을 갖는다.

④ 원소들은 최외각전자를 8개 가짐으로써 안정되려고 하는 성질이 있다.

⑤ 한 원자는 다른 원자와 결합하여 최외각전자를 8개로 만들려는 성질이 있다.

실리콘(Si) 원자의 경우 최외각전자수는 4이며, 더욱 안정된 상태가 되기 위해서는 4개의 전자를 더 필요로 한다. 실리콘 원자들이 모여서 결정체(crystal)를 형성하는 경우 [그림 4-2]에서 볼 수 있듯이 실리콘 원자 1개는 이웃의 전자를 공유결합하여 최외각전자 8개를 가지면 안정한 상태로서 존재할 수 있는 것이다.

(2) 전기전도(electrical conduction)

반도체재료(semiconducting materials)는 전기를 전도시킬 수 있다.

전기전도란 간단히 말해서 전자의 흐름인 것이다. 어떤 원자들에서는 최외각전자들이 원자의 핵에 구속되지 않고 자유롭게 움직일 수 있는데, 이러한 상황이 도체라 불리는 금속들의 내부에 존재한다.

모든 물질의 전기전도의 능력은 전도도(conductivity)로서 표시된다. 전도의 전도를 나타내는 다른 1가지 방법은 저항도(resistivity)로서, 이것은 전류의 흐름을 방해하는 정도이다. 전도도와 저항도는 반비례관계에 있다.

$$\sigma = 1/e$$

전기저항도는 최외각전자들이 얼마만큼 양성자에 의해 구속되어 있느냐에 의해 결정된다.

도체에서는 최외각전자들이 핵과의 구속력이 약하기 때문에 핵을 이탈하여 자유로이 움직이고 있다. 부도체에서는 최외각전자들이 핵에 견고히 붙어 있으므로 전자들의 흐름이 어려운 것이다.

반도체의 경우는 이름이 나타내는 바와 같이 전도성이 비교적 약한 도체로서 도체와 부도체의 중간이라 할 수 있다.

(3) 진성반도체(intrinsic semiconductors)

실리콘(Si)이나 게르마늄(Ge)은 최외각전자의 수가 4개로서 이들이 서로 모여 결정을 이루며 안정화되어 있다. 결정을 이룰 경우, 실리콘 원자 하나는 최외각전자 8개를 구속하게 되는 것이다.

순수한, 즉 불순물이 들어가지 않은 반도체재료는 반도체소자에서 별 이용 가치가 없다.

반도체재료의 유용성은 다음의 2가지 독특한 성질에 있다.

① 정확한 저항도를 갖도록 만들 수 있다
② 전자의 흐름과 정공(hole)의 흐름

반도체재료의 전도도는 소량의 불순물을 주입함으로써 정확하게 조정될 수 있다.

금속의 경우 $10^4 \sim 10^6$ /ohm.cm의 전도도를 갖고 있으나 반도체의 경우 $10^{-3} \sim 10^3$ /ohm.cm의 넓은 영역에서 조정이 가능하다. 전도도를 조정하기 위해 반도체재료에 주입되는 불순물의 양은 0.000001~0.1[%] 로서 1개의 불순물원자는 거의 실리콘 원자들에 의해 둘러싸여 있게 될 것이다.

만일 불순물원자의 최외각전자의 개수가 5개라면 이 중 4개는 반도체원자들과 공유결합하게 되며, 1개의 전자가 남게 된다. 이 여분의 전자는 재료 내부에서 자유로이 움직일 수 있게 되며 따라서 전기를 전도시킬 수 있게 된다.

이 경우 반도체를 n형(negative)이라 하고, 불순물의 이름은 도너(donor)라 한다[그림 4-3].

이제 붕소(boron)와 같이 최외각전자가 3개인 원소를 실리콘에 집어넣는 경우를 생각해 보자. 실리콘 원자는 붕소원자에게 1개의 전자를 내어주고 자신은 1개의 전자를 필요로 하는 상태가 된다. 이러한 1개의 전자가 비워진 장소를 정공이라 하며 양의 전하를 띠게 된다. 정공 주위의 실리콘 원자에 붙어 있는 전자들은 원래 있던 자리를 떠나 정공을 채우려는 경향을 가지며, 전자가 떠난 자리는 전자 1개가 모자라는 새로운 정공이 될 것이다.

결과적으로 보아서 정공이 움직였다고 볼 수 있다.

이러한 정공의 움직임은 반도체내에서 무질서(random)하게 움직이고 있으나 전압을 인가하게 되면 전압은 전자의 이동방향을 결정하게 되며 홀의 움직이는 방향은 전자와 서로 반대가 될 것이다. 정공이 마치 양으로 대전된 입자처럼 움직이게 되므로, 이 경우의 반도체재료를 p형(positive)이라 하며 불순물은 억셉터(acceptor)라 한다[그림 4-4].

(4) 반도체재료의 이용

지금까지의 내용을 요약하여 보면, 반도체소자 및 회로는 반도체재료를 사용하여 만든다. 이들 재료는 순수한 경우 전도도가 매우 작으므로 불순물을 주입함으로써 전도도를 증가시킬 수 있으며 정확히 그 값을 조정할수 있다.

반도체는 음(electron)과 동시에 양(hole)의 전류흐름을 갖는다.

실리콘은 그 표면을 산화시킬 수 있으며, 이 점이 바로 여러 가지 제조과정을 가능하게 함으로써 소자구조의 장점을 살리는 것이다.

산화막은 사진인쇄기술(photolithography)을 이용하여 어떤 모양을 뜰 수 있으며 이것이 평면기술(planar technology)을 가능하게 하였다.

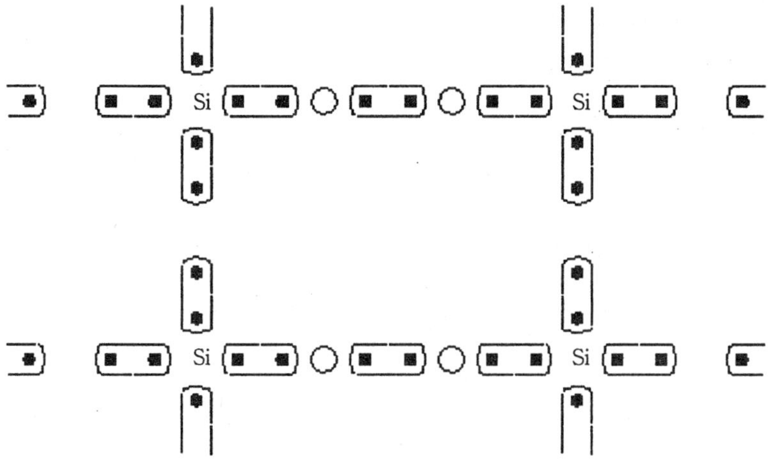

[그림 4-2] 실리콘 결정의 공유결합

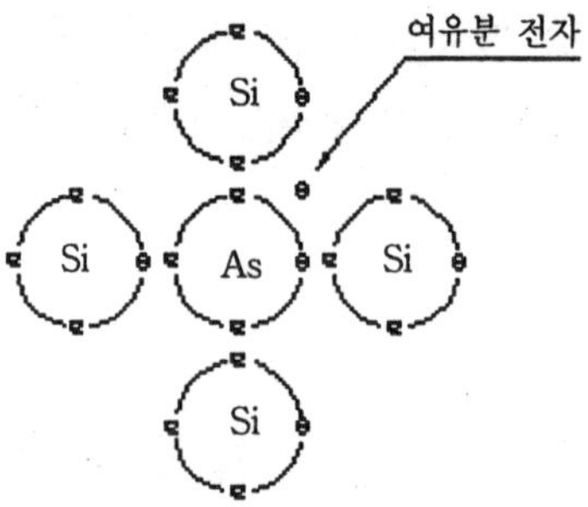

[그림 4-3] n형 반도체

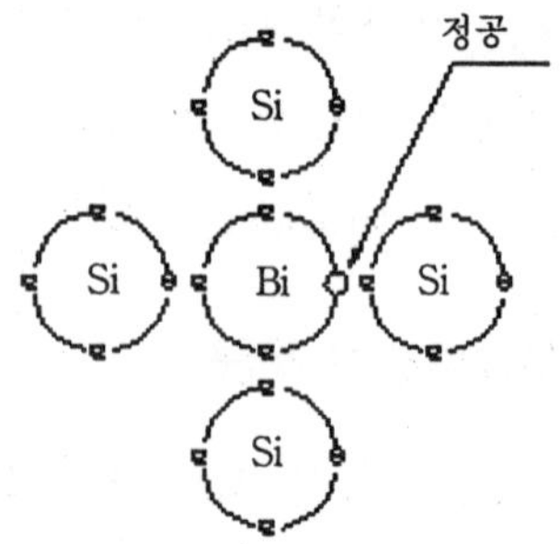

[그림 4-4] p형 반도체

4.2.2 반도체개별소자

VLSI 회로는 수백만 개의 반도체 개별소자들로서 이루어져 있으며 이들의 복잡성에 관계없이 다음과 같은 주된 소자들로 이루어져 있다.

① 저항(resistors)
② 정류소자(diodes)
③ 트랜지스터(transistors)
④ 축전기(capacitors)
⑤ 퓨즈(fuses)
⑥ 도전체(conductors)

여기서는 평면(planar)기술기법에 의하여 제조되는 방법과 제조된 소자의 기본적인 동작이나 기능을 살펴보기로 한다.

(1) 저 항

저항은 소자에 전류흐름을 제한하는 기능을 가지는 소자이다. 일반적으로 저항이 형성되는 타입으로는 확산저항(diffused resistor)과 금속박막저항(metallic thin film resistor) 등이 있다.

1) 확산저항

확산저항이란 실리콘 기판에 불순물(P, As, B 등)을 확산시켜 만드는 저항이다. 이 확산저항이 동작하는 값은 그 소자의 크기 및 확산 정도 등에 달려 있다. 소자 크기에 관계되는 것을 나타내기 위해서 설계자는 요구되는 값을 저항의 심볼(symbol)로 나타낸다[그림 4-5].

이 저항은 서로 분리해서 독자적으로 사용할 수 있고 또한 다른 IC 회로와 함께 연결하여 사용할 수 있다.

[그림 4-5] 저항의 심볼

2) 금속박막저항

확산저항은 외부의 에너지에 의해서 원하지 않는 정공과 전자를 방출하여 회로에 누설전류를 야기시킨다. 이러한 것을 방지하기 위하여 웨이퍼상에 금속박막(니크롬, 티타늄, 텅스텐)을 증착시켜 저항을 형성한다[그림 4-6 · 7].

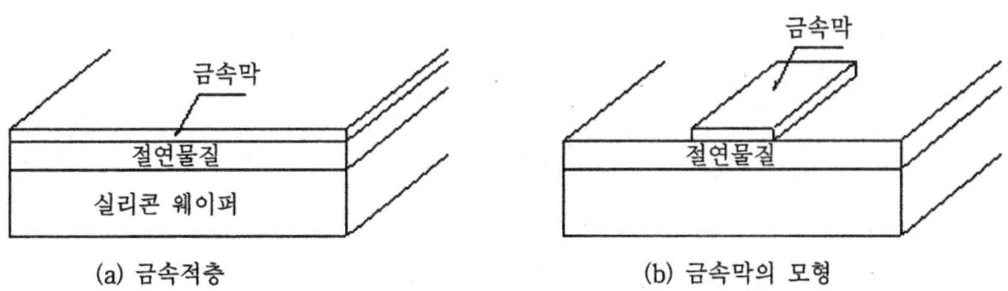

[그림 4-6] 금속막 적층 및 패턴 형성

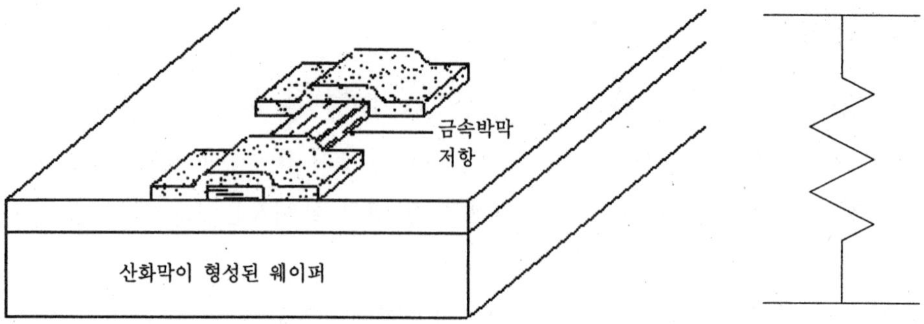

[그림 4-7] 금속박막의 형성

위와 같이 개별적인 저항을 제조한다면, 옴의 법칙에 따라서 다음과 같이 표현할 수 있다.

여기서 R=저항값(ohm)
e=물질의 저항률(resistivity)
l=도선의 길이
A=도선의 단면적

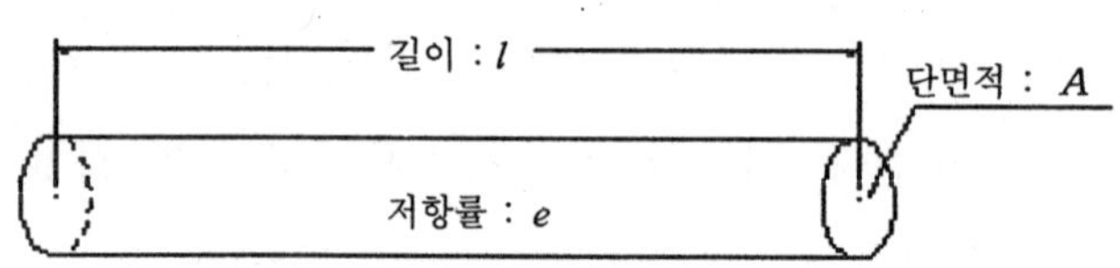

[그림 4-8] 옴의 법칙에 의해서 저항값을 계산하기 위한 모형

반도체소자 제조시 확산저항은 옴의 법칙에 따라서
$R=R_S$ x number of square 로 표현된다.

(여기서 R=저항의 값
R_S=diffused region의 sheet resistance
\# of=저항의 길이를 폭으로 나눈 사각형의 개수(L/W))

이 시트 저항(sheet resistance : Rs)은 확산공정시 불순물의 농도로써 조절되며 길이와 폭은 공정과정에 의해서 조정된다. [그림 4-9]는 확산저항을 만들기 위한 공정의 순서를 나타낸다.

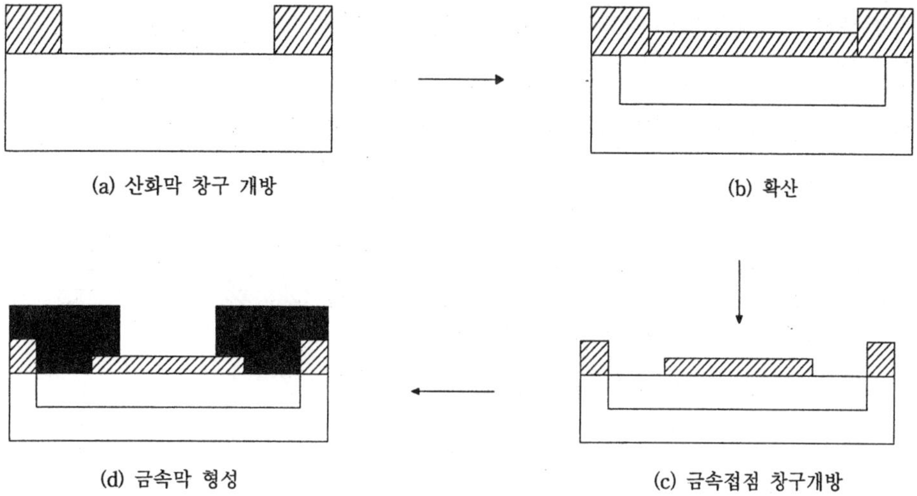

[그림 4-9] 확산저항의 공정순서

(2) 정류소자

정류소자는 pn 접합에 의해서 분리된 2개의 영역으로 구성되어 있다. 정류소자는 한 방향으로만 전류를 흐르게 하고, 반대방향으로는 전류를 흐르지 못하게 하는 성질이 있다.

p/n 다이오드의 p영역에서 (+)전압이 인가되면(forward bias) 전류가 흐르고, (−)전압이 인가되면 전류가 흐르지 않는다(reverse bias). 그러나 역방향 전압이 다이오드의 항복전압을 넘으면 전류가 흐른다.

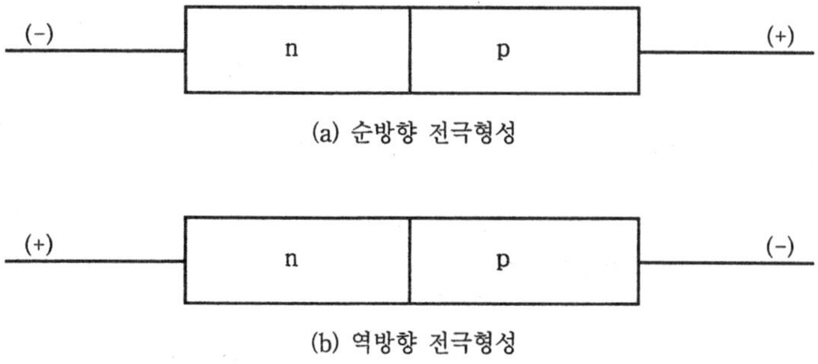

[그림 4-10] 순방향 및 역방향 전극형성

평면 다이오드는 웨이퍼의 어떤 특정지역에 서로 다른 형의 불순물을 주입시켜 만든다.

이러한 과정은 확산공정과 금속증착공정을 통하여 이루어진다.

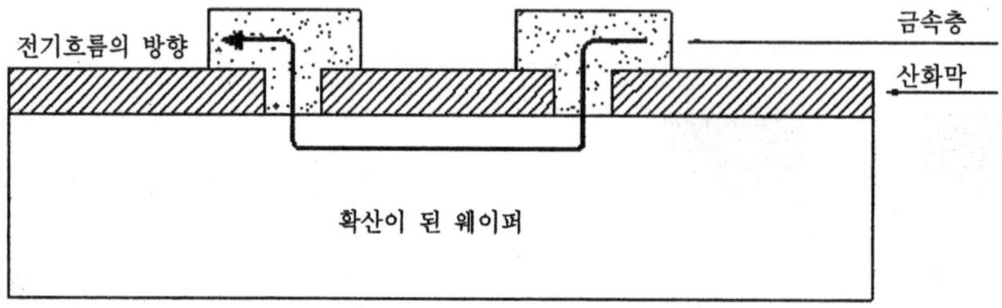

[그림 4-11] p/n 평면 다이오드의 형성

(3) 트랜지스터

트랜지스터는 IC의 주된 소자이다. 형태적으로 이는 2개의 접합을 가지며, 이것이 동작되기 위해서는 3개의 금속접점(contact)을 가진다.

전기적으로 트랜지스터는 증폭기나 스위치로서 동작한다. [그림 4-12]에서 트랜지스터의 동작을 수원지에서 물을 받는 것과 비교하여 나타내었다.

[그림 4-12]에서 보는 바와 같이 수원지에서(밸브 열림) 물은 탱크에서 양동이로 흐르는데 이때 밸브의 기능은 물의 흐름을 조정하는 것이다. 밸브를 조금 열더라도 많은 물이 흐르는 이치와 마찬가지로 트랜지스터는 이와 같은 증폭작용을 한다. input의 작은 힘 또는 노력이 output의 큰 결과를 얻게 한다.

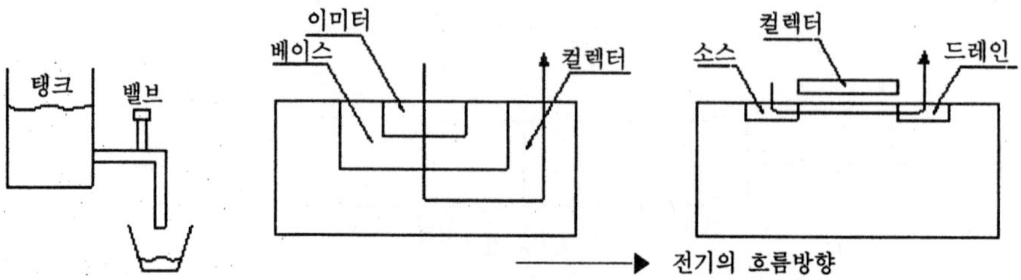

(a) 수압계 (b) 바이폴라 트랜지스터 (c) MOS 트랜지스터

[그림 4-12] 물 시스템과 트랜지스터의 유사성

1) 바이폴라 트랜지스터(bipolar transistor)

전기적으로 소자의 전류는 전자와 정공의 매개체에 의하여 흐른다.

물 시스템에서처럼 전자와 정공은 어떤 지점에서 시작되어 조절 밸브를 지나 다른 지점으로 흐른다. [그림 4-13]에 바이폴라 트랜지스터의 봉모양과 평면모양을 나타내었다.

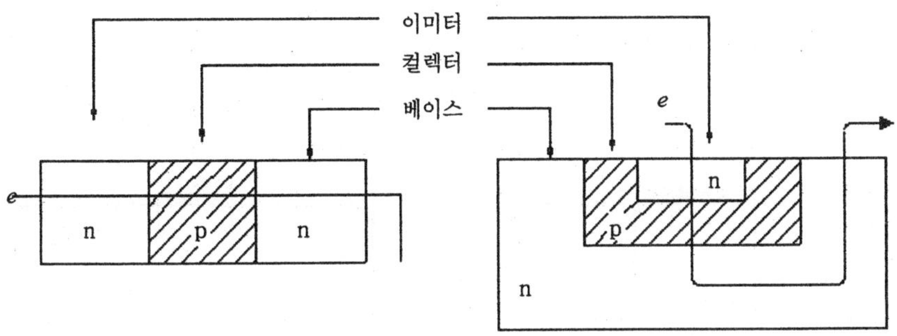

[그림 4-13] 바이폴라 트랜지스터의 동작

전자의 흐름은 불순물의 농도가 큰 이미터(emitter)영역에서 베이스(base) 영역을 거쳐 컬렉터(collector) 영역으로 흐른다. 여기서 베이스 영역의 저항을 변화시킴으로써 전류의 흐름을 조절한다.

동작되는 동안 베이스 영역에는 전자와 정공이 생성되어 전류흐름의 원(origination)이 된다. 바로 이러한 의미로 bipolar(2개의 극성을 가지는 전류)라는 말이 생겼다.

트랜지스터라는 말은 transfer resistor란 뜻이다.

바이폴라 트랜지스터에서 증폭률은 전체 전류의 양에 대한 베이스에서 조정되는 전류의 비를 말한다. 이렇게 베이스에서 조그마한 전류의 변화에 대하여 전체 전류의 크기가 변화한다.

주의할 것은 베이스의 극성은 이미터와 컬렉터의 극성과는 반대이다. 트랜지스터는 역시 npn이나 pnp 트랜지스터의 형성으로 제조될 수 있으며, npn 트랜지스터가 보편적으로 많이 사용된다.

2) 모스 트랜지스터

모스(MOS) 트랜지스터에서 전류는 소스(source)에서 기인된다. 게이트(gate)에 인가된 전압이 소스에서 드레인으로 흐르는 길(conductive channel)을 만들어주며 흐르는 전류의 양을 조절한다.

만일 소스와 드레인이 n형이면, 전류가 흐르는 길(channel)은 n-채널이다. 또 p형의 소스와 드레인이 형성되면 p-채널 트랜지스터가 형성된다.

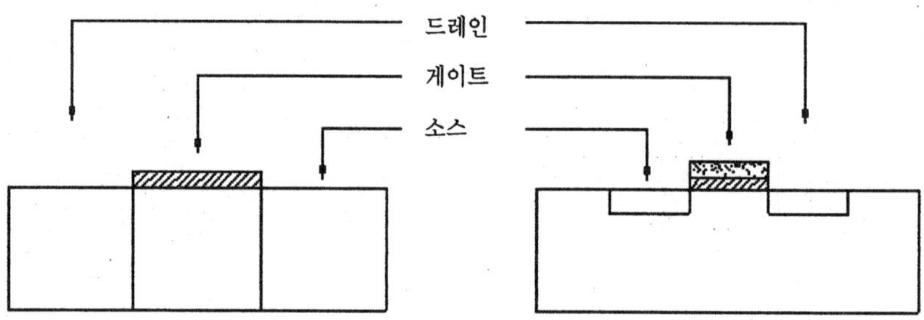

[그림 4-14] MOS 트랜지스터의 동작

[그림 4-15]의 구조를 형태상으로 보면 이것은 MOS라는 단어의 근원임을 알 수 있다. 위에서부터 금속, 산화막, 실리콘이 얹혀진 형태로 이루어졌으며, 여기서 M(metal), O(oxide), S(semiconductor)라는 말이 유래되었다.

바이폴라에서와 마찬가지로 게이트 전압의 조그마한 변화가 소자의 출력 전류에 큰 변화를 가져온다. 바이폴라 트랜지스터가 전류에 의하여 동작되는 소자인 반면에 모스 트랜지스터는 전압에 의하여 동작되는 소자이다.

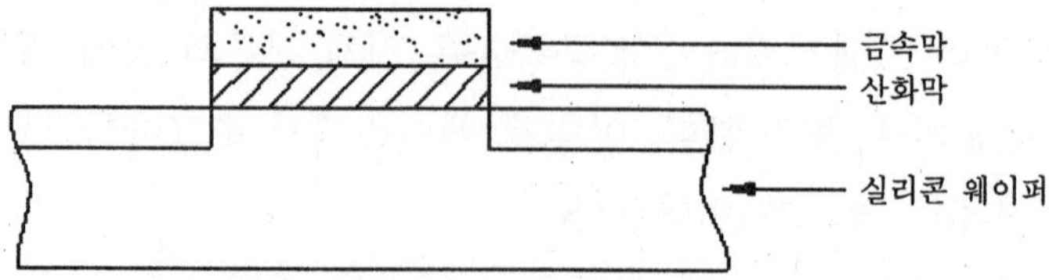

[그림 4-15] MOS 게이트 구조

(4) 커패시터

커패시터(축전기)는 전기적으로 전하를 축적할 수 있는 기능을 가지는 소자이다. MOS의 게이트도 일종의 커패시터라고 볼 수 있다. 그것은 2개의 도체가 절연체(SiO, Si, N 등)에 의해서 분리되어 있다. 반도체공정에서 많이 사용되는 커패시터는 산화막 위에 있는 도체 금속막과 산화막 아래에 있는 반도체를 또 하나의 도체로 사용한 형태이다.

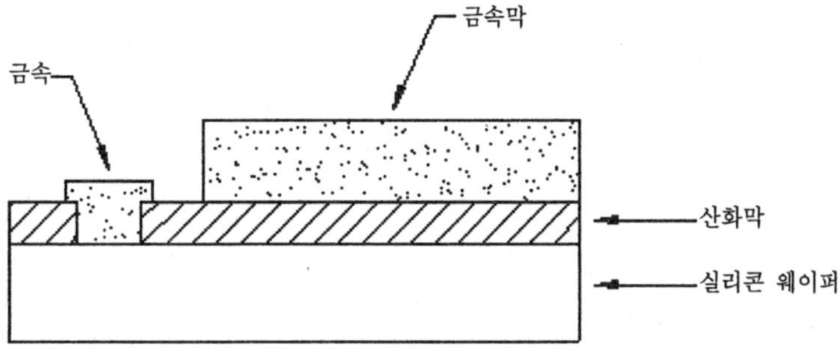

[그림 4-16] 모놀리식 커패시터

(5) 퓨 즈

일반적인 전기회로에서 퓨즈(fuse)는 과부하시 회로를 보호하기 위해 사용된다. 반면에 IC에서는 PROM 회로에 응용된 경우를 찾아볼 수 있다. 퓨즈는 배열(array)의 개개 기억소자에 연결되어 있다. 이 배열은 특정지역에 퓨즈를 넣어 프로그램이 되어 있고, 회로와는 기억소자가 떨어져 있다. 셀(cell)이 되고 셀이 되지 않는 배열은 프로그램시 결정된다. 퓨즈로서 산화막이나 얇은 막의 금속을 쓴다. 이러한 재료는 회로에 비교 연결된다. 동작시 전류 펄스가 퓨즈가 형성된 셀(cell)에 보내졌을 때 퓨즈에 전류가 모여져 가열되어 끊어지는 결과를 가져온다. 그 속 퓨즈는 웨이퍼에 금속증착할 때 형성되며 가장 많이 사용되는 금속으로 니켈-크롬(Ni-Cr)이 있다.

4.2.3 전력용 반도체소자

전자관의 사이러트론(thyratron)에 상당하는 대전력의 스위칭 소자의 발전은 1957년 미국의 GE사에서 발표된 SCR과 각종 대전력 스위칭용의 반도체소자의 실용화에 의해서 이루어졌다. 1963년 IEC(International Electrotechnical Commission)에서 대전력 스위칭 소자를 총칭해서 사이리스터(thyristor)로 하기로 결정되어 사이리스터라는 명칭이 일반화되어 왔다.

사이리스터는 차단상태와 도전상태인 2가지의 안정된 상태를 가지며, 한 상태에서 다른 상태로 스위칭될 수 있는 3개, 또는 그 이상의 pn접합으로 구성된 쌍안정 반도체소자이다.

(1) SCR

[그림 4-17]과 같이 실리콘(Si)을 재료로 한 pnpn 다이오드의 P_2 영역에 게이트 전극을 붙여서 게이트 전류 I_A로서 브레이크오버(breakover) 전압 V_{BO}를 제어할 수 있도록 한 것을 실리콘 제어정류기(SCR, Silicon Controlled Rectifier)라고 한다.

SCR은 [그림 4-17]과 같이 p층에 게이트 전극이 있는 pnpn 다이오드의 구조를 갖는다.

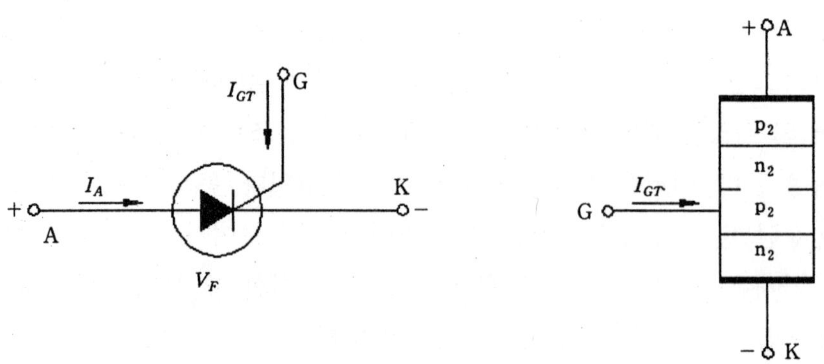

(a) 기 호 (b) 구 조

[그림 4-17] SCR의 구조

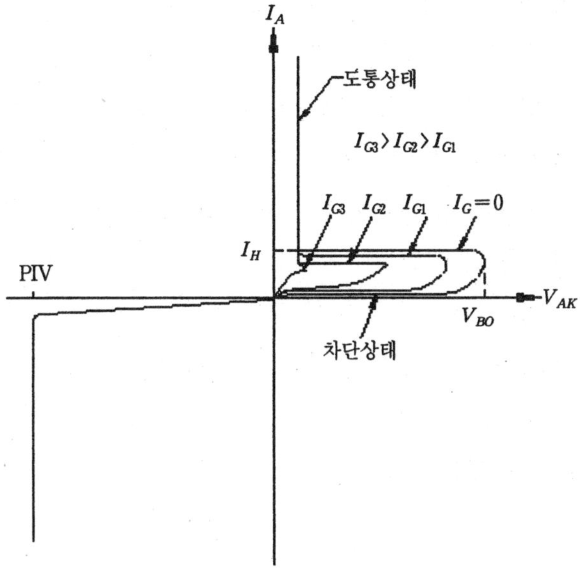

[그림 4-18] SCR의 특성

SCR은 계전기제어, 시간지연회로로 전동기속도제어, 초퍼(chopper) 회로, 인버터(inverter), 사이클로 컨버터(cyclo-converters), 측전기, 위상제어, 전열기제어, 조명, 조광장치 등에 광범위하게 이용된다.

[그림 4-18]에서 SCR이 브레이크오버되는 점의 게이트 전류를 I_{GT}라 하고, 이때의 turn-on되는 위상각을 전도각(conduction angle)이라 한다. SCR이 일단 on 상태에 들어가서 전류가 유지전류(holding current) I_H 이상으로 되어 있으면, 게이트 전류 I_G의 크기나 유무에 관계없이 단락상태인 on 상태를 유지한다.

즉 SCR은 한번 도통이 되면 게이트 신호와는 관계없이 계속 on상태로 동작한다. 그리고 부하전류는 게이트 펄스 신호가 가해지는 위상에 의해서 제어된다. 또한 전원전압이 (-)전압으로 인가되어 SCR이 off 상태가 되면 게이트 신호의 제어기능이 다시 회복된다.

SCR은 사이러트론이나 수은증기 제어정류기에 대신하는 고체소자로서 널리 실용화된다. 전류의 사용범위는 수백[mA]~수백[A]까지로 여러 종류의 시리즈가 있으며 역방향내압 및 브레이크오버전압으로 수백~수천[V]의 것을 몇 가지의 품종으로 분류하는 것이 일반적이다.

칩(chip)의 구조는 평면형이나 메사형 외에도 내압을 높이기 위해서 노출된 접합부를 beveling etch 하는 방법이나 *dv*/*dt* 특성과 온도특성개선을 위해 캐소드(cathode)의 n_2 영역을 분할하여 게이트의 p_2 영역에서 단락하는 구조로 되어 있는 게이트 단락형도 있다.

또한 SCR은 대전력을 다루므로 방열판 또는 방열기에 부착시켜서 사용하는 것이 일반적이다. SCR은 JIS 형명에 의하면 3극 역저지형 사이리스터로서 2SF○○의 형명을 쓰고 있다. 그러나 이러한 형명에 의하지 않고 각 회사에서 독자적으로 붙인 형명의 제품이 많이 있다.

(2) TRIAC

TRIAC(Triode AC switch)은 GE사의 상품명으로 AC제어가 가능한 3극소자라는 뜻이다. 또한 쌍방향 3단자 사이리스터이고, 게이트에 의한 turn on 기능을 갖고 있다.

그리고 역병렬로 된 SCR과 등가구조이며, 게이트에 (+), (−) 중 어느 신호를 트리거해도 turn on시킬 수 있다.

[그림 4−19]은 TRIAC의 구조와 기호를 나타낸 것이며, SSS(Silicon Symmetrical Switch)와 같이 npnpn 5층구조를 갖고 있다.

TRIAC은 2개의 SCR을 역병렬로 한 것을 1개의 소자로 했으며, 게이트 회로가 간략화될 수 있으므로 3단자의 교류제어용 소자로서 교류회로의 전력제어에 사용할 경우 트랜지스터, SCR, SSS에 비해서 특성이 매우 좋다. 또한 무접점 스위치나 위상제어회로, 가정용의 조광장치, 전기로의 온도조절, 전동기의 속도제어 등에 광범위하게 응용된다.

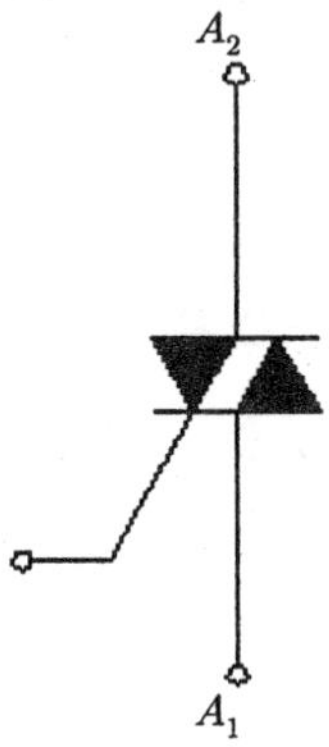

(a) 기 호

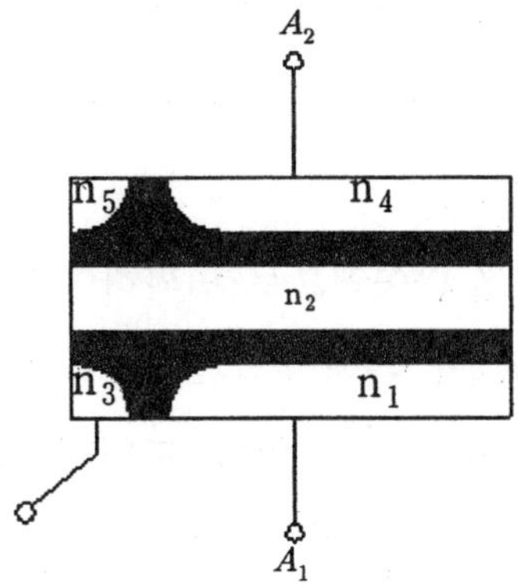

(b) 구 조

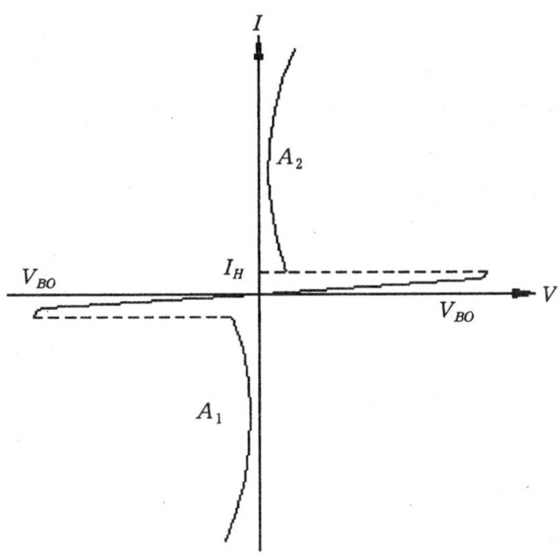

(c)

[그림 4-19] TRIAC

(3) SUS와 SBS

SUS(Silicon Unirateral Switch)는 [그림 4-20]과 같이 소형 SCR과 정전압 다이오드를 접속한 구조로 되어 있고, 제조는 집적회로방식으로 만든다. 동작 특성은 양극과 음극 사이에 정전압 다이오드의 제너 전압 V_Z와 SCR의 V_{GT}를 합한 전압보다 큰 전압(스위칭 전압 V_S)을 인가하면 제너 전류 I_Z가 SCR의 게이트에 흘러들어간다.

I_Z가 게이트 트리거 전류 이상이 되면 SCR은 turn on되고, 또한 양극과 음극 상의 전압이 스위칭 전압 V_Z 이하이면 보통의 SCR과 같이 게이트에 의해서 제어된다.

따라서 SUS 다이액으로 변환하여 2단자소자로서 사용할 수도 있고, 또 외부저항 R_1, R_2에 의해서 스탠드-오프 비(stand-off ratio)를 설정할 수 있는 PUT로서 사용할 수도 있다. 또한 SUS를 2개 역병렬접속한 것을 SBS(Silicon Bidirectional Switch)라 한다.

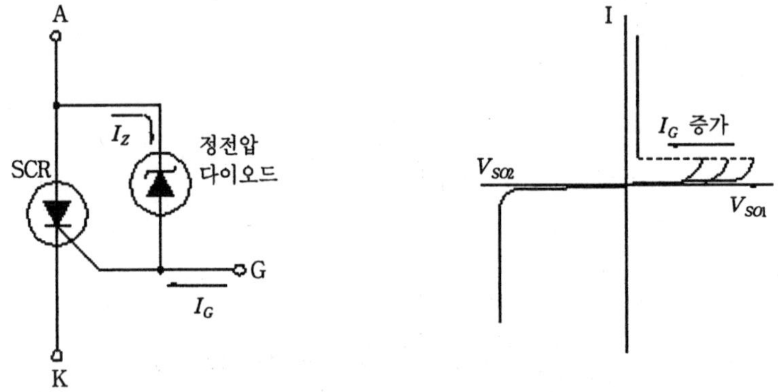

(a) 구 조　　　(b) 특 성

[그림 4-20] SUS의 구조와 특성

(4) SCS

SCS(Silicon Controlled Switch)는 역저지 4단자 사이리스터로서 4층의 pnpn다이오드에 2개의 게이트 전극을 갖고 있다. [그림 4-21]은 SCS의 구조를 나타낸 것이다.

일반적으로 캐소드측의 게이트를 캐소드 게이트라 하고, 애노드측의 게이트를 애노드 게이트라고 한다. SCS를 trun on시키려면 SCR과 마찬가지로 충분한 순방향 전압을 인가해야 하고, 캐소드 게이트가 도통이 되도록 바이어스 전압을 인가해야 한다. 또한 SCS를 off시키려면 적절한 극성, 진폭 및 펄스폭을 가진 펄스를 가해야 한다.

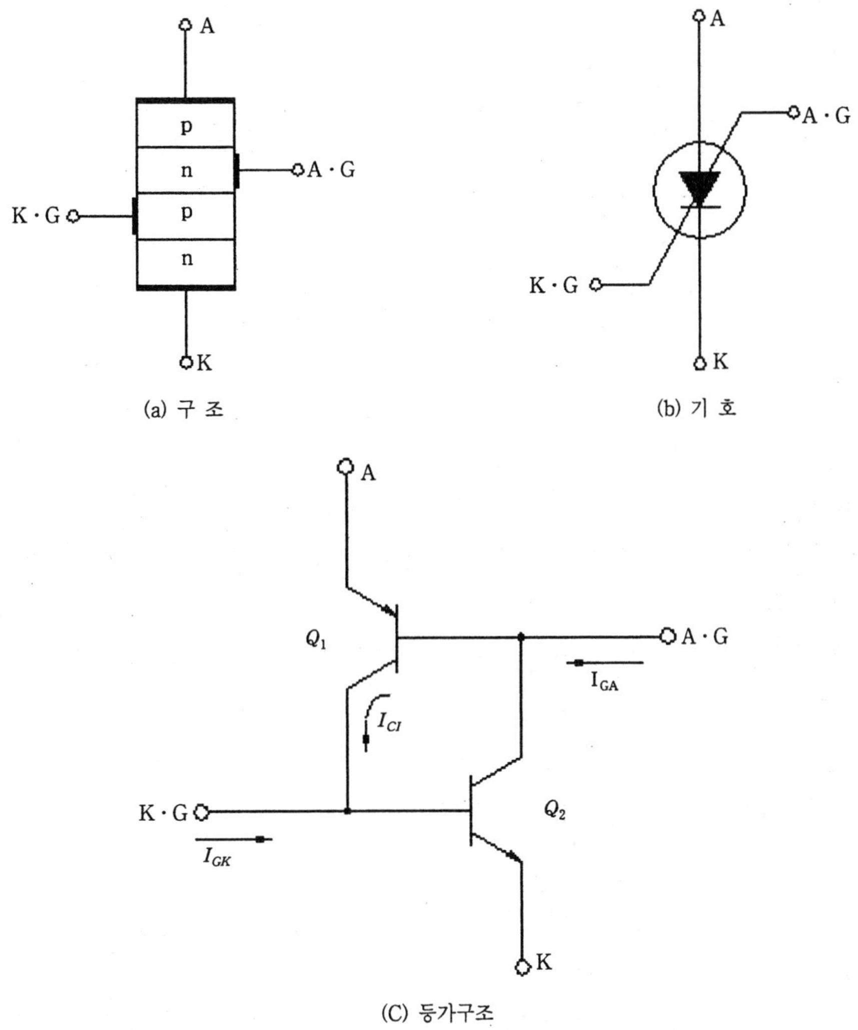

[그림 4-21] SCS의 구조와 기호

(5) GTO

GTO(gate turn-off switch)는 [그림 4-22]와 같이 3단자소자이다. 기호는 SCR이나 SCS와는 다르지만 트랜지스터의 등가회로와 같은 특성을 갖고 있다.

이미 설명한 SCR이나 SCS에 비해서 장점은 캐소드 게이트에 적당한 펄스를 인가하여 turn on 또는 turn off시킬 수 있다는 점이다. 이러한 turn off 기능으로 인해서 트리거를 위한 게이트 전류가 SCR에 비해서 매우 크다.

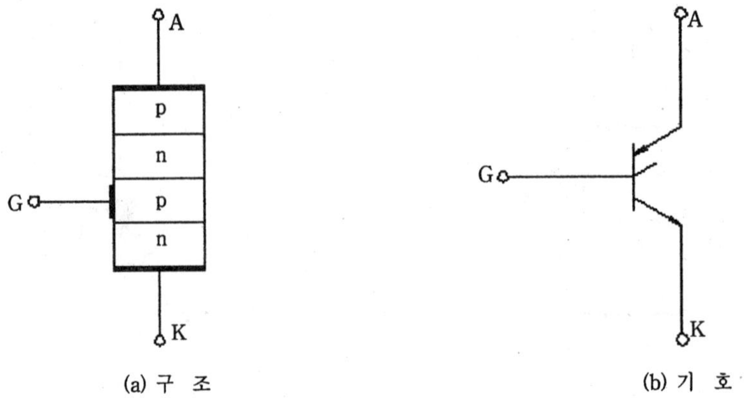

[그림 4-22] GTO의 구조와 기호

즉 SCR의 경우에는 일단 도통상태가 되는 동시에 게이트가 제어기능을 상실하는 데 비해서 GTO는 게이트에 (-)의 전류를 흘려줌으로써 on 상태에서 off 상태로 되는 사이리스터이다.

SCR과 GTO가 비슷한 크기에 최대 rms 정격전류를 갖는 경우, 특정한 SCR의 게이트 트리거 전류가 30[μA] 정도이며, GTO는 20[mA] 정도가 된다. 또한 GTO의 turn-off 전류는 트리거에 필요한 전류보다 약간 큰 편이며, 최근에 제조되는 GTO의 최대 rms 정격전류와 정격소비전력은 약 3[A]와 20[W]이다.

GTO의 또 한가지 중요한 특성은 개선된 스위칭 특성이라 하겠다. turn on 시간이 SCR의 1[μs]와 비슷하지만 turn off시간은 1[μs]로서 SCR의 turn off 시간 5~30[μs]보다 훨씬 작다는 것이다. 즉 GTO의 turn off 시간이 SCR의 turn on 시간 1[μs]와 비슷하기 때문에 이 소자를 고속 스위칭 소자로서 응용할 수 있다는 것이다.

GTO의 응용으로는 카운터, 펄스 발생기, 멀티바이브레이터, 전압조정기 등을 들 수 있다.

(6) UJT

단일접합 트랜지스터(UJT : Uni-Junction Transistor)는 1948년에 처음 소개되어 1952년에 상품화된 부성저항 특성을 갖는 트리거 소자이다.

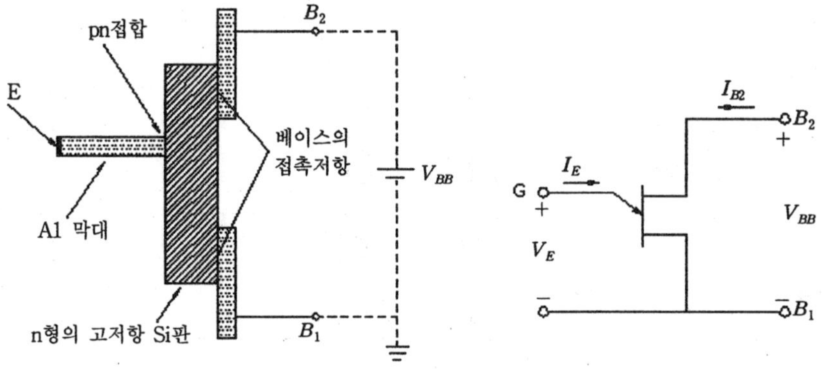

(a) 구 조 (b) 기호와 바이어스

[그림 4-23] UJT의 기본구조

[그림 4-23]과 같이 기본구조를 갖는 3단자소자로, 불순물농도가 낮은 0.5[mm] 정도의 막대모양의 n형 Si 슬랩(slab) 양끝에 2개의 베이스를 저항 접촉시키고 반대쪽에는 합금된 Al 막대를 접촉시킨다.

또 n형 양쪽 끝에 B_1, B_2 DLS 2개의 베이스 단자가 있기 때문에 이중 베이스 다이오드(double base diode)라고도 하며, 단일 pn 접합을 이루고 있으므로 단일접합 트랜지스터라고 한다.

UJT는 부성저항 특성을 이용하여 SCR 게이트의 트리거 펄스 발생, 톱니파 발진기, 저주파 및 중간주파대의 스위칭 소자, 쌍안정회로, 타이밍 회로 등에 널리 이용된다.

(7) PUT

PUT(Programable Uni-junction Transistor)는 [그림 4-24]와 같이 2개의 트랜지스터를 집적회로와 같은 제조법으로 고감도의 n게이트 SCR 기능을 갖도록 한 것이다. PUT는 n형 층에 게이트가 직접 연결된 4층구조의 pnpn 소자로서 기본적으로는 SCR과 같은 제어기능을 가진 소자이다. programable이 붙은 것은 UJT에서 정의되는 R_{BB}, V_p, n가 여기에서는 R_{B1}, R_{B2} 및 V_{BB}에 의해서 조정되기 때문이다.

[그림 4-24]에서 $I_G=0$인 경우에 전압분배법칙을 적용하면 다음과 같다.

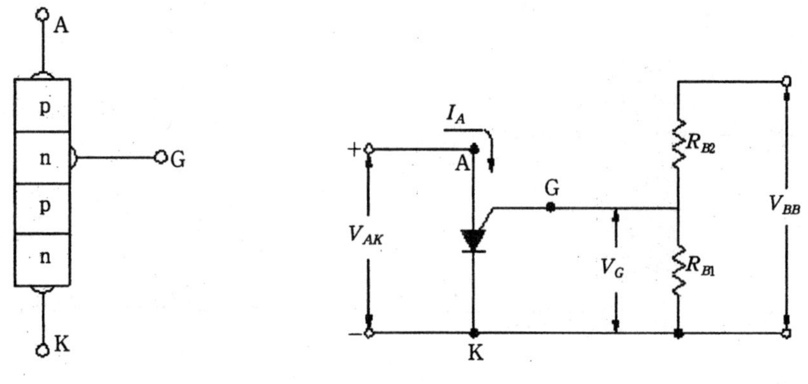

(a) 구 조 (b) 바이어스 회로

[그림 4-24] PUT

$$V_G = \frac{R_{B1}}{R_{B1} + R_{B2}} \cdot V_{BB} = \eta V_{BB} \qquad (4-1)$$

여기서 $\eta = \frac{R_{B1}}{R_{B1} + R_{B2}} \cdot V_{BB}$이다.

[그림 4-25]는 PUT의 전류-전압특성을 나타낸 것이다. 그림에서 개방상태, 즉 전류 I는 낮고, V는 $0 \sim V_P$ 사이인 off 영역과 on 상태($I \geq I_V$, $V \geq V_v$), 그리고 UJT와 같이 불안정한 영역이 존재한다. 이 불안정한 영역은 off 나 on 상태로 바뀌어서 안정된 상태로 된다.

PUT를 동작시키는 도통전위 V_P는 UJT에 정의된 피크 전압과 같이 주어진다.

$$V_P = \eta V_{BB} + V_D \qquad (4-2)$$

여기서 V_D SMS 임계전압으로 Si인 경우 0.7[V] 정도이다.

UJT와의 비교 UJT에서는 R_{B1}, R_{B2}가 체적저항과 베이스 접촉저항을 나타내기 때문에 η를 조정할 수 없다. 그러나 PUT의 R_{B1}, R_{B2}는 소자의 외부에서 η가 조정되므로 turn on시키는 데 필요한 V_P 값을 조정할 수 있도록 되어 있다.

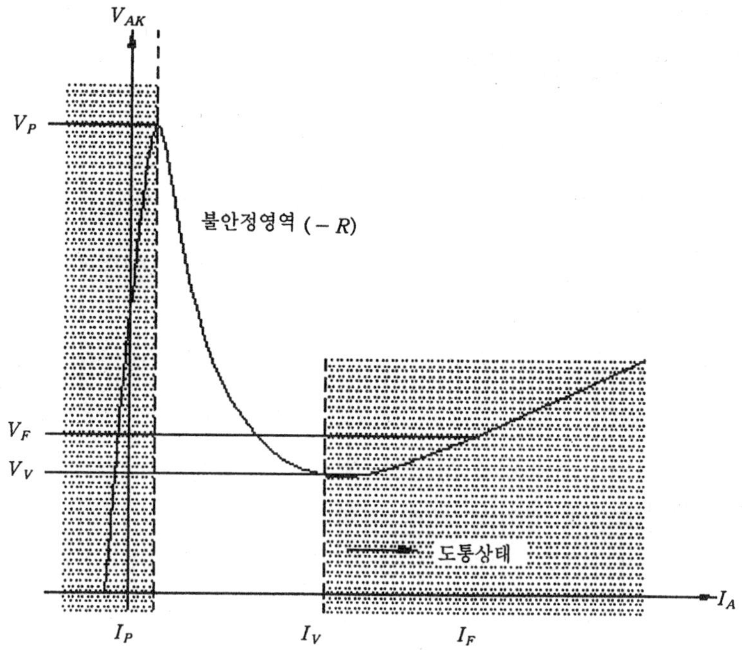

[그림 4-25] PUT의 특성

또한 UJT와 PUT의 특성곡선은 비슷하지만 PUT의 I_P와 I_v가 UJT의 I_P와 I_v보다 작으며, 또한 최소동작전압도 PUT가 더 작다. 즉 UJT가 발전주기의 온도특성이나 정특성, 안정성이 양호하지 못한 반면에 PUT는 펄스의 상승시간이 빠르고 감도가 좋으며, 유지전류 I_H가 적고 누설전류가 적다는 것이 특징이라 하겠다. PUT는 η값을 프로그램할 수 있다는 점과 고감도이고 누설전류가 적기 때문에 장시간 타이머 회로나, 고정밀의 전압변별회로의 트리거소자, 100[kHz] 이하의 발진회로 위상제어, 메모리, 카운터, 컨버터 등에 응용된다.

4.3 반도체재료의 종류

반도체는 무기반도체와 유기반도체로 구분되며, 무기반도체는 그 구조에 따라 원소반도체와 화합물반도체로 나눈다. 이 중에서 주로 사용되고 있는 것은 무기반도체이다.

반도체의 중요한 성질을 나타내는 양은 에너지갭 Eg, 캐리어의 이동도, 캐리어의 수명시간 등이 있다. 이러한 양들은 반도체재료가 정해지면 결정되는 고유값이지만, 재료가 정해져도 온도나 불순물에 의해서 크게 변화되는 것과 또는 결정의 제작조건에 따라서 크게 영향을 받는다.

이들은 재료의 처리기술의 발달에 따라 개선되고 있으나, 아직도 제어불가능한 경우가 있기 때문에 모든 재료의 제조 또는 처리기술에 신중한 검토가 있어야 한다.

〈표 4-2〉 반도체재료 분류

<table>
<tr><th></th><th colspan="3">분 류</th><th>물 질</th></tr>
<tr><td rowspan="8">무기반도체</td><td>원소
반도체</td><td colspan="2">탄소족 원소
알루미늄족 원소
질소족 원소
산소족 원소
할로겐족 원소</td><td>C, Si, Ge
B
P, As, Sb, Bi
S, Se, Te
I</td></tr>
<tr><td rowspan="7">화합물
반도체</td><td colspan="2">탄화물</td><td>SiC</td></tr>
<tr><td rowspan="4">산소족의 화합물</td><td>산화물</td><td>CuO, Cu_2O, MgO
BaO, Al_2O_3, TiO_2
FeO, Fe_2O_3, Fe_2O_4</td></tr>
<tr><td>황화물</td><td>AgS, ZnS, CdS
PbS, Sb_2S_3, MoS_2</td></tr>
<tr><td>셀렌화물</td><td>ZnSe, CdSe, PbSe</td></tr>
<tr><td>텔루르화물</td><td>$PbTe$, Sb_2Te, Bi_2Te_3</td></tr>
<tr><td>질소족의 화합물</td><td>인의 화합물
비소의 화합물
안티몬 화합물</td><td>ALP, GaP, InP
AlAs, GaAs, InAs
AlSb, GaSb, InSb</td></tr>
<tr><td colspan="2">할로겐 화물</td><td>AgCl, AgBr, Cul</td></tr>
<tr><td colspan="4">유기반도체</td><td>안트라센, 테트라센</td></tr>
</table>

〈표 4-2〉는 반도체재료 분류사항이며, 〈표 4-3〉은 실용화되고 있는 반도체재료를 용도별로 분류한 것이다.

〈표 4-3〉 반도체재료의 용도별 분류

분 류		재 료
능동소자재료	다이오드재료	Si, Ge, Se, GaAs
	트랜지스터재료	Si, Ge
	사이리스터재료	Si
	집적회로재료	Si
광전변환재료	광전 셀, 광전자재료	Si, Ge, GaAs, CdS
	광도전재료	CdS, Sb_2S_3, PbO, Se, ZnO
	형광재료	ZnS, ZnO, Zn_3SiO
	EL재료	ZnS, ZnSe
	발광 다이오드 재료	GaAs, GaP,
열전변환재료	열전발열재료	PbTe, $MnSi_2$, InAs, InP
	열전냉각재료	Bi_2Te_3, Bi_2, Sb_2, Te_3
	열전자방출재료	BaO, SrO, ThO_2, LaB_6
	서미스터재료	NiO, $GaTiO_3$, VO_2, $BaTiO_3$
	발열재료	SiC
자전변환재료	홀소자재료	InSb, InAs
	자기저항재료	InSb, InAs, Bi
압전변환재료	압전변환재료	Si, Ge, GaAs, GaSb
	압전반도체재료	CdS, ZnO, CdSe, $LiGaO_2$

4.3.1 원소반도체

게르마늄(Ge), 규소(Si), 셀렌(Se), 텔루르(Te), 주석(Sn), 붕소(B), 인(P), 비소(As), 안티몬(Sb), 탄소(C), 비스무트(Bi), 황(S) 등이 이에 속한다. 이중 탄소, 비스무트, 비소 및 안티몬은 반도체라기보다는 반금속에 속하는 물질이다.

반도체재료로 주로 사용되고 있는 것은 게르마늄과 규소이다.

(1) Ge(게르마늄)

주기율표 14족에 속하는 탄소족 원소로서 청색이 감도는 회백색의 단단한 금속이다. 불순물에 따라 뚜렷한 차이가 나지만, 융점=958.5[℃], 비점=2700[℃], 밀도(비중)=5.32[g/Cm]이며 전형적인 반도체로, 진성반도체에 속한다.

3가 또는 5가의 불순물 원자를 미량 함유할 때는 각각 p형 및 n형 반도체가 된다. 용도로는 반도체로서의 성질을 이용하여 정류기(整流器), 검파기(檢波器) 등에 쓰이며, 트랜지스터 작용을 이용하여 증폭, 변조 등 전자공학분야에 매우 널리 이용된다. 예전에는 매우 휘귀한 원소의 하나로 간주되었으나 최근에는 그 생산량이 급속히 증가되고 있다. 그리고 적색형광체, 적외선투과유리 등의 제조에도 사용되고, 각종 합금용도로도 개발되고 있다.

(2) Si(규소)

주기율표 제14족의 탄소족 원소에 속하는 비금속원소로서 실리콘이라고도 한다. 무정형(無定形)인 것은 갈색분말이고, 결정질인 것은 어두운 청흑색의 침상(針狀) 또는 판상(板狀)으로 비뚤어진 8면체로 융점=1414[℃], 비점=2335[℃], 밀도(비중)=2.38[g/cm]이며 다이아몬드형 구조이다. 게르마늄과 함께 전형적인 반도체이다. 공기중 상온에서는 안정하지만 플루오르와는 반응하며, 가열하면 염소, 산소, 질소 등과도 반응한다. 용도로는 뛰어난 반도체이기 때문에 초단파용 광석검파기(트랜지스터, 다이오드 등)로 쓰이며, 게르마늄을 사용하는 것보다도 더 짧은 파장에까지 유효하게 작용한다. 각종 규소수지의 원료이며, 환원제, 탈산제, 합금 첨가원소로서 금속재료 부문에서 대량으로 사용한다. 철강재료로는 보통 70[%] 정도의 규화철을 함유하며, 고규소주철(규소 15[%] 정도)은 내산(耐酸)합금으로 알려져 있다. 규소를 0.5~4.2[%]를 함유하는 규소강판은 자기유도도(磁氣誘導度)가 높아 변압기 등의 철심(鐵心)으로서 중요하다. 구리합금에는 약 4.5[%] 첨가되어 전신, 전화선 등에 사용한다. 알루미늄합금에는 약 13[%] 첨가되어 실루민(silumin) 합금으로 사용된다.

(3) Se(셀렌)

주기율표 제16족에 속하는 산소족 원소의 하나로 셀레늄이라고도 한다. 많은 동소체가 있는데, 중요한 것으로는 회색의 금속 셀렌, 적색의 결정 셀렌, 흑색의 유리상 셀렌의 3종이 있다. 모두 물에 녹지 않으며, 또 융해하여 액체가 되면 적갈색이 되고, 기체가 되면 암갈색이 된다. 금속 셀렌은 다른 동소체를

200~300[℃]로 가열하면 생기는 육방정계의 결정인데, 이황화탄소에 약간 녹는다. 빛을 조사(照射)하면 조도(照度)에 따라 전기전도도 증가하는데, 특히 적색광이 유효하다. 결정셀렌은 셀렌 화합물을 아황산가스로 환원시키면 생기는 단사정계의 결정으로서, 융점=144[℃], 밀도(비중)=4.42[g/cm]이다. 준안정상태에 있어 금속 셀렌으로 변하기 쉬우며, 이황화탄소에 녹아 적색이 된다. 유리상 셀렌은 융해 셀렌을 급랭한 것으로, 단단하나 잘 부서진다.

용도로는 주로 반도체재료로 사용하며, 전 생산량의 약 40[%]가 셀렌 정류기에, 약 20[%]가 적색유리에 사용, 광전지, 약품, 고무경화제, 안료, 증감제, 합금, 부유선광에서 기포제 등으로 사용된다.

(4) 기타 원소반도체

1) Te(텔루르)

주기율표 제16족에 속하는 산소족 원소, 텔루륨이라고도 한다. 금속 광택을 갖는 은백색의 무른 결정으로 전기전도도는 은의 10만 분의 1이다. 중요한 동소체(同素體)는 2개가 있는데, 보통 얻을 수 있는 분말은 무정형(無定形) 텔루르이며, 이것을 가열하면 결정을 지닌 금속 텔루르가 된다. 무정형 텔루르는 은회색이며, 융점=450[℃], 밀도(비중)=6.0[g/cm]이다. 물이나 유기용매에는 녹지 않는다.

기체인 텔루르는 황금색이며 1400~1800[℃]에서는 2원자분자 Te_2를 함유한다.

셀렌과 비슷하나 그보다 비금속성이 적고 금속성이 많다. 공기 중에서는 청백색 불꽃을 내며 연소하여 이산화텔루르가 된다. 도자기의 적색, 청색 등의 착색, 내황산성 합금의 첨가제, 스테인레스강 등의 첨가제 등에 사용된다.

4.3.2 화합물반도체

2종 이상의 원소로 구성되어 있는 무기물반도체를 화합물반도체라 한다. 화합물반도체의 종류는 대단히 많으며, 현재 각종 전자재료로 사용되고 있음은 물론 새로운 종류의 개발과 더불어 그 종류도 다양하다. 그러나 화합물반도체에서는 본질적으로 원자간 결합방법이 공유결합인 것으로부터 이온결합인 것까지 넓은 범위에 걸쳐 있기 때문이다. 일반적으로 화합물반도체는 그 화학적 조성의 제어가 어렵고, 정제나 단결정 제작이 매우 힘들다.

여기에서 실용적인 화합물반도체 몇 가지를 원소의 주기율표에 의하여 제시하면 다음과 같다.

① 3-5족의 화합물 : 비소화갈륨(GaAs), 인화갈륨(GaP)
② 2-6족의 화합물 : 황화카드뮴(CdS), 텔루르화아연(ZnTe)
③ 4-6족의 화합물 : 황화납(PbS)
④ 4-4족의 화합물 : 탄화규소(SiC)

화합물반도체 결정은 전기특성과 광전변환특성에 특징이 있으며, 고속전자장치, 광전자장치 등에 널리 사용되고 있다. 이종(異種)원소가 결합한 결정은 19세기말부터 열분석과 X선에 의한 구조해석이 물리적인 흥미대상이 되어 1926년 H. L. 허긴스가 미국의 물리학회지에서 3족과 5족 원소를 조합시키면 4족과 같은 반도체결정이 될 것이라고 지적하였다. 실제로 반도체성질이 있다는 사실을 알게 된 것은 독일 지멘스회사 H. 벨커가 트랜지스터 재료의 게르마늄을 대체할 목적으로 1950~1952년에 걸쳐 철저한 연구를 하여 각종 원소를 조합시켜 만드는 화합물반도체의 실상을 증명하고 그 물리적 성질을 밝히면서부터였다.

용도로는 원소의 조합이 다양하며 조합방법에 따라 반도체 금제대(禁制帶)폭이 다르므로, 이용할 수 있는 빛의 파장이 다른 광전특성이 얻어진다. 이 특성을 이용한 것이 발광 다이오드, 반도체 레이저, 수광 다이오드이다. 발광 다이오드는 3-5족 화합물반도체인 비소화갈륨(적외선), 인화갈륨(적·녹), 비소화인화갈륨 GaAsP(황), 4-4족의 탄화규소(청), 광전변환효율을 높이기 위해 3-5족의 화합물반도체와 다른 원소를 첨가한 혼성결정의 이형접합을 이용하여 고효율화를 도모한 것이 광통신용으로 만들어진다.

반도체 레이저는 1970년에 비소화갈륨과 비소화갈륨알루미늄(GaAlAs) 사이의 이형(헤데로)접합을 이용하여 적외광 파장 0.85[μm] 대(帶)의 실온 연속발진에 성공한 이후 비소화인듐갈륨(InGaAsP)에 의해 1.3[μm]대와 1.55[μm]대가 광통신용으로 개발되었다. 화합물반도체에서는 미세한 혼성결정비 변화로 광파장이 달라지므로 비소화갈륨알루미늄으로 0.75[μm]로 만들어져 광디스크라든가 바코드 읽기용, 레이저 프린트용이 개발되었다.

수광 다이오드에는 비소화인화인듐, 갈륨에 의한 적외선역 장파장다이오드, 인화인듐에 의한 애벌런시 다이오드 등이 있다. 화합물반도체의 전자이동도가 큰 것을 이용한 것에는 마이크로파 소자와 집적회로가 있다. 마이크로파 발진용에는 비소화갈륨을 이용한 임팩트 다이오드, 인화인듐과 비소화갈륨으로 만든 건다이오드 등이 있다.

비소화갈륨은 마이크로파용 믹서 다이오드, 전기장효과 트랜지스터 등에도 이용되고 있다. 또 비소화갈륨은 전자이동도가 실리콘의 4~6배이므로 실리콘 대신 고속 컴퓨터용 회로에, 또 음성저항이 있으므로 터널 다이오드에도 이용되고 있다.

새로운 초고속소자 헴트(HEMT)는 비소화갈륨과 알루미늄의 혼성결정을 이용하여 초격자를 만든 것으로 실리콘의 10~20배의 스위칭속도를 얻을 수 있다. 자전변환용 홀 소자에는 3-5족의 비소화인듐, 인듐안티몬(안티몬화인듐, InSbOl)이, 자기저항소자에는 안티몬화인듐이 사용된다. 또 초음파용 압전소자에는 비소화갈륨이 사용된다. 원자번호가 큰 무거운 원자의 화합물반도체로서 텔루르화비스무트(Bi_2Te_3)를 비롯하여 텔루르화안티몬(Sb_2Te_3)이나 텔루르화납(PbTe) 등이 있고, 펠티에 소자로서 전자냉동에 이용된다. 비소화갈륨과 비소화갈륨알루미늄의 이종금속간 접합을 이용한 태양전지는 실리콘 발전효율의 2배이므로 인공위성, 손목시계 등에 사용되고 있다.

4.3.3 유기물반도체

대부분의 유기화합물은 절연체이지만 반도체성질을 갖는 유기화합물도 있다. 즉 전자를 주기 쉬운 화합물인 전자공여체와 전자를 받기 쉬운 화합물인 전자수용체가 결합해서 이루어진 전하이동체도 반도체성질을 갖는다. 이러한 성질을 갖는 유기물반도체는 광도전성을 이용하여 전자사진용 감광재료로 이용된다.

유기물반도체 중 무기반도체에 상응하는 것도 있으나, 일반적으로 저항률이 너무 높거나, 응답시간(response time)이 늦기 때문에 반도체소자로 직접 사용할 수 있는 것은 매우 적다. 이 재료는 성형성, 투명성 및 대량생산을 할 수 있으므로 앞으로 연구할 과제가 많을 것으로 기대된다.

4.3.4 비정질반도체

결정과는 다르고 주기성을 갖지 않는 원자배열을 하고 있는 재료로서 반도체성질을 갖는 것을 비정질반도체라 한다. 실리콘 결정은 대표적인 반도체이지만 실리콘 원자가 주기성을 갖지 않는 배열을 하게 되면 비정질 실리콘 반도체가 된다.

최근의 연구 결과에 의하면 비정질반도체는 원자배열이 완전히 불규칙한 것이 아니고, 인접해 있는 원자로 구성되어 있는 경우에는 완전한 주기성으로 이루어진 결정의 경우와 큰 차이가 없다는 것이다. 즉 원거리로 원자가 배열된 경우와 단거리로 원자가 배열된 경우가 다르다는 뜻이다.

최근 SiH_4를 글로 방전으로 분해하여 제작한 비정질 실리콘은 H 원자를 다수 포함하도록 보상하여 캐리어 밀도를 감소하는 방법으로 불순물을 첨가하여 n형, p형 반도체를 만들고 있다.

이 재료는 저렴한 가격으로 큰 면적을 갖는 태양전지 또는 전자사진 감광드럼 등에 이용 가능한 재료로서 유망하다. 또한 할로겐 원소인 황(S), 셀렌(Se), 텔루르(Te) 등을 주성분으로 하는 비정질반도체도 여러 분야에 이용되고 있다.

4.4 반도체재료의 정제와 단결정제작법

4.4.1 게르마늄과 실리콘의 화학적 정제

(1) 게르마늄

게르마늄을 함유하는 광석으로서는 게르마나이트(germanite), 아르기로다이트(argyrodite) 및 레니라이트(renierite) 광석 등이 있다. 이들 광석에서 게르마늄을 추출하는 방법은 광석에 따라 다르지만 원료광석의 제련과정에서 바로 4염화게르마늄($GeCl_4$)의 형태나 또는 순도 85~90[%]의 산화게르마늄(GeO_2)이 얻어진다. GeO_2을 염산에 용해시켜서 $GeCl_4$을 만들고 이것을 증류시켜 정제한다. 정제한 고순도의 $GeCl_4$을 냉각한 순수한 물로 가수분해하면 다음 반응에 의해 산화게르마늄이 얻어진다.

$$GeCl_4 + 2H_2O \cdots\cdots GeO_2 + 4HCl$$

이렇게 하여 얻은 GeO_2은 고순도의 수소가스 속에서 550~700[℃]로 2시간 정도 가열하면 다음 식과 같은 환원반응에 의해 게르마늄으로 된다.

$$GeO_2 + 2H_2 \cdots\cdots Ge + 2H_2O$$

이 환원된 Ge은 분말상태로 되어 있으므로, 100[℃]에서 한 번 녹인 다음에 냉각시켜서 Ge잉곳(ingot)을 만든다. 이 Ge잉곳을 다시 물리적으로 정제한다.

(2) 실리콘

실리콘은 산소 다음으로 지구상에 많이 존재하는 원소이나 융점이 높고 또한 용융상태에서 화학적으로 매우 활성이라는 점 때문에 게르마늄에 비하여 화학적, 물리적 정제에는 고도의 기술을 필요로 한다.

실리콘의 정제는 먼저 SiO_2를 목탄이나 코크스로 탄소환원시켜 순도 99[%]의 실리콘을 얻는다.

$$SiO_2 + C \cdots\cdots Si + CO_2 \uparrow$$

위의 반응으로부터 얻은 실리콘은 불필요한 불순물을 다량 함유하고 있으므로 고순도의 실리콘을 얻기 위해서는 이것을 염화수소와 반응시켜 정제하기 쉬운 할로겐 화합물로 만든다.

$$Si + 3HCl \cdots\cdots SiHCl_3 + H_2 \uparrow$$

이 SiHCl을 증류, 정제하여 더욱 높은 순도를 갖는 실리콘을 얻는다. 그리고 이 고순도화합물을 수소환원이나 열분해하여 다결정 실리콘을 얻는다.

$$SiHCl_3 + H_2 \cdots\cdots Si + 3HCl$$

4.4.2 물리적 정제법

(1) 대역정제법

대역정제법(zone refining method)은 반도체를 고순도로 정제하기도 하고 또는 일정한 저항률을 갖는 단결정을 만드는 데 사용하기도 하는 방법이다. 이 방법은 불순물을 포함한 물질이 용융상태에서 고화(固化)할 때 고상(固相) 속에 포함되는 불순물의 농도가 액상(液相) 속에 포함되는 불순물의 농도보다 낮게 배분되는 편석의 원리를 이용한다. 편석작용이 일어나는 경우 고상 내의 불순물 농도 Cs와 액상 내의 불순물 농도 C_1과 비 Cs/C_1을 편석, 또는 분배계수라 하며 이것이 1보다 작은 불순물은 액상 중에 많이 모이게 된다.

편석계수가 작은 불순물을 많이 포함한 봉상(棒狀) Ge을 보트(boat)에 넣은 후 고주파유도가열에 의해 대상용융하여 이 용융대를 한쪽 방향으로 이동시키면 함유불순물을 최종단으로 모을 수 있다. 1회의 보트 이동에서 수 회의 순화가 행해지고 최후에 최종단을 잘라 버리면 순도가 9nines(99.9999999)[%] 이상인 다결정 Ge이 얻어진다.

(2) 플로팅 존법

대역정제법은 Ge 등 많은 물질의 정제에 이용되고 있지만, Si와 같이 융점이 높고 용융상태에서 화학적 활성이 큰 물질에서는 그래파이트 보트를 침식하므로 주위로부터의 오염이 문제가 된다. 따라서 고순도의 실리콘을 얻으려면 도가니나 보트와 같은 용기를 사용하지 않은 정제법이 요구된다.

다결정 Si막대의 상하를 척(chuck)으로 지지하여 수직으로 고정시키고 고주파 가열 코일에 의해 부분적으로 용융한다. 용융대(molten zone)는 표면장력에 의해 지지되며 용융대를 아래에서 위로 서서히 이동시켜 정제한다. 이 조작을 7~10회 정도 반복하면 보론 이외의 불순물 농도를 $10^{-12}/cm^2$ 이하로 정제할 수 있다. 이 방법은 용융된 실리콘이 다른 물질과 전혀 접촉하지 않으므로 도가니나 보트에 의한 오염의 염려가 없다.

4.4.3 반도체 단결정 제작법

보통 반도체나 금속은 미세한 단결정이 모여서 이루어진 다결정이지만 트랜지스터(TR) 등을 만드는 반도체는 단결정이어야 한다. 다음은 각종 단결정제법이다.

(1) 인상법

이 방법은 Si나 Ge 등과 같은 단결정 제작법으로 가장 많이 이용되고 있는 방법이다. Si 단결정을 만드는 경우를 예를 들어 설명하면, 정제된 다결정 Si을 도가니 내에서 고주파 유도가열에 의해서 Si 융점보다 조금 높은 온도인 약 1500[℃]로 용융한다. 다음 상측에 붙여 둔 씨단결정(seed crystal)을 용융액면에 담가 충분히 융합시킨 후 5~10[rpm]으로 회전하면서 $10^{-6} \sim 10^{-4}$ [m/s]의 속도로 서서히 끌어올린다. 이 상태에서 씨단결정 끝에는 씨단결정의 결정축과 동일한 방향으로 지름 10[cm] 이상의 새로운 실리콘 단결정이 성장한다.

이 때 양호한 결정을 얻기 위해서는 용융부의 온도제어나 분위기 가스의 순도 등이 중요하다. 이 방법은 1918년 초크랄스키(Czockralski)에 의해 고안된 것이다.

(2) 존 레벨링법

이 방법은 정제된 다결정 Ge 앞에 씨가 되는 단결정을 두고 그 접촉부를 고주파유도가열로 대상(帶狀)용융을 행하고, 용융대를 다결정방향으로 서서히 이동시키면 씨와 동일한 결정방향을 갖는 단결정이 얻어진다. 이때 씨단결정과 다결정 사이에 편석계수가 작은 불순물을 적당량 넣어 두면 불순물 분포가 균일한 단결정을 얻을 수 있다. 현재 이 방법으로 지름 10[cm] 정도의 고순도 단결정이 만들어진다.

(3) 브리지맨법

이 방법에서는 원료를 밀봉한 석영관 내에서 용융한 후 그 한쪽 끝에서부터 서서히 고화시켜가면 선단에 발생한 성장핵이 씨로 되어 여기서부터 단결정화가 시작된다. 주로 이 방법에는 열분해하기 쉬운 Te, PbTe 등 많은 물질에 응용되고 있다. GaAs와 같이 응고시 체적팽창을 수반하는 곳에서는 석영보트를 사용하는 수평브리지맨법이 사용된다.

(4) 에피택셜 성장법

에피택셜(epitaxial)이란 위에서 배열한다는 의미로 일정한 결정방법의 기판결정 위에 기상(氣相) 또는 액상으로부터 기판과 동일한 결정방향을 갖는 단결정박막을 성장시키는 방법이다. 이 성장법에서는 동일재료의 호모적합뿐만 아니라 서로 종류가 다른 반도체물질로 된 헤데로 접합도 만들 수 있고, 또한 접합면의 양측에서 첨가 불순물의 종류 및 분포 등의 목적에 따라 비교적 용이하게 변화시킬 수 있어 현재 고성능 트랜지스터나 집적회로로 생산동정에서 매우 널리 이용되고 있는 단결정성장법이다.

4.5 반도체 제조공정

반도체 집적회로는 손톱만큼이나 작고 얇은 실리콘칩에 지나지 않지만 그 안에는 수만 개에서 천만개 이상의 전자부품들(TR, 다이오드, 저항, 커패시터)이 가득 들어 있다. 이러한 전자부품들이 서로 정확하게 연결되어 논리게이트와 기억소자 역할을 하게 되는 것이다.

칩 속의 작은 부품들은 하나하나 따로 만들어서 조립되는 것이 아니다. 그것은 불가능하다. 대신 부품과 그 접속부분들은 모두 미세하고 복잡한 패턴으로 만들어서 여러 층의 재료 속에 그려 넣는 방식을 사용한다. 그러기 위해서는 문양을 사진으로 찍어 축소한 마스크를 마치 사진을 인화할 때의 필름처럼 사용한다. 최근 반도체 제조공정을 34단계로 하고 있으나 요약해서 말하면 아래와 같다.

(1) 제1단계 : 단결정성장

고순도 정제된 실리콘 용융액에 씨단결정을 접촉, 회전시키면서 단결정 규소봉을 성장시킨다.

(2) 제2단계 : 규소봉절단

규소 기둥을 똑같은 두께의 얇은 웨이퍼로 잘라낸다. 반도체 공장 사진을 보면 작업자가 손바닥만한 둥근 거울 같은 것을 들고 있는 장면을 자주 보는데 이 둥근 거울 같은 것이 웨이퍼이다. 반도체는 이 웨이퍼에 회로를 만들어 손톱만한 크기로 잘라 만든 것이다. 웨이퍼의 크기는 규소봉의 구경에 따라 3″, 4″, 6″, 8″로 만들어지며 생산성향상을 위해 점점 대구경화 경향을 보이고 있다.

(3) 제3단계 : 웨이퍼 표면연마

웨이퍼의 한쪽 면을 닦아 거울처럼 반질반질하게 해 준다. 이 연마된 표면에 전자회로 패턴을 그려 넣는다.

(4) 제4단계 : 회로설계

CAD(Computer Design)을 사용하여 전자회로와 실제 웨이퍼 위에 그려질 회로 패턴을 설계한다. 보통 반도체의 회로도면은 50~100[m] 크기다. 도면상에 회로가 제대로 연결되었는지를 확인하기 위해 도면을 펴놓고 사람이 그 위에 올라가 기어다니면서 눈으로 검사한다.

(5) 제5단계 : 마스크 제작

설계된 회로 패턴을 차세대 전자빔설비로 유리판 위에 그려 마스크(mask)를 만든다. 포토 마스크라고도 하는데 사진용 원판의 구실을 한다. 현상 공정에서 마스크를 웨이퍼위에 얹은 다음 강한 자외선을 비추면 유리 위에 그려진 회로가 웨이퍼에도 똑같이 그려진다.

(6) 제6단계 : 산화(oxidation)공정

고온(800~1200[℃])에서 산소나 수증기를 실리콘 웨이퍼표면과 화학반응시켜 얇고 균일한 실리콘산화막(SiO_2)을 형성시킨다. 산화막은 웨이퍼 위에 그려질 배선끼리 합선되지 않도록 서로를 구분해 준다. 배선간의 간격이 미세하기 때문에 합선될 경우가 많다.

(7) 제7단계 : 감광액 도포

감광액을 웨이퍼 표면에 골고루 바른다. 그 다음 이를 살짝 구워서 Alinger라고 불리는 사진 촬영장치로 보낸다. 이때부터 웨이퍼는 사진의 인화지 역할을 한다.

(8) 제8단계 : 노광(stepper exposure)

stepper를 이용하여 mask 위에 그려진 회로 패턴에 빛을 통과시켜 PR막이 형성된 웨이퍼 위에 회로 패턴을 찍는 공정을 말한다. 반도체공정 중 매우 중요한 공정의 하나이며 특히 진동에 매우 민감하다.

(9) 제9단계 : 현상공정

일반 사진현상과 동일하다. 현상액을 웨이퍼에 뿌리면 웨이퍼는 노광과정에서 빛을 받은 부분과 받지 않는 부분으로 구별되는데, 빛을 받은 부분의 현상액은 날라가고 빛을 받지 않은 부분은 그대로 남는다.

(10) 제10단계 : 식각(etching)공정

회로 패턴을 형성시켜 주기 위해 화학물질이나 반응성 GAS를 사용하여 필요 없는 부분을 선택적으로 제거시키는 공정으로 이러한 패턴형성과정은 각 패턴층에 대해 계속적으로 반복된다.

(11) 제11단계 : 이온 주입(ion implant)

회로 패턴과 연결된 부분에 불순물을 미세한 GAS입자 형태로 가속하여 웨이퍼의 내부에 침투시킴으로써 전자소자의 특성을 만들어 준다. 이러한 불순물주입은 공온의 전기로속에서 불순물입자를 웨이퍼 내부로 확산 시켜 주입하는 것으로 확산공정에서도 이루어지고 있다.

(12) 제12단계 : 화학기상증착(chemical vapor deposition)공정

GAS간의 화학반응으로 형성된 입자들을 웨이퍼 표면에 증착하여 절연막이나 전도성 막을 형성시키는 것을 말한다. 일종의 보호막과도 같은 역할을 한다.

(13) 제13단계 : 금속배선(metal doposition)

웨이퍼 표면에 형성된 각 회로를 금, 은, 알루미늄선으로 연결시키는 공정으로 금속에 전기적 충격을 주면 금속이 물방울처럼 증발하는데 여기에 웨이퍼를 넣어 회로를 연결시킨다.

(14) 제14단계 : 웨이퍼 자동선별(EDS test)

웨이퍼에 형성된 IC칩들의 전기적 동작여부를 컴퓨터로 검사하여 불량품을 자동 선별하는 과정을 말한다.

(15) 제15단계 : 웨이퍼 절단(sawing)

웨이퍼상의 수많은 칩들을 분리하기 위해 다이아몬드 톱을 사용하여 웨이퍼를 절단한다.

(16) 제16단계 : 칩 접착(die attach)

날개로 분리된 칩 가운데 제대로 작동하는 것만을 골라내어 리드 프레임 위에 올려놓는다. 리드 프레임이란 반도체에서 지네발처럼 튀어나온 부분인데 전자제품에 연결되는 소켓의 구실을 한다.

(17) 제17단계 : 금속연결(wire bonding)

칩 내부의 외부연결단자와 리드프레임을 가는 금선으로 연결하여 준다. 네모난 금속성 칩이 있고 그 주위를 작은 막대기 같은 것이 나와서 빠르게 선을 연결한다.

(18) 제18단계 : 성형(molding)

칩과 연결금속부분을 보호하기 위해 화학수지로 밀봉해주는 공정을 말한다. 이 과정을 거쳐 우리가 흔히 볼 수 있는 검은색 지네발 모양이 된다. 칩과 연결금선을 보호해주기 위하여 화학수지로 밀봉해 준다. 플라스틱이나 세라믹 같은 것으로 감싸준다.

(19) 제19단계 : 최종검사(final test)

성형된 칩의 전기적 특성 및 기능을 컴퓨터로 최종검사하는 공정으로 최종합격된 제품들은 제품명, 고유번호, 회사명을 마킹한 후 입고검사를 거쳐 최종소비자에게 판매된다.

제5장

전 자 부 품

5.1 전자부품의 외형

5.1.1 저항기

저항기(resistor)란 전압이나 전류를 분배하는 기능을 가지고 있는 소자이다. 저항값의 단위는 Ω(옴 : ohm)이 사용되며(1000[Ω]=1[kΩ], 1000[kΩ]=1[MΩ]), 저항기 종류별 기호는 〈표 5-1〉과 같다.

〈표 5-1〉 저항기기호

종 류	기 호	약 호
저 항		R
가변저항	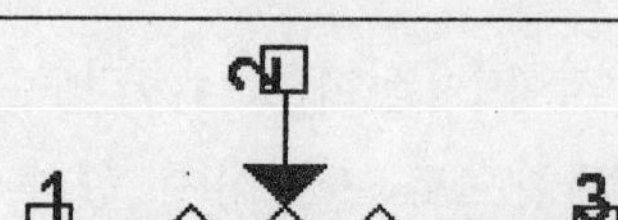	

(1) 탄소피막저항기

가장 일반적이고 저가격의 저항기이다. 저항값의 오차는 ±5[%]의 저항기가 가장 많으며, 정격전력으로는 1/8[W], 1/4[W], 1/2[W] 등이 있다.

탄소피막저항기는 잡음이 심하다고 하는 결점이 있기 때문에, 아날로그 회로에는 금속계의 저항기를 사용하는 경우도 많다.

경험적으로는 아날로그 회로의 미소한 신호를 증폭하는 곳에는 가급적 금속계 저항기를 사용하고, 일반 디지털 회로에서는 저렴한 탄소계 저항기를 사용해도 무방하다. [그림 5-1]은 각종 탄소피막저항기이다.

[그림 5-1] 탄소피막저항기

저항기의 크기는 대개 〈표 5-2〉와 같다. 실제 규격이 있지만, 구입할 때는 크기를 기준으로 정격을 가늠하면 된다.

〈표 5-2〉 탄소피막저항기 크기

	정격전력(W)	굵기(mm)	길이(mm)
①	1/8	2	3
②	1/4	2	6
③	1/2	3	12

[그림 5-2]의 저항기는 저항 어레이(array)라 부르는 것으로, 여러 개의 같은 값을 가진 저항기가 일체형으로 만들어져 있다.

[그림 5-2] 저항 어레이

각 저항기의 한쪽이 내부에 접속되어 있는 것도 있다. 여러 개의 발광 다이오드 전류제어 등 실장공간이 적게 해결되어 편리하다.

저항 어레이 기호는 [그림 5-3]과 같다. 단지 470[Ω]이라는 식으로 저항값만 표시되어 있는 저항 어레이는 리드가 9개이며, 저항값의 인쇄면에서 보았을 때 맨 왼쪽의 리드가 공통(common) 리드이다.

같은 모양이면서, 4S470[Ω]이라는 식으로 머리에 4S를 붙여 표시하고 있는 저항 어레이도 있다. 이 타입은 리드가 8개이며, [그림 5-3] 오른쪽 기호처럼 독립된 저항기가 4개 내장되어 있으며, 이러한 저항기의 정격전력은 대략 1/8[W] 정도이다.

크기는 9개의 리드가 있는 타입의 경우, 폭 23[mm], 높이 5[mm](검은 부분), 두께 1.8[mm]이며, 8개의 리드가 있는 타입은 폭 20[mm], 높이 5[mm], 두께 1.8[mm]이다.

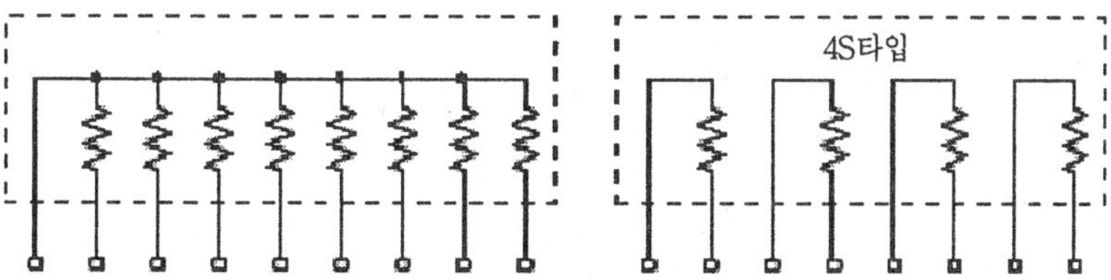

[그림 5-3] 저항 어레이 기호

(2) 금속피막저항기

탄소계 저항기보다 오차가 적은 높은 정밀도의 저항값이 필요한 경우에 사용된다. 오차는 ±0.05[%] 정도의 것도 있지만, 일반적인 전자회로에서는 그다지 고정밀도가 요구되는 저항기는 사용되지 않으며, 고정밀도라고 해도 ±1[%] 정도의 저항기로 충분하다. 그리고 금속피막저항기는 비싸기 때문에 꼭 필요한 경우에 부분적으로 사용한다.

금속피막저항기의 저항체재료는 Ni-Cr(니크롬) 등이 사용되고 있다. 금속피막저항기의 용도는 브리지 회로, 필터와 같이 저항값의 오차가 회로의 성능에 크게 영향을 미치는 경우, 그리고 아날로그의 잡음이 마음에 걸리는 회로 등에 사용한다.

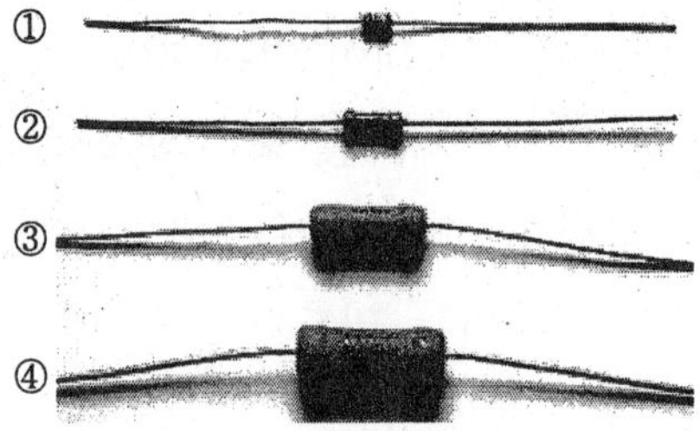

[그림 5-4] 금속피막저항기

[그림 5-4]는 각종 금속피막저항기이며, 정격전력 및 크기는 〈표 5-3〉과 같다.

〈표 5-3〉 금속피막저항기 크기

	정격전력(W)	굵기(mm)	길이(mm)	오차(%)
①	1/8	2	3	±1
②	1/4	2	6	±1
③	1	3.5	12	±5
④	2	5	15	±5

(3) 가변저항기

가변저항기는 일반적으로 볼륨(volume)이라고 부른다. 라디오의 음량조정과 같이 용이하게 저항값을 변화할 수 있는 저항기와 전자회로에서 부품의 오차에 의한 동작상태를 조정하면서 통상 저항값을 바꾸지 않고 사용하는 반고정저항기가 있다.

통상적으로 가변저항기와 반고정저항기는 회전할 수 있는 각도가 300[°] 정도이지만, 저항값을 세밀하게 조정하기 위해 기어(gear)를 조합하여 다회전(10~25회 정도)시킬 수 있는 전위차계(potentiometer)라는 것도 있다.

[그림 5-5]는 각종 가변저항기이다. 오른쪽은 음량조정과 같이 저항값을 용이하게 바꿀 수 있는 가변저항기이다. 중앙에 있는 4개는 여러 가지 형태의 것이 있는데, 프린트 기판 등에 실장하는 반고정가변저항기이다. 왼쪽 2개는 전위차계이며, 왼쪽에 있는 나사를 돌려 저항값을 변화시킨다. 전위차계 형태

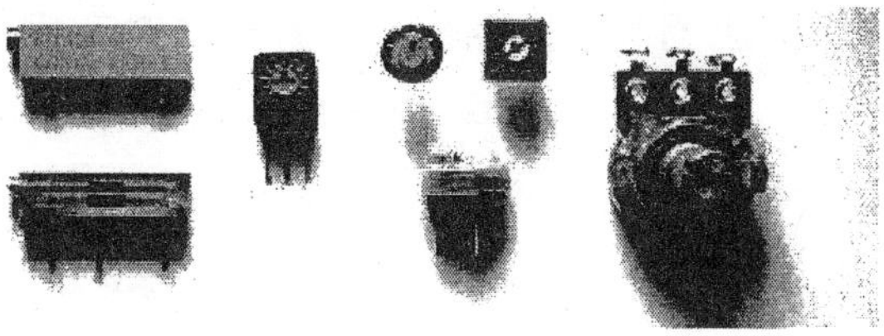

[그림 5-5] 각종 가변저항기

는 이 그림과 같은 것 이외에 맨 오른쪽의 형태에 가까운 것도 있으며, 용도에 따라 형태를 선택할 수 있다.

(4) CdS

광신호나 빛에너지를 전기신호나 전기에너지로 변환하는 부품이다. 카드뮴을 사용하며, 빛이 닿으면 저항값이 작아진다.

수광감도, 크기, 저항값 등에 따라 여러 종류가 있다. [그림 5-6]과 같은 것은 원통형의 지름이 8[mm], 높이가 4[mm]의 크기로 빛이 닿지 않을 때에는 2[MΩ] 정도, 빛이 닿으면 200[Ω] 정도로 저항값이 변화한다. 빛이 닿는 강도에 따라 저항값이 변화하는 CdS는 자동차의 헤드라이트의 점등확인장치에도 사용되고 있다.

[그림 5-6] CdS

(5) 기타 저항기

탄소피막저항기, 금속피막저항기 이외에 흔히 사용되는 저항기의 종류로는 권선저항기가 있다. 권선저항기는 금속선을 재료로 사용한 것으로 선의 길이를 조정함으로써 정밀한 저항값을 얻을 수 있다. 그리고 굵은 선재를 사용하기 때문에 정밀한 저항값을 얻는 것보다 대전력용 저항기의 용도에 적합하다. 결점으로는 선을 절연체에 코일 형태로 감아 붙이기 때문에 주파수가 높은 회로에는 사용할 수 없다. 그리고 대전력용 저항기를 사용하는 경우 다량의 열이 발생하기 때문에 방열을 충분히 고려할 필요가 있다.

흔히 볼 수 있는 것으로는 저항기를 법랑으로 덮은 할로우(hollow) 저항기와 세라믹 케이스에 삽입하여 특수한 시멘트로 굳힌 시멘트 저항기 등이 있다. 1~2[W]부터 수십[W]의 것까지 다양한 종류가 있다.

[그림 5-7]은 할로우 저항기이다. 위쪽은 10[W]의 것으로 굵기 13[mm], 길이 45[mm]이고 아래쪽은 50[W]의 것으로, 굵기 29[mm], 길이 75[mm]이다. 위쪽은 부착고리를 붙인 상태이며, 절연하기 위해 애자로 된 구조로 되어 있다.

[그림 5-7] 할로우 저항기

[그림 5-8]은 5[W]용 시멘트 저항기이며, 폭 22[mm], 길이 9[mm], 높이 9[mm]이다.

[그림 5-8] 시멘트 저항기

(6) 저항기의 컬러 코드(color code) 판독법

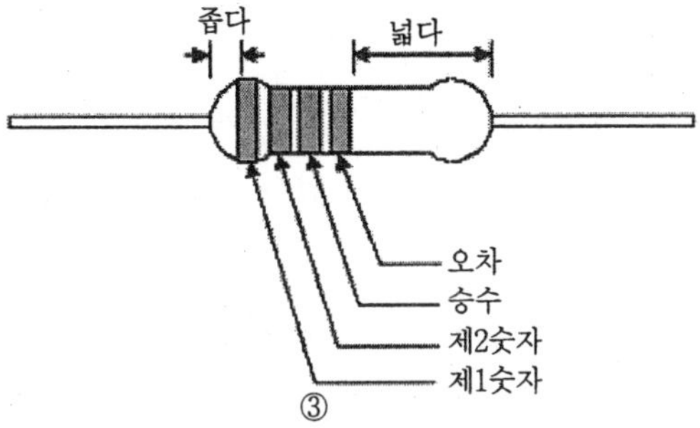

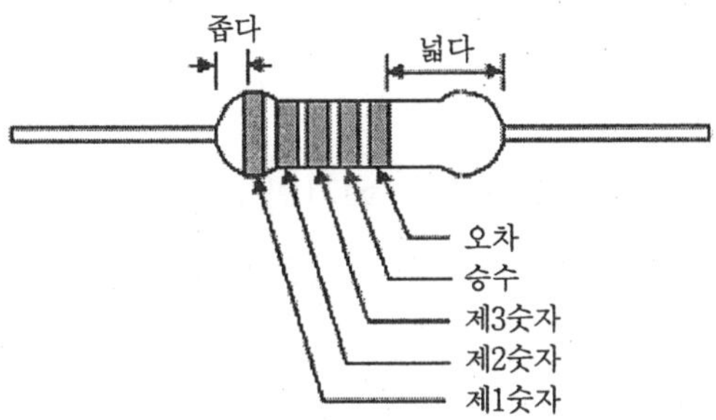

[그림 5-9] 저항기 표시

〈표 5-4〉 저항기 컬러 코드

색 깔	수 치	비 고
흑 색	0	제1, 2, (3)숫자, 승수
갈 색	1	제1, 2, (3)숫자, 승수, 오차
적 색	2	제1, 2, (3)숫자, 승수, 오차
등 색	3	제1, 2, (3)숫자, 승수
황 색	4	제1, 2, (3)숫자, 승수
녹 색	5	제1, 2, (3)숫자, 승수
청 색	6	제1, 2, (3)숫자, 승수
자 색	7	제1, 2, (3)숫자
회 색	8	제1, 2, (3)숫자
백 색	9	제1, 2, (3)숫자
금 색	5%	오차
은 색	10%	오차

1/2[W] 이하의 탄소피막저항기나 금속피막저항기는 부품이 작기 때문에 저항값을 저항기 표면에 숫자로 표시하기가 어려우므로 대부분 [그림 5-9]와 같이 컬러 코드로 표시한다.

따라서 컬러 코드를 판독하는 법을 꼭 알아 둘 필요가 있으며, 칩 저항기는 콘덴서와 같은 방법으로 숫자로 표기되어 있다. 컬러 코드는 〈표 5-4〉를 참고하여 판독한다.

예를 들어 황색(4), 자색(7), 등색(1K), 금색(5%)의 경우 47×1K이므로 저항값은 47[kΩ]이며 오차가 ±5[%]이다.

5.1.2 콘덴서

콘덴서(condenser)의 정식 명칭은 커패시터(capacitor)이며, 전기를 축적하는 기능을 가진 정전용량기이다. 그러나 일반적으로는 전기를 축적하는 기능 이외에 직류전류를 차단하고 교류전류를 통과시키려는 목적에도 사용되며, 콘덴서 종류별 기호는 〈표 5-5〉와 같다.

두 극판의 전극간에 절연체를 넣어 콘덴서를 만드는데, 이 재질에 따라 여러 종류의 콘덴서가 있다. 아무것도 삽입하지 않고 공기를 유전체로 하는 콘덴서도 있다. 여기에 직류전압을 걸면 각 전극에 전하(電荷)라고 하는 전기가 축적되며, 축적하고 있는 도중에는 전류가 흐른다. 축적이 완료된 상태에서는 전류는 흐르지 않게 된다.

〈표 5-5〉 종류별 콘덴서 기호

종 류	명 칭	기 호	약 호
고 정	무극성	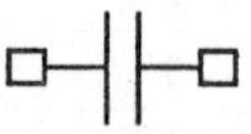	C
	유극성(왼쪽이 +)	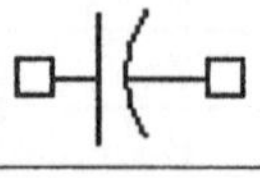	
	전 해	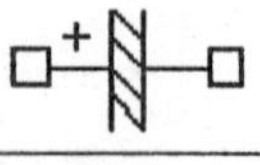	
가 변		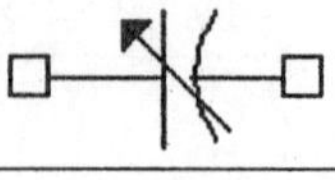	

콘덴서의 용량을 나타내는 단위는 패럿(F, farad)이 사용된다. 일반적으로 콘덴서에 축적되는 전하용량은 매우 작기 때문에, [μF]이나 [pF]의 단위가 사용된다. 최근에는 슈퍼 커패시터라는 명칭으로 [F] 단위의 용량을 가진 콘덴서도 등장했다.

콘덴서의 용량 표시는 3자리의 숫자가 사용되는 경우가 있다. 부품 메이커에 따라 용량을 3자리의 숫자로 표시하거나 그대로 표시하기도 한다. 3자리 숫자로 나타내는 경우에는 앞의 2자리 숫자가 용량의 제1숫자와 제2숫자이고, 3자리째가 승수가 된다. 표시의 단위는 [pF]으로 되어 있다. 즉 103이면 10×103=10,000[pF]=0.01[μF]이며, 224는 22×104=220,000[pF]=0.22[μF]이다. 그리고 100[pF] 이하의 콘덴서는 용량을 그대로 표시하고 있다. 즉 47은 47[pF]을 의미한다.

콘덴서에서 직류와 교류의 동작은 다음과 같다.

10[μF] 정도의 전해콘덴서에 아날로그식 테스터를 저항 측정 모드로 하고 접속하면 순간전류가 흘러 테스터의 바늘이 움직이는 것을 알 수 있다. 그러나 바로 0으로 되고 만다.

테스터의 접속방법을 반대로 하면 역시 순간전류가 흐른다는 것을 알 수 있다. 그러므로 직류전압이 콘덴서에 가해진 경우 순간적으로 전류가 흐르지만 후에는 흐르지 않기 때문에 직류를 통과시키지 않으려는 용도에도 사용된다. 그러나 교류의 경우에는 앞서 언급한 테스터의 측정봉을 항상 교대로 바꾸어 접속하는 것과 같으므로 그 때마다 전류가 흐르게 되어 교류전류는 흐르는 것이다.

(1) 알루미늄 전해 콘덴서

단순히 전해 콘덴서라고 부르기도 한다. 이 콘덴서는 유전체로 얇은 산화막을 사용하고, 전극으로는 알루미늄을 사용하고 있다. 유전체를 매우 얇게 할 수 있으므로 콘덴서의 체적에 비해 큰 용량을 얻을 수 있다.

전해 콘덴서는 +전극과 −전극이 정해져 있으며, 일반적으로 콘덴서 자체에 −측 리드를 표시하는 마크가 붙어 있다. 또 가할 수 있는 전압, 용량도 표시되어 있다. 극성을 잘못 접속하거나, 전압이 너무 높으면 콘덴서가 파열되므로 절대로 실수해서는 안 된다.

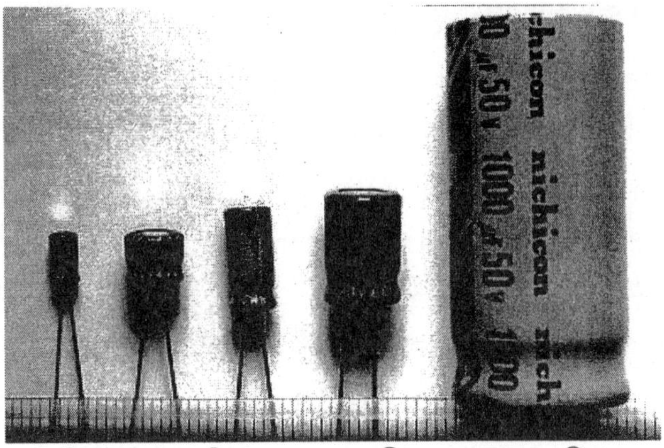

①　②　③　④

[그림 5-10] 각종 전해 콘덴서

전해 콘덴서는 1[μF]부터 수천 [μF], 수만 [μF]이라는 식으로 비교적 큰 용량이 얻어지며 주로 전원의 평활회로, 저주파 바이패스 등에 사용된다. 단 코일 성분이 많아 고주파에는 적합하지 않다.

[그림 5-10]은 각종 전해 콘덴서이며, 정격 및 크기는 〈표 5-6〉과 같다. 단, 크기에 대해서는 정해져 있는 것이 아니다.

〈표 5-6〉 전해 콘덴서 정격 및 크기

	용량(μF)	내전압(V)	직경(mm)	높이(mm)
①	1	50	5	12
②	47	16	6	5
③	100	25	5	11
④	220	25	8	12
⑤	1000	50	18	40

(2) 탄탈 전해 콘덴서

단순히 탄탈 콘덴서(tantalum condenser)라고도 부르며, 전극에 탄탈륨이라는 재료를 사용하고 있는 전해 콘덴서이다. 알루미늄 전해 콘덴서와 마찬가지로, 비교적 큰 용량을 얻을 수 있다. 그리고 온도특성 및 주파수특성 모두 전해 콘덴서보다 우수하다.

알루미늄 전해 콘덴서는 크라프트(kraft)지 등에 전해액이 스며들게 한 것을 금속 알루미늄으로 삽입하여 감아 붙인 구조로 되어 있지만, 탄탈 전해 콘덴서의 경우는 탄탈륨 파우더를 소결하여 굳혔을 때에 나오는 빈틈을 이용하는 구조로 되어 있어, 두루마리 구조가 아니므로 앞서 언급한 바와 같이 특성이 우수하다.

탄탈 콘덴서도 전해 콘덴서와 마찬가지로 +와 - 극성을 가지고 있으므로 절대로 극성을 잘못 접속해서는 안 되며, 전극(리드선)의 +측을 나타내는 기호가 콘덴서 자체에 표시되어 있다.

가격은 전해 콘덴서보다 비싸기 때문에 온도에 의한 용량변화가 엄격한 회로나 어느 정도 주파수가 높은 회로 등에 사용한다. 그리고 알루미늄 전해 콘덴서에서 발생하는 스파이크(spike) 형상의 전류가 나오지 않으므로 신호파형을 중요시하는 아날로그 신호계에는 탄탈 콘덴서를 사용하는 것이 일반적이며, 스파이크와 같은 불요파형이 문제가 되지 않는 경우에는 알루미늄 전해 콘덴서로도 충분하다.

[그림 5-11]은 각종 탄탈 전해 콘덴서이며, 용량과 내전압은 다음과 같다.

① 0.33[μF](35[V])
② 0.47[μF](35[V])
③ 10[μF](35[V])

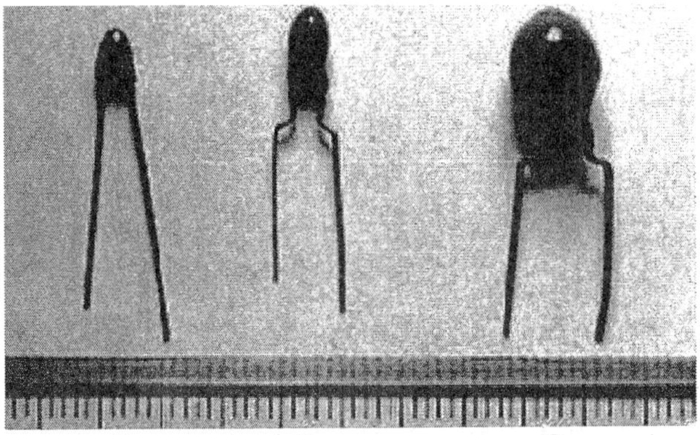

①　　②　　③

[그림 5-11] 탄탈 전해 콘덴서

(3) 세라믹 콘덴서

세라믹 콘덴서는 전극간의 유전체로 티탄산바륨(titanium - barium)과 같은 유전율이 큰 재료가 사용되고 있다.

이 콘덴서는 인덕턴스(코일의 성질)가 적어 고주파특성이 양호하므로 고주파성분 또는 잡음을 어스로 통과시키는 바이패스용으로 적합하다. 모양은 원반형으로 되어 있으며, 용량은 비교적 작다.

[그림 5-12]는 각종 세라믹 콘덴서이며, 왼쪽은 100[pF] 콘덴서로 원반의 지름이 3[mm] 정도이다. 그리고 오른쪽 콘덴서는 103이라고 표시되어 있으므로, 정전용량은 10×103[pF]= 0.01[μF]이 된다. 원반의 지름은 약 6[mm]이며, 전해 콘덴서나 탄탈 콘덴서와 달리 전극의 극성은 없다.

세라믹 콘덴서는 [그림 5-12]보다 더 큰 외형도 있다. 세라믹은 강유전체의 물질로 아날로그 신호계 회로에 사용하면 신호가 일그러지므로 이와 같은 회로에는 사용할 수 없다.

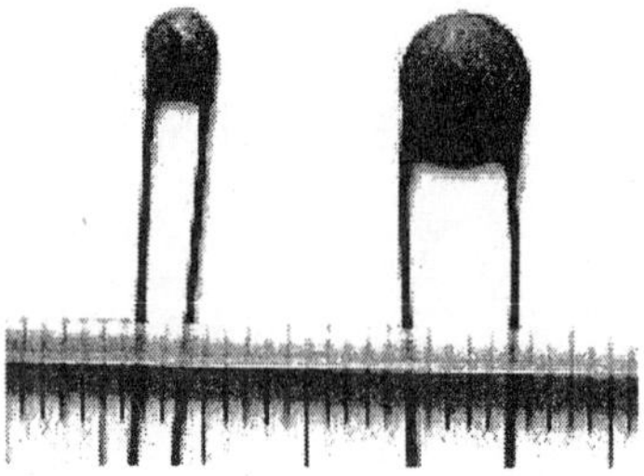

[그림 5-12] 세라믹 콘덴서

(4) 적층 세라믹 콘덴서

적층 세라믹 콘덴서는 전극간의 유전체로 고유전율계 세라믹을 다층구조로 사용하고 있으며, 온도특성 및 주파수특성이 양호하고, 게다가 소형이라는 큰 특징이 있다.

디지털 회로에서 취급하는 구형파(펄스파) 신호는 비교적 높은 주파수성분이 함유되어 있다. 이 콘덴서는 주파수특성이 양호하고, 소형이라는 점 때문에 바이패스용으로 흔히 사용된다. 온도특성도 양호하므로 온도변화에 민감한 회로에도 사용된다.

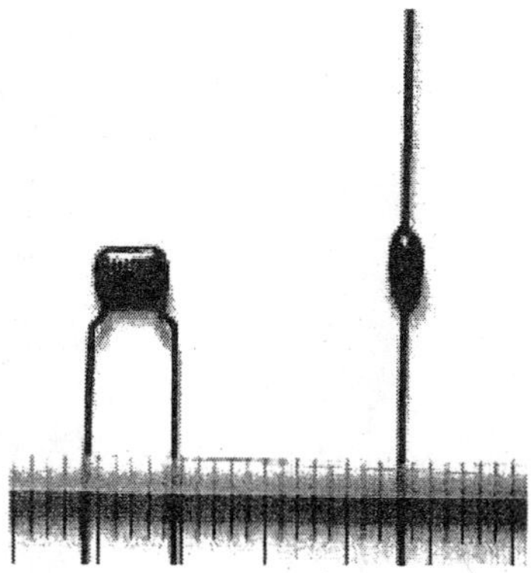

[그림 5-13] 적층 세라믹 콘덴서

[그림 5-13]은 각종 적층 세라믹 콘덴서이며, 왼쪽 콘덴서는 104로 표시되어 있으므로 정전용량은 10×104[pF] = 0.1[μF]이 된다. 폭 4[mm], 높이 3[mm], 두께 2[mm]의 콘덴서이다.

오른쪽 콘덴서는 103으로 표시되어 있으므로 정전용량은 10×103[pF] = 0.01[μF]이 된다. 고밀도실장에 적합하며, 둥근 부분의 지름이 2[mm], 높이가 4[mm]이다. 전극의 극성은 없다.

(5) 스티롤 콘덴서

전극간의 유전체로 폴리스티렌(polystyrene) 필름이 사용되고 있다. 이 콘덴서는 필름을 감은 구조이므로 인덕턴스(코일) 성분이 크다. 따라서 고주파에는 사용할 수 없으며, 수백 [kHz] 이하의 필터 회로나 타이밍 회로 등에 흔히 사용된다.

[그림 5-14]는 각종 스티롤 콘덴서이다. 전극으로 동박을 사용하는 경우에는 적색을 띠고 있지만, 전극으로 알루미늄박을 사용하는 경우에는 은색을 띠고 있다. 그리고 동박을 사용한 쪽이 약간 비싸고 주파수 특성이 양호하며, 엄격한 용도가 아니면 적색이든 은색이든 별로 문제는 없다. 용량별 크기는 〈표 5-7〉과 같다.

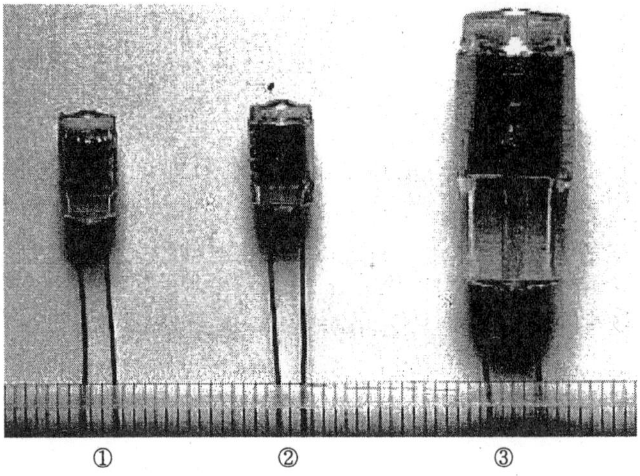

[그림 5-14] 스티롤 콘덴서

〈표 5-7〉 스티롤 콘덴서 용량별 크기

	용량(pF)	지름(mm)	높이(mm)
①	100	5	10
②	1000	5.7	10
③	10000	10	24

(6) 슈퍼 커패시터

[그림 5-15]는 정전용량이 0.47[F]인 초대용량 콘덴서이다. 이와 같은 대용량의 콘덴서를 전원회로 등에 사용할 때에는 각별한 주의가 필요하다. 그 이유는 콘덴서가 방전되어 있을 때에는 전류가 계속 유입하므로 정류기 등이 과전류로 인해 파괴되는 경우가 있기 때문이다.

[그림 5-15] 초대용량 콘덴서

통상적인 전원회로의 평활 콘덴서는 1,000[μF] 정도이므로 순간적으로 충전되지만, 이러한 콘덴서를 사용하면 충전이 완료되기까지 회로가 쇼트되어 있는 것과 같으므로 보호회로를 설치하지 않으면 위험하다.

용량이 크기 때문에 단시간 백업 등에 사용할 수 있다. 초대용량인 데 비해 비교적 형태가 작으며, 지름이 21[mm], 높이 11[mm]이다. 전극에 극성이 있으므로 주의할 필요가 있다.

(7) 폴리에스테르 필름 콘덴서

[그림 5-16]은 얇은 폴리에스테르(polyester) 필름을 양측에서 금속으로 삽입하여 원통형으로 감은 폴리에스테르 필름 콘덴서이며, 마일러(mylar) 콘덴서라고도 한다. 용량 및 크기는 〈표 5-8〉과 같다.

저가격으로 사용하기 쉽지만 높은 정밀도는 기대할 수 없다. 오차는 대략 ±5[%]에서 ±10[%] 정도이다.

① ② ③

[그림 5-16] 각종 폴리에스테르 필름 콘덴서

〈표 5-8〉 폴리에스테르 필름 콘덴서 용량 및 크기

	표시	용량(μ F)	오차(%)	폭(mm)	높이(mm)	두께(mm)
①	.001K	0.001	±10	5	10	2
②	104K	0.1	±10	10	11	5
③	0.22K	0.22	±10	13	18	7

[그림 5-17] 폴리에스테르 필름 콘덴서

[그림 5-17]은 또 다른 폴리에스테르 필름 콘덴서이며, 용량 및 크기는 〈표 5-9〉와 같다.

〈표 5-9〉 폴리에스테르 필름 콘덴서 용량 및 크기

	표시	용량(μF)	오차(%)	폭(mm)	높이(mm)	두께(mm)
①	472	0.047	−	7	7	3
②	682	0.0068	−	7	10	4
③	474K	0.47	±10	9	11	5

(8) 폴리프로필렌 필름 콘덴서

폴리에스테르 콘덴서보다 높은 정밀도가 요구되는 경우에 사용한다. 유전체 재료는 폴리프로필렌(polypropylene) 필름을 사용하며, 100[kHz] 이하의 주파수에서 사용하면 거의 용량의 변화가 없다.

[그림 5-18]은 각종 폴리프로필렌 콘덴서이고 용량 및 크기는 〈표 5-10〉과 같다. 메이커에 따라 다르지만 용량표시 다음의 기호가 오차를 표시하며, K가 ±10[%], F가 ±1[%]이다.

실측용량은 측정기의 오차를 고려할 때 대략 0.2[%] 정도이며, 이 콘덴서도 전극의 극성은 없다.

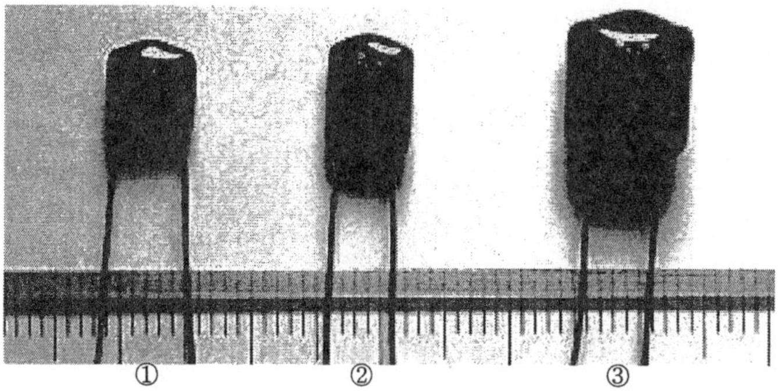

① ② ③

[그림 5-18] 폴리프로필렌 필름 콘덴서

〈표 5-10〉 폴리프로필렌 필름 콘덴서 용량 및 크기

	표시	용량(μF)	오차(%)	폭(mm)	높이(mm)	두께(mm)
①	103F	0.01	±1	7	7	3
②	223F	0.022	±1	7	10	4
③	104F	0.1	±1	9	11	5

(9) 운모 콘덴서

유전체로 운모(mica)를 사용한 콘덴서이다. 운모는 온도계수가 작고 안정성이 우수하며, 주파수특성도 양호하므로 고주파공진회로나 필터 회로 등에 사용된다. 그리고 절연내압도 우수하므로 고압회로에도 사용되며, 예전에는 진공관식 무선송신기 등에 흔히 사용되었다. 결점으로는 용량이 그다지 크지 않고 비싸다는 것이다.

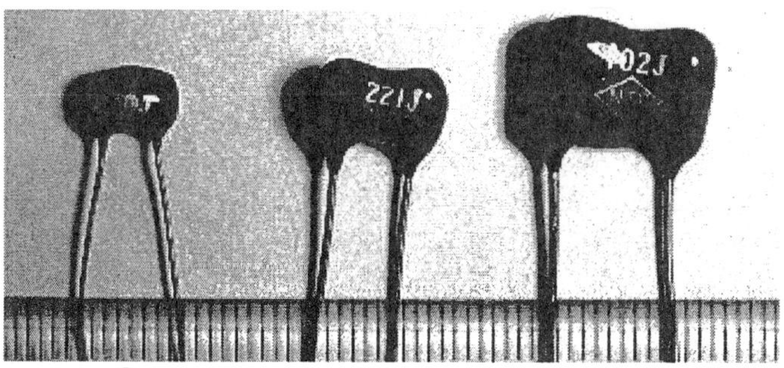

① ② ③

[그림 5-19] 운모 콘덴서

〈표 5-11〉 운모 콘덴서 용량 및 크기

	표시	용량(pF)	오차(%)	폭(mm)	높이(mm)	두께(mm)
①	470J	47	±5	7	5	4
②	221J	220	±5	10	6	4
③	102J	1000	±5	14	9	4

[그림 5-19]는 내전압이 500[V]인 딥드 운모 콘덴서(diped mica condenser)이며, 용량 및 크기는 〈표 5-11〉과 같다.

(10) 메털라이즈드 폴리에스테르 필름 콘덴서

전극으로 증착금속피막을 사용한 폴리에스테르 필름 콘덴서로, 시멘스 MKT 적층 콘덴서라고도 한다. 전극이 얇기 때문에 소형화가 가능하다.

[그림 5-20]은 각종 시멘스 MKT 적층 콘덴서이며, 용량 및 크기는 〈표 5-12〉와 같다.

① ② ③

[그림 5-20] 시멘스 MKT 적층 콘덴서

〈표 5-12〉 시멘스 MKT 적층 콘덴서 용량 및 크기

	표시	용량(μF)	내전압(V)	폭(mm)	높이(mm)	두께(mm)
①	1n	0.001	250	8	6	2
②	μ22	0.22	100	8	6	3
③	2μ2	2.2	100	15	10	8

(11) 가변용량 콘덴서

용량을 변화시킬 수 있는 콘덴서이며, 주로 주파수조정 등에 사용한다. [그림 5-21]의 오른쪽은 트리머(trimmer)라 부르는 가변용량 콘덴서이며, 유전

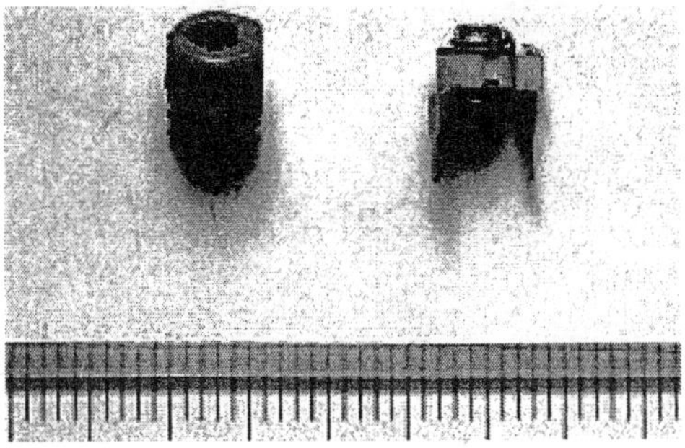

[그림 5-21] 트리머

〈표 5-13〉 트리머 용량 및 크기

	정격용량(pF)	실측용량(pF)	직경(mm)	높이(mm)
①	20	3~27	6	4.8
②	30	5~40	6.8	5

체로 세라믹(자기)을 사용하고 있다. 그 외에도 폴리에스테르 필름 등을 유전체로 사용한 것도 있으며, 프린트 기판에 실장할 수 있도록 만들어져 있다.

부착할 때의 주의사항으로, 전극 극성은 없지만 용량을 조절하는 나사 부분이 어느 한 쪽의 리드선에 연결되어 있기 때문에 리드선의 한 쪽이 어스에 접속되는 경우에는 조절나사가 연결되어 있는 리드선을 어스측으로 한다. 그렇게 하지 않으면 조절할 때의 드라이버의 용량이 영향을 주므로 잘 조절되지 않는다. 그리고 이러한 조절을 할 때에는 전용의 조절용 드라이버가 있으므로 그것을 사용하는 편이 무난하다. 조절나사가 어느 쪽 리드선에 연결되어 있는지는 살펴보면 알 수 있지만, 그래도 모를 때는 테스터 등으로 확인한다.

참고로 [그림 5-21]의 왼쪽 트리머는 〈표 5-14〉와 같이 용량을 색으로 구별한다.

〈표 5-14〉 트리머 색 및 용량

색	적 색	청 색	백 색	녹 색	갈 색
정격용량(pF)	20	7	10	30	60
실측용량(pF)	3~27	2~9	3~15	5~35	8~72

[그림 5-22] 바리콘

[그림 5-22]는 바리콘이라 부르는 가변용량 콘덴서로 라디오의 튜너에 사용된다.

그림에서 왼쪽의 바리콘은 공기를 유전체로 한 것으로, 3개의 독립된 콘덴서로 구성되어 있어 3련 바리콘이라고 부른다. 이러한 바리콘은 여러 종류가 있으므로 목적에 적합한 것을 선택하여 사용하며, 그림에 나타낸 것은 소형 바리콘이다. 그리고 그림에서 오른쪽의 바리콘은 폴리에스테르 필름을 유전체로 한 것으로, 2개의 독립된 콘덴서로 구성되어 있어 2련 폴리바리콘이라고 한다.

바리콘은 각 콘덴서에 다시 소형의 트리머가 내장되어 있으며, 15[pF] 정도의 미세조정을 할 수 있다.

〈표 5-15〉 바리콘 용량 및 크기

	실측용량(pF)	폭(mm)	높이(mm)	깊이(mm)
①	2~18	17	17	29
②	12~150	20	20	11

5.1.3 코 일

코일이란 동선과 같은 선재(線材)를 나선 모양으로 감은 유도용량기이며, 동선과 같은 도선을 두루마리 모양으로 감은 것으로 인덕터(inductor)라고도 한다. 코일 종류별 기호는 〈표 5-16〉과 같다.

〈표 5-16〉 코일 기호

명 칭	기 호	약 호
초크 코일	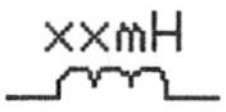	RFC
동조 코일 IFT		L
전원 트랜스포머	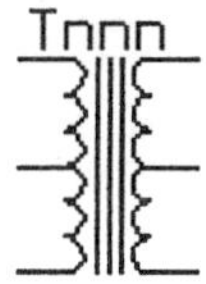	TR

코일의 성질 정도를 인덕턴스(inductance)라 하며, 단위는 Henry(H, 헨리)이다. 도선을 감은 횟수가 클수록 코일 성질이 강해지며 인덕턴스값도 증가한다.

코일은 내부에 아무것도 넣지 않은 공심으로 하는 것보다 철심에 감거나 철분말을 응고시킨 코어에 감는 편이 보다 큰 인덕턴스값이 얻어진다. 통상 전기회로에서 사용하는 코일은 [μH]부터 [H]까지 폭넓게 사용된다.

코일에 교류전류가 흐른 경우 코일에 발생하는 자속이 변화한다. 어떤 코일에 다른 코일을 가까이 했을 경우, 상호유도작용에 의해 접근시킨 코일에 교류전압이 발생한다. 이 상호유도작용의 정도를 상호 인덕턴스라 한다. 그리고 코일이 하나만 있는 경우 자신이 발생하는 자속의 변화가 자신에게 영향을 준다. 이것을 자기유도작용이라고 하는데, 그 정도를 자기 인덕턴스라 한다.

상호 인덕턴스는 어떤 코일에 전류가 1[A/s] 비율로 변화할 때, 다른 쪽의 코일에 1[V]의 기전력이 유도되면 1[H]로 정의한다. 그리고 자기 인덕턴스는 전류가 1[A/s] 비율로 변화할 때 1[V]의 기전력을 발생하면 1[H]로 정의한다.

(1) 코일의 성질

선재를 나선 모양으로 감으면 원래의 선재가 지닌 특성과는 전혀 다른 여러 가지 특성이 발생하는데, 여러 특성 가운데서 몇 가지 주요 특성에 대해 그 개요를 쉽게 설명하기로 한다.

1) 전류의 변화를 안정시키려고 하는 성질이 있다

전류가 흐르면 코일이 전류를 흐르지 않게 하려고 하며, 전류가 감소하면 계속 흐르려고 한다. 이것을 '렌츠의 법칙'이라 부르는데, 전자유도작용에 의해 회로에 발생하는 유도전류는 항상 유도작용을 일으키는 자속의 변화를 방해하는 방향으로 흐른다는 것이다.

이 성질을 이용하여 교류로부터 직류로 변환하는 전원의 평활회로에 사용된다. 교류를 정류기에 의해 직류로 변환한 경우, 그대로는 맥류(ripple)라고 하여 교류성분이 많은 직류로서 완전한 직류가 아니다. +의 직류로 정류한 경우 - 전압성분은 없어지지만, 0[V]와 + 전압간에 변화하고 있다.

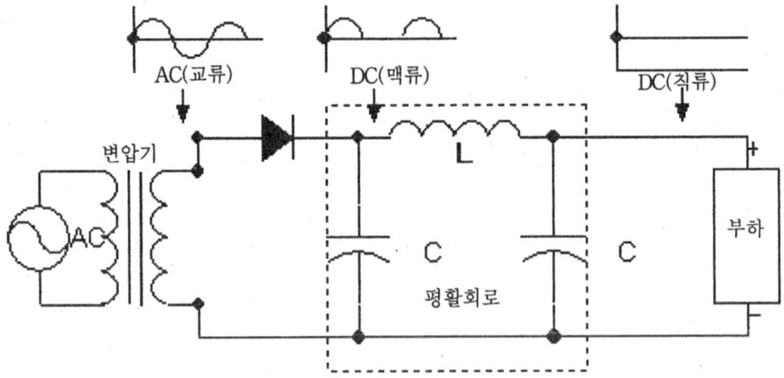

[그림 5-23] 평활회로

[그림 5-23]과 같이 콘덴서와 코일을 조합한 평활회로를 사용하면 코일이 전류의 변화를 저지하려는 작용을 하고, 콘덴서가 입력전압이 0[V]로 되어도 축적한 전기를 그때 토출하기 때문에 안정한 직류를 얻을 수 있다. 그러나 간단한 평활회로에서는 코일 대신에 저항기를 사용하여, 콘덴서의 평활기능만 이용하는 경우도 있다.

2) 상호유도작용이 있다

두 코일을 가까이 하면 한쪽 코일의 전력을 다른 쪽 코일에 전달할 수 있다는 것이며, 이 성질을 이용한 것이 변압기(transformer)이다.

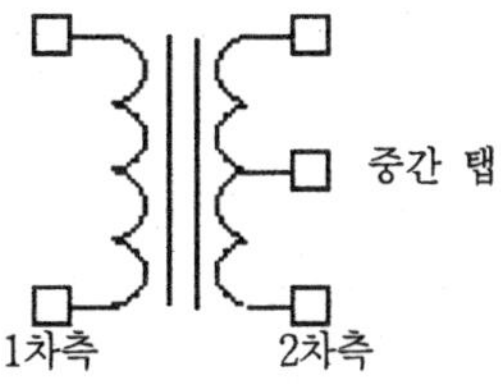

[그림 5-24] 변압기 기호

[그림 5-24]는 전원변압기 기호이다. 전력을 공급하는 쪽의 코일(입력)을 1차측, 전력을 꺼내는 쪽(출력)을 2차측이라고 한다. 1차측 권수와 2차측 권수의 비율에 따라 2차측의 전압이 변화한다. 전원변압기 등은 2차측에서 권선의 도중에 선(tap)을 내어 복수의 전압을 얻을 수 있도록 한 것이 많다.

3) 전자석의 성질이 있다

전류가 흐르면 철이나 니켈을 흡착하는 성질이며, 이 성질을 이용한 것으로 계전기(릴레이)가 있다. 전류가 흐를 때에 철판을 끌어당겨 철판에 부착된 스위치를 닫도록 하는 것이다. 그리고 차임벨도 전자석의 성질을 이용한 것이다.

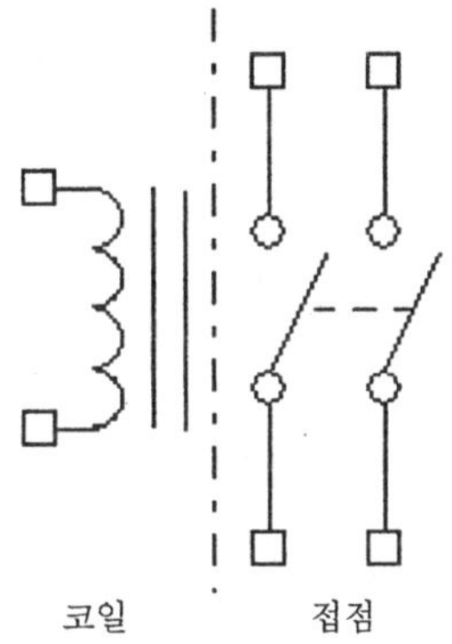

[그림 5-25] 릴레이 기호

4) 공진하는 성질이 있다

코일과 콘덴서를 조합하면 어떤 주파수의 교류전류가 흐르지 않거나, 쉽게 흐르기도 한다. 라디오의 방송국을 선택하는 튜너는 이 성질을 이용하여 특정한 주파수만을 선택하는 것이다.

공진(共振)에 대하여 설명하기 시작하면 점점 깊은 부분까지 빠져들기 때문에 더 자세한 내용은 전문서적을 참고한다.

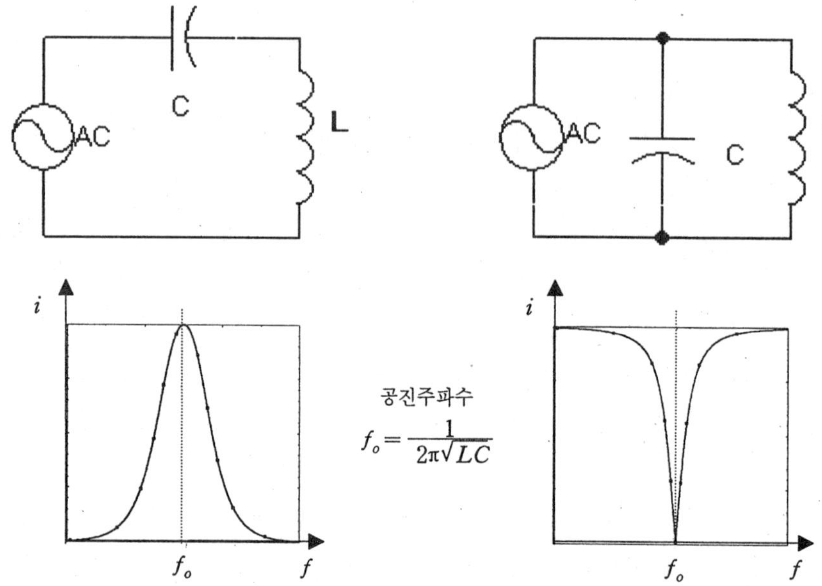

(a) 직렬공진회로 (b) 병렬공진회로

[그림 5-26] 공진회로와 특성곡선

(2) 각종 코일의 모양

[그림 5-27]은 각종 소형 코일이다.

맨 왼쪽에 있는 것은 소북 모양의 코어에 가느다란 동선을 감은 100[μH] 코일이다. 크기는 지름 4[mm], 높이 약 7[mm]이며, 고주파의 공진, 고주파의 저지 등에 사용한다. 저항기와 마찬가지로 컬러 코드로 값을 표시하고 있는 것도 있으며, 종류는 1[μH]부터 수백[μH]까지 여러 가지가 있다(1[μH], 2.2[μH], 3.3[μH], 3.9[μH], 4.7[μH], 5.6[μH], 6.8[μH], 8.2[μH], 10[μH], 15[μH], 18[μH], 22[μH], 27[μH], 33[μH], 39[μH], 47[μH], 56[μH], 68[μH], 82[μH], 100[μH] 등).

왼쪽에서 두 번째의 것은 봉 모양의 코어에 가는 동선을 감은 470[μH] 코일이다. 크기는 지름 4[mm], 높이 10[mm], 지름 8[mm]이며, 용도는 앞서 언급한 것과 같다.

오른쪽에 있는 2개는 고주파용의 트랜스포머이다. 트랜지스터 라디오 등의 발진용, 중간주파수(455kHz)의 동조 등에 사용된다.

[그림 5-27] 각종 소형 코일

고주파에서 사용하므로 다른 회로로부터 자기에 의한 영향을 받지 않도록 하거나, 또는 주변 부품에 영향을 주지 않도록 하기 위해 금속 케이스(차폐상자 또는 실드 케이스)에 수납되어 있다. 이 케이스는 반드시 어스에 연결하여야 한다. 그리고 이러한 것은 동조용, 발진용이므로 인덕턴스값을 변화시킬 수 있도록 되어 있다.

(3) 인덕턴스 조정

코일 중심의 코어부는 [그림 5-28]과 같이 나사 모양으로 되어 있어, 드라이버 등으로 돌리면 코어가 코일에 들어가거나 나오기도 한다. 따라서 코어의 상하 움직임에 따라 코일의 인덕턴스값이 변화하며, 코일의 권수를 바꾸어도 되지만 일일이 그렇게는 할 수 없는 일이다.

FM 라디오의 튜너부 등은 87.5~108[MHz] 부근의 고주파를 취급하기 때문에 코어에 감으면 인덕턴스값이 너무 커지므로 공심 코일이 사용된다. 이러한 코일의 인덕턴스 조정은 코일의 권선간격을 변화시켜 조절한다.

[그림 5-28] 코일 중심 코어부

FM 라디오 등을 분해하여 보면 코일이 모두 한결같이 일률적으로 되어 있지 않고, 코일의 간격이나 리드의 형태가 제각기 멋대로 되어 있는 것을 볼 수 있다. 일부러 구부리거나 코일 간격을 바꾸어 인덕턴스를 조정하고 있기 때문에 이것을 깨끗하고 보기 좋게 하려고 변형해서는 안 된다.

5.1.4 다이오드

다이오드(diode)란 전류를 한쪽 방향으로만 흘리는 반도체부품이다. 반도체

〈표 5-17〉 다이오드 기호

종 류	기 호
일반 다이오드	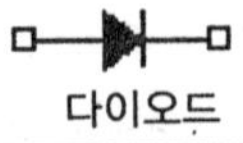
브리지 다이오드	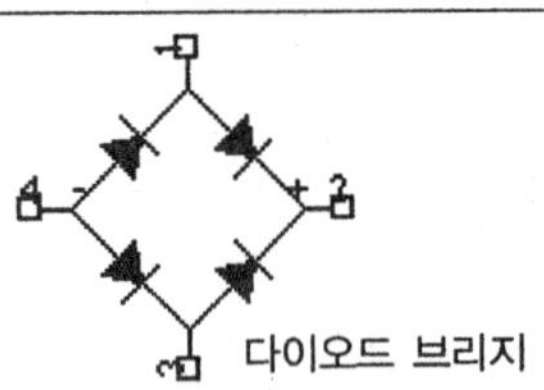
가변용량 다이오드 (varicap, varactor)	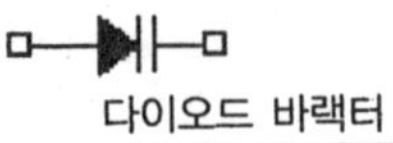
정전압 다이오드(제너 다이오드)	
쇼트키 배리어 다이오드	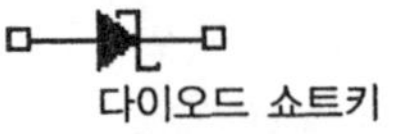
다이액	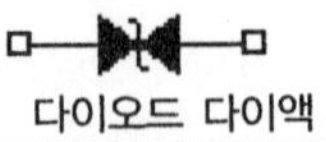
트라이액	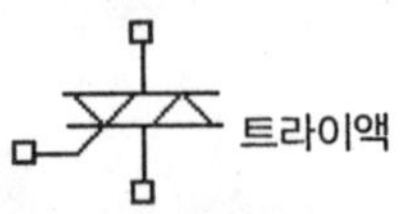
터 널	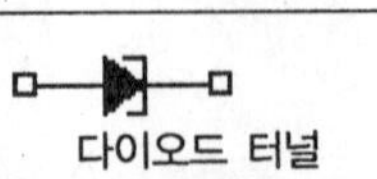
발광 다이오드	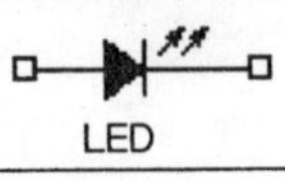

란 원래 이러한 성질을 가지고 있기 때문에 반도체라 부르는 것이다. 트랜지스터도 반도체이지만, 다이오드는 특히 이와 같이 한쪽 방향으로만 전류가 흐르도록 하는 것을 목적으로 하고 있다.

반도체의 재료는 실리콘(규소)이 많지만 그 외에 게르마늄, 셀렌 등이 있다. 다이오드의 용도는 전원장치에서 교류전류를 직류전류로 바꾸는 정류기로서의 용도, 라디오의 고주파에서 꺼내는 검파용, 전류의 on/off를 제어하는 스위칭 용도 등에 매우 광범위하게 사용한다.

다이오드의 종류별 기호는 〈표 5-17〉과 같으며, 기호의 의미는 오른쪽 애노드(anode, +)측에서 왼쪽 캐소드(cathode, -) 측으로 전류가 흐르는 것을 나타내고 있다. 실제 다이오드에서는 어느 한쪽 리드선에 띠 모양의 마크가 붙어 있으며, 이 표시가 -측을 나타내고 있다.

[그림 5-29]는 다이오드의 특성곡선이다. 순방향에서는 약간의 전압에서도 전류가 쉽게 흐르고, 역방향에서는 전류가 흐르기 어렵다는 것을 나타내고 있다.

순방향으로 흘릴 수 있는 전류는 다이오드에 따라 규정되어 있다. 그리고 통상적으로 사용하는 경우 다이오드 자체의 저항성분에 의한 전압강하는 게르마늄 다이오드의 경우 0.6~1[V]이고, 실리콘 다이오드의 경우 대략 0.6[V]이다.

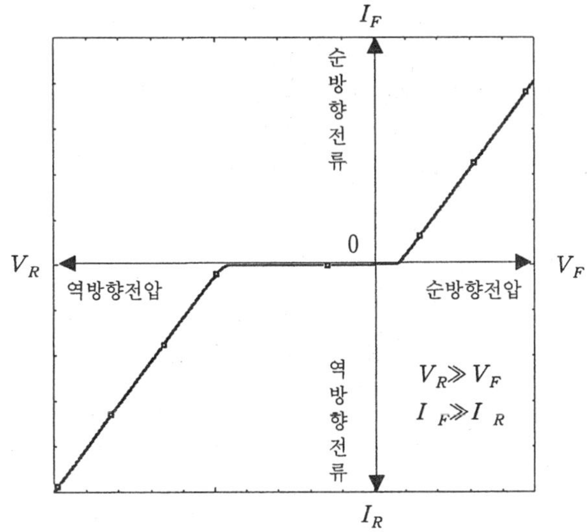

[그림 5-29] 다이오드 특성곡선

여러 개의 다이오드를 직렬로 접속하여 사용하는 회로에서 이 전압강하도 고려할 필요가 있다. 정류용으로 사용하는 경우 순방향의 전류허용값은 중요한 체크 포인트이다.

역방향으로 가할 수 있는 전압은 다이오드의 종류에 따라 여러 가지가 있으므로 용도에 따라 선택한다. 그리고 역방향전류는 매우 작아 수[μA]에서 수[mA]이며, 다이오드의 종류에 따라 다르다. 정류용으로 사용하는 경우 역방향의 전압허용값은 중요한 체크 포인트이다.

(1) 정류용, 스위칭용, 전압안정용 다이오드

다이오드에는 어느 한쪽의 리드선에 띠 모양의 마크가 붙어 있는데, 이 표시가 캐소드측을 나타내고 있다.

[그림 5-30]의 경우 오른쪽에서 왼쪽으로는 전류가 흐르고, 왼쪽에서 오른쪽으로는 전류가 흐르지 않게 된다.

그림에서 맨 위에 있는 것과 두 번째의 것은 전류의 정류용이다. 맨 위의 것이 6[A]의 전류가 흘릴 수 있는 것이고, 그 밑에 있는 것이 1[A]의 전류를 흘릴 수 있는 것이다. 이 전류값은 최대정격이므로 실제 사용할 때에는 최대정격의 70[%] 정도 이내에서 사용하는 편이 무난하다.

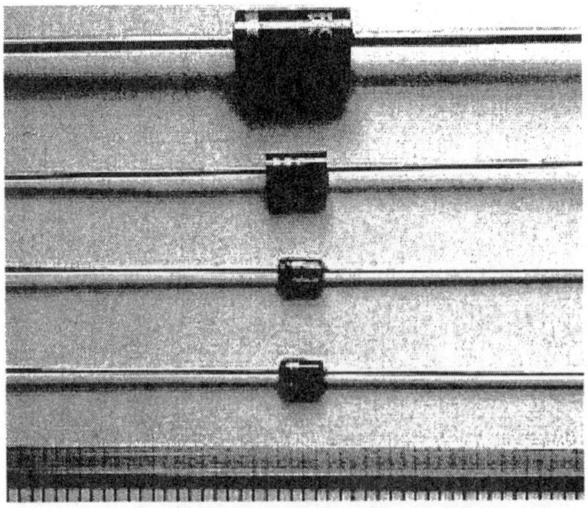

[그림 5-30] 각종 다이오드

세 번째의 것은 최대전류 120[mA]의 1S1588이라 부르는 스위칭용 다이오드이다. on/off의 전환을 고속으로 할 수 있기 때문에 스위칭용으로 사용되며, 디지털 회로에서 흔히 사용한다. 역방향전압의 최대값은 30[V]로 되어 있다.

맨 아래에 있는 것은 제너 다이오드로 6[V]의 것이다. 역방향으로 전압을 가했을 경우 약 6[V]에서 일정하게 되며, 입력전압을 더욱 높이려고 하면 다이오드를 흐르는 전류가 증가하고, 전압은 변하지 않는다. 그러나 전류가 30[mA] 이상 흐르면 파괴되므로 너무 흐르지 않도록 주의하여야 한다.

전원의 안정화에는 통상 3단자 레귤레이터를 사용하기 때문에 이 다이오드의 용도는 순간적인 과전압으로부터 회로를 보호하는 용도 등에 사용한다. 3단자 레귤레이터는 내부에 제너 다이오드를 사용하고 있다.

(2) 다이오드 브리지

교류전압을 직류전압으로 바꾸기 위해 정류용 다이오드를 사용한다. 하나의 다이오드에서는 [그림 5-31] (a)와 같이 반파정류(정현파전압의 +측 또는 -측 중에서 어느 한쪽에서만 작용)밖에 할 수 없지만, 다이오드를 4개 조합하면 [그림 5-31] (b)와 같이 전파정류를 할 수 있다. 이와 같이 4개의 다이오드를 조합한 것이 다이오드 브리지(diode bridge)이다.

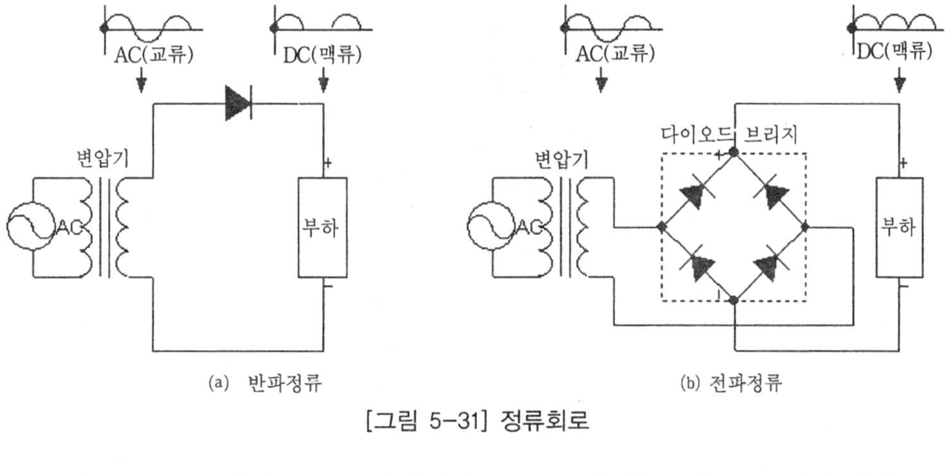

(a) 반파정류 (b) 전파정류

[그림 5-31] 정류회로

[그림 5-32]는 다이오드 브리지이다. 오른쪽에 있는 것은 1[A]의 다이오드 브리지로, 지름 10[mm], 높이 7[mm]의 원주형으로 되어 있다. 왼쪽에 있는

것은 4[A]의 다이오드 브리지로 폭 19[mm], 높이 16[mm], 두께 6[mm]의 사각형으로 되어 있다.

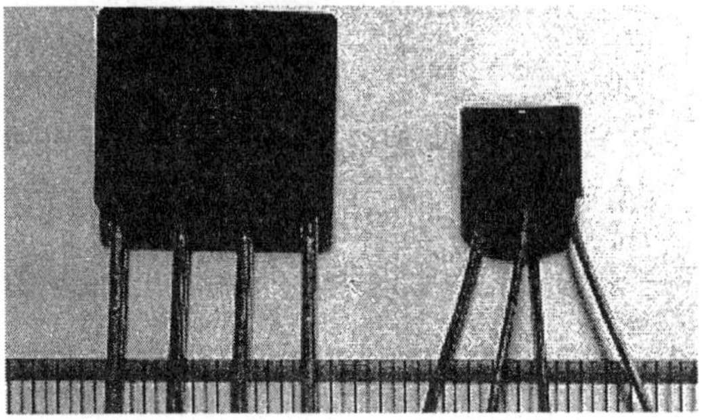

[그림 5-32] 다이오드 브리지

[그림 5-33]은 대전력용 다이오드 브리지이다. 전류용량은 15[A]이며, 역방향 내전압은 400[V]이다. 이 정도의 전류용량이라면 방열을 하기 위해 다이오드 중심에 있는 구멍을 이용하여 금속판에 다이오드를 나사로 고정할 필요가 있다. 크기는 1변이 26[mm], 모듈 부분 높이 10[mm]이다.

[그림 5-33] 대전력용 다이오드 브리지

(3) 발광 다이오드

발광 다이오드(LED, Light Emited Diode)는 여러 종류가 있으므로 용도에 맞추어 선택할 수 있다. 주로 적색, 녹색이 많지만, 청색을 발광하는 LED도 있다.

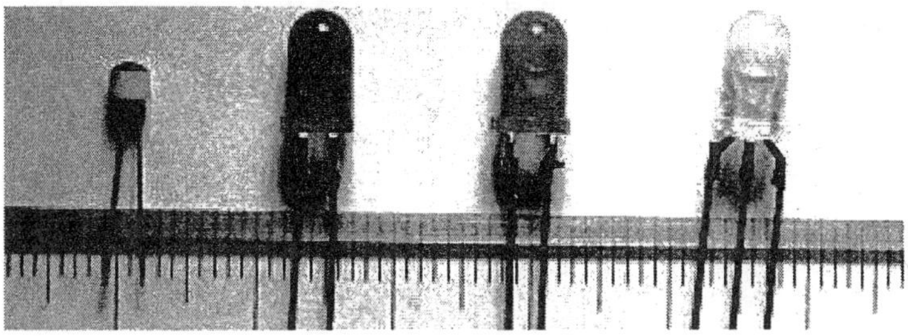

[그림 5-34] 각종 LED

[그림 5-34]는 각종 LED이다. 맨 오른쪽에 있는 LED는 하나의 LED에 적색과 녹색의 것이 함께 들어 있는 것이다. 리드(다리)가 3개 나와 있는데, 중앙에 있는 리드가 공통단자이고, 한쪽이 적색용, 다른 한쪽이 녹색용이다. 제각기 점등시킬 수도 있고, 양쪽을 동시에 켜면 오렌지색으로 된다.

발광 다이오드의 극성의 확인 방법은 신품의 경우에는 리드선이 긴 쪽이 +(애노드), 짧은 쪽이 −(캐소드)이다. 극성을 모르는 경우에는 1.5[V]의 전지를 접속하여 확인하거나, 테스터를 저항 측정 모드로 해서 확인한다.

테스터로 확인하는 경우에는 저저항 측정 레인지에서 적색과 흑색의 테스터 봉을 LED가 발광하도록 다이오드의 리드에 각각 접속한다. 발광하지 않을 경우에는 테스터 봉을 반대로 접속하며, 발광하고 있는 다이오드에 접속하고 있는 검은 테스터 봉이 애노드이다. 테스터에 있어서 저항 측정 모드의 경우 검은 테스터 봉에서 플러스 전압이 나오고 있다.

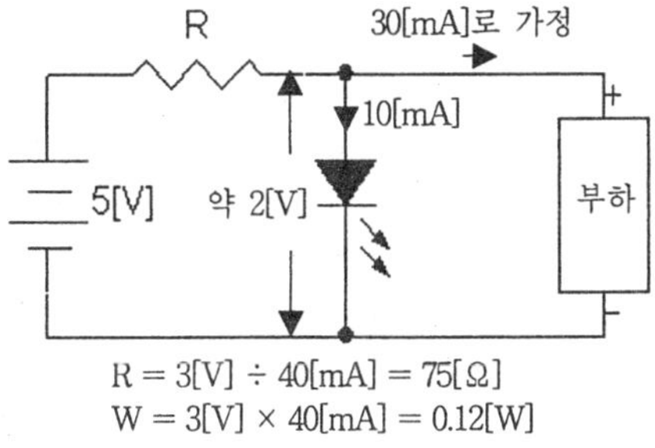

[그림 5-35] LED 정전압회로

발광 다이오드는 순방향의 전압강하가 거의 2[V]로 생각보다 일정하게 유지하므로 [그림 5-35]와 같이 정전압을 얻기 위해 발광 다이오드를 사용하는 경우도 있다.

5.1.5 트랜지스터

트랜지스터(transistor)는 전류나 전압을 조절하면서 기본적으로 전류를 증폭할 수 있는 부품이다. 아날로그 회로에서는 매우 많은 종류의 트랜지스터가 사용되지만, 디지털 회로에서는 그다지 많은 종류는 사용하지 않는다.

디지털 회로에서는 on 아니면 off의 2진신호를 취급하기 때문에 트랜지스터의 증폭특성에 대한 차이는 별로 문제가 되지 않으며, 회로기능은 대부분 IC로 처리하는 경우가 많다.

디지털 회로에서 트랜지스터를 사용하는 경우는 릴레이라고 하는 전자석 스위치를 동작시킬 때(릴레이는 구동전류를 많이 필요로 하기 때문에 추가회로 필요)나 발광 다이오드를 제어하는 경우 등이다.

트랜지스터는 반도체조합에 따라 크게 pnp 타입과 npn 타입이 있다. 그리고 트랜지스터는 용도와 타입에 따라 〈표 5-18〉과 같은 명칭이 붙여진다. - 전압측을 접지로, + 전압측을 전원으로 하는 회로의 경우 npn 타입 쪽이 사용하기 쉽다.

〈표 5-18〉 트랜지스터 명칭

명 칭	타 입	용 도
2SAXXX	PNP	고주파용
2SBXXX	PNP	저주파용
2SCXXX	NPN	고주파용
2SDXXX	NPN	저주파용

(1) 트랜지스터의 외관

[그림 5-36]은 여러 가지 트랜지스터 중에서 가장 일반적인 두 종류의 트랜지스터이다. 왼쪽 트랜지스터는 2SC1815로 디지털 회로에서 흔히 사용한다.

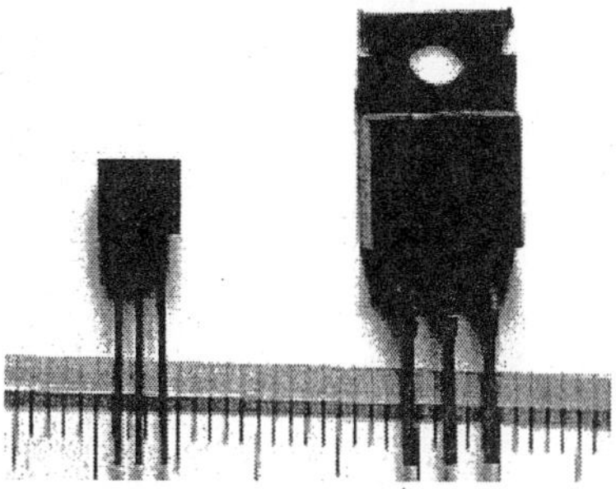

[그림 5-36] 트랜지스터의 외관

여러 용도에 사용할 수 있으므로 몇 개씩 낱개로 구입하기보다는 200[개]가 들어 있는 팩으로 구입하면 경제적이다. 오른쪽 트랜지스터는 2SD880으로 큰 전류를 취급하려는 경우에 사용한다.

전기적 특성은 〈표 5-19〉와 같다.

〈표 5-19〉 전기적 특성

항 목	2SC1815	2SD880	설 명
V_{CEO}[V]	50	60	베이스를 개방했을 때 컬렉터와 이미터에 걸리는 최대전압
I_C [mA]	150	3[A]	최대 컬렉터 전류
P_C[mW]	400	30	주위온도 25[℃]에서 연속해서 소비시킬 수 있는 최대 컬렉터 전력손실
h_{FE}	70~700	60~300	이미터 접지에서 직류에 대한 순방향 전류증폭률
f_T[MHz]	80	3	베이스 전류와 컬렉터 전류가 같아지는 주파수(고주파수가 될수록 증폭도가 저하)

(2) 트랜지스터의 기호와 리드

트랜지스터의 종류에 따라 리드의 내용이 다르기 때문에 매뉴얼 등을 반드시 참조하여 확인할 필요가 있다.

1) 2SC1815의 경우

[그림 5-37]에서 품명이 인쇄되어 있는 평평한 면을 바라보았을 때, 오른쪽 리드가 베이스, 중앙의 리드가 컬렉터, 왼쪽의 리드가 이미터이다.

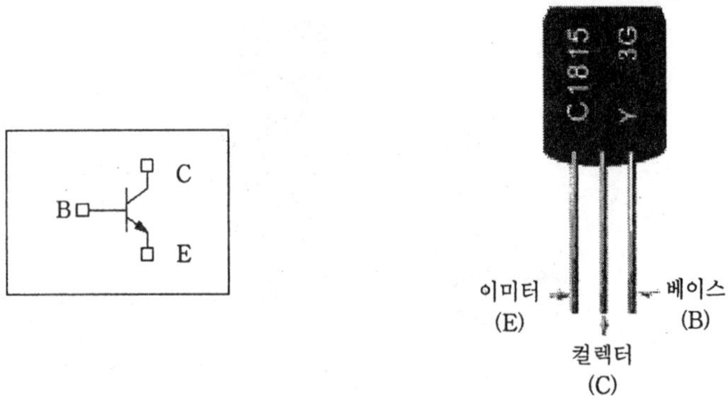

[그림 5-37] 2SC1815

2) 2SD880의 경우

[그림 5-38]에서 품명이 인쇄되어 있는 평평한 면을 바라보았을 때 오른쪽 리드가 이미터, 중앙의 리드가 컬렉터, 왼쪽의 리드가 베이스이다.

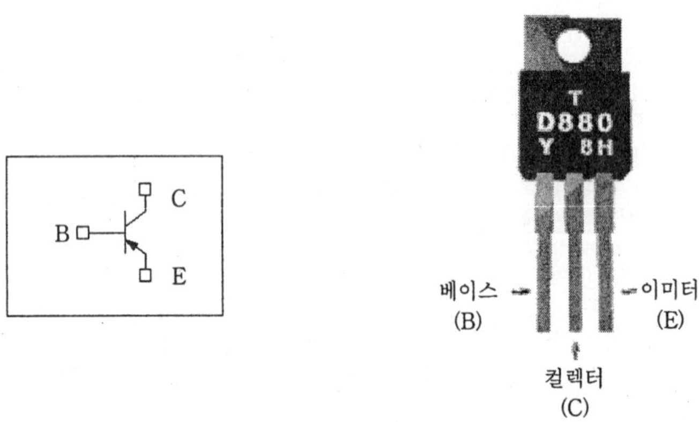

[그림 5-38] 2SD880

5.1.6 릴레이

릴레이(relay, 계전기)란 미리 설정된 전기적, 물리적 양에 따라 전기회로를 제어하는 부품이며, 코일에 전류를 흘리면 자석이 되는 성질을 이용하고 있다. 코일이 전자석으로 되었을 때 철판을 끌어당겨 그 철판에 붙어 있는 스위치부의 접점을 닫거나 열기도 한다.

릴레이가 좋은 점은 [그림 5-39]와 같이 전기적으로 독립된 회로를 연동시킬 수 있다는 점이다. 5[V]와 같은 저전압으로 구성된 회로의 동작에 의해 AC 100[V]의 회로를 on/off시키든가, 대전류의 회로를 on/off시킬 수 있다. 릴레이는 기계적으로 접점을 닫거나 열기 때문에 일반적으로 고속동작은 할 수 없다.

릴레이도 여러 종류가 있으며, 코일에 가하는 전압(구동전압), 접점용량 등에 따라 적절한 것을 선택할 필요가 있다.

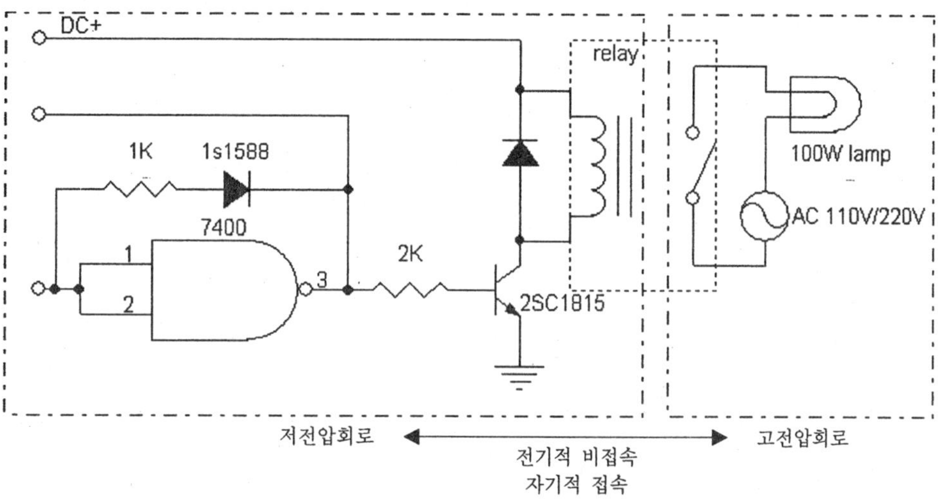

[그림 5-39] 릴레이 응용회로

[그림 5-40]은 소형 릴레이이다. 왼쪽에 있는 것은 코일의 구동전압이 DC 12[V]의 소형 릴레이로 접점은 전기적으로 독립된 것이 2개 있다.

[그림 5-40] 릴레이(소형)

그리고 크기는 폭 19.5[mm], 높이 10[mm], 길이 10[mm]이다. 접점의 내압[접점이 열려 있을 때에 인가할 수 있는 전압으로, 이 이상 인가하면 스파크(spark, 불꽃)가 발생하거나 접점이 눌어붙고 만다]과 접점의 허용전류는 대략 수백[mA] 정도이다.

[그림 5-40]의 오른쪽에 있는 것은 AC 220/110[V]에서 동작하는 회로를 제어할 수 있으며, 접점은 하나이다. 그리고 크기는 폭 20[mm], 높이 15[mm], 길이 11[mm]이다. 구동전압이 DC 3[V]로 매우 낮지만 교류의 경우 접점의 내압은 AC 125[V], 전류허용값은 1[A]이며, 직류의 경우 접점의 내압은 DC 30[V], 전류허용값은 2[A]이다.

양쪽 모두 프린트 기판에 실장할 수 있는 구조로 되어 있으며, 리드 간격도 0.1인치의 배수로 되어 있어 유니버설 기판에도 탑재가 가능하다.

[그림 5-41]은 좀더 큰 전력을 취급할 수 있는 릴레이이며, 접점은 2개 있다. 그리고 크기는 폭 22[mm], 높이 35[mm], 길이 20[mm]이다. 구동전압은 DC 12[V]이고, 교류의 경우 접점의 내압은 AC 240[V], 전류 허용값은 5[A]이며, 직류의 경우 DC 28[V], 전류 허용값은 5[A]이다. 이러한 타입은 프린트 기판에는 탑재할 수 없으며, 별도로 판매되고 있는 소켓을 이용하여 케이스 등에 비스로 고정한다.

[그림 5-41] 릴레이(대형)

5.1.7 집적회로

집적회로(IC, Integrated Circuit)는 트랜지스터, 저항, 콘덴서 등 많은 회로 부품이 1개의 기판 위에 분리할 수 없는 형태로 결합 구성되어 있는 고밀도 초소형 회로이다.

트랜지스터나 저항기, 개별부품을 단지 아주 소형화했다고 하는 것이 아니라 반도체나 저항체를 사용한다. 그 구조는 개별 부품과는 같지 않으며, 실리콘의 기판에 인쇄기술을 구사하여 트랜지스터 기능이나 저항, 콘덴서 기능을 아주 고밀도화 형성한 것이다.

IC는 특수용도를 포함하여 방대한 종류가 있으며, [그림 5-42]는 각종 집적회로이다. 왼쪽 위에 있는 것은 SN7400이라는 IC로, 2입력의 NAND 회로가 4개 내장되어 있다. 핀 수는 14핀으로 한쪽에 7핀씩 나열되어 있다. 이와 같은 형상의 IC를 DIP(Dual In Line Package)라 부른다. 이에 대해 핀이 일렬로만 되어 있는 것을 SIP(Single In Line Package)라 부른다. 핀 수는 IC의 기능 등에 따라 다르며, 형상도 다양하다.

[그림 5-42]의 왼쪽 아래에 있는 것은 14핀 DIP용의 IC 소켓이다. 교환할 필요가 없는 경우에는 IC를 직접 기판에 납땜해도 되지만, IC가 파괴되었을 때의 교환을 생각하면 IC 소켓을 사용하는 편이 문제가 발생했을 때 쉽게 대처

[그림 5-42] 각종 집적회로(IC)

할 수 있어 편리하다. 시험제작을 하는 경우 만들고 부수는 일이 많기 때문에 IC 소켓을 사용하는 편이 좋을 것이다.

[그림 5-42]에서 오른쪽 위에 있는 것은 소전력의 저주파 전력증폭용의 LM386N이다. 핀 수는 8핀이고, 최대출력은 660[mW]이다.

트랜지스터와 저항, 콘덴서를 사용하여 동등한 것을 만들려고 하는 경우에는 이렇게 작게 구성할 수 없으므로 IC의 간결하고 편리함을 알 수 있을 것이다.

[그림 5-42]에서 오른쪽 아래에 있는 것은 TA7368P인데, 이것도 저주파 전력증폭용의 IC이며 최대 1.1[W]의 출력을 낼 수 있다. 형상은 SIP 타입으로 9핀이다.

(1) 3단자 전압 레귤레이터

3단자 전압 레귤레이터를 사용함으로써 간단하게 IC 등에 사용하는 안정한 전압을 얻을 수 있다. 자동차에서 사용하는 경우 전원으로는 +12~+14[V]의 전압이므로 직접 IC 등의 전원으로는 사용할 수 없다. 이와 같은 경우 3단자 레귤레이터를 사용하여 필요로 하는 전압으로 변환하여 사용할 필요가 있다.

3단자 레귤레이터는 출력보다 높은 입력전압을 제어하여 입력보다 낮은 안정한 전압을 출력하기 위한 것이며, 입력전압보다 높은 출력전압은 얻어지지 않는다. 형상은 트랜지스터와 같은 모양을 하고 있다.

[그림 5-43]의 왼쪽에 있는 IC는 78L05라는 것이며, 크기는 트랜지스터의

[그림 5-43] 3단자 전압 레귤레이터

2SC1815 등과 거의 같다. 출력은 +5[V]의 전압에서 전류는 100[mA]를 얻을 수 있다. 입력전압의 최대값은 +35[V]이다(메이커에 따라 다소 다름). 오른쪽에 있는 IC는 7805라는 것이며, 출력은 +5[V]의 전압에서 전류는 500[mA]~1[A]를 얻을 수 있다(방열기의 부착방법에 따라 다름).

입력전압의 최대값은 +35[V] 정도이며, 출력전압의 종류는 5[V], 6[V], 7[V], 8[V], 9[V], 10[V], 12[V], 15[V], 18[V], 20[V], 24[V] 등이 있다.

(2) 3단자 레귤레이터의 리드

메이커에 따라 리드선의 배치가 다르므로 모를 때는 매뉴얼을 살펴볼 필요가 있다.

1) 78L05의 경우

[그림 5-44]에서 품명이 인쇄되어 있는 평평한 면을 바로보았을 때, 오른쪽 리드가 입력, 중앙의 리드가 어스(접지), 왼쪽의 리드가 출력이다.

[그림 5-44] 78L05

2) 7805의 경우

[그림 5-45]에서 품명이 인쇄되어 있는 평평한 면을 바라보았을 때, 오른쪽 리드가 출력, 중앙의 리드가 어스(접지), 왼쪽의 리드가 입력이다.

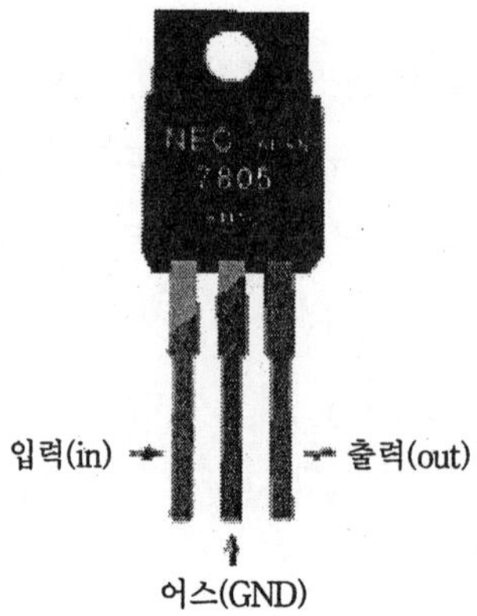

[그림 5-45] 7805

(3) 집적회로의 장점

① 초소형, 경량이다.

② 접속 개소가 적으므로 고신뢰도이다.

③ 일괄처리, 대량생산이므로 경제적이다.

④ 수리(교환)가 간단하다.

⑤ 성능의 향상, 특성의 정합에 적합하다.

⑥ 소비전력이 작다.

(4) 집적회로의 분류

1) IC의 구조에 의한 분류

〈표 5-20〉은 IC를 구조에 따라 분류한 것이다. 모놀리식 IC(monolithic IC)란 '단일의 돌로 된 IC'라는 의미로 실리콘 등의 하나의 반도체기판 표층에 트랜지스터, 다이오드, 저항, 콘덴서, 배선을 모두 기생성장, 에칭, 확산을 반복하여 형성시킨 것이다.

이에 대하여 하이브리드 IC(hybrid IC, 혼성집적회로)라는 것은 세라믹 기판상에 모놀리식 IC나 기타 반도체, 콘덴서 등의 개별회로 소자를 내장시켜 도체와 저항은 스크린 인쇄에 의한 후막이나 증착에 의한 박막에 의해서 형성되어 하나의 패키지내에 내장된 것으로서 한 장의 기판상에 각각의 재료로 회로를 만든 것이다.

〈표 5-20〉 IC 구조에 의한 분류

- 구조에 의한 분류
  - 모놀리식
    - 바이폴라 IC
    - 유니폴라 IC(MOS IC)
  - 하이브리드 IC
    - 후막 IC
    - 박막 IC

모놀리식 IC는 대량생산방식이기 때문에 범용품에 속하며, 소형, 고집적도, 고신뢰성 등의 특징을 가지고 있다. 하이브리드 IC는 개발비가 비교적 저렴하므로 소량, 다품종에 속하며 또한 가장 적합한 부품을 선정·조합하거나 각각 저항값을 조정할 수 있으므로 고정밀도의 것을 얻을 수 있다. 일반적으로 회로가 복합적으로 되어 있어 복잡하므로 고전력회로 등에 사용되고 있다.

2) IC기능에 의한 분류

IC를 사용자측에서 보면 구조 등은 그다지 중요하지 않으므로 기능을 중심으로 생각해 보기로 한다. IC를 기능별로 분류하면 〈표 5-21〉과 같이 리니어

〈표 5-21〉 IC기능에 의한 분류

- 기능에 의한 분류
  - 디지털 IC
    - 범용
      - 논리소자(TTL, MOS, C-MOS, FCL, IIL 등)
      - 기억소자, 마이컴 관련 IC, 음성합성용 IC
      - 드라이버, 레시버, 트랜지스터 어레이, 게이트 어레이
    - 전용
      - 시계용, 탁상용 계산기용, 카메라용, 자동차용
      - 시퀀스용
  - 리니어 IC
    - 범용
      - 연산증폭기, 컴퍼레이터, A/D·D/A 변환기
      - 가산기, 정전원회로, PLL, 타이머
      - CCD, BBD, 이미지센서 등
    - 전용 — 오디오, 비디오, 라디오, TV, 무선관계

IC와 디지털 IC로 나누어진다. 리니어(Linear, 선형)란 아날로그와 같이 사용되는 언어로 입력에 비례한 출력이 얻어지는 회로, 즉 증폭회로를 말한다. 그러나 일반적으로 확대하여 신호가 연속되는 것을 총칭하고 있다.

3) IC의 집적도에 의한 분류

IC는 집적도를 높일수록 1개의 웨이퍼(wafer)에서 취하는 갯수가 늘어나고, 또 보유도 향상되어 저렴한 가격으로 해마다 집적도는 높아지고 있다. 그러나 리드선의 개수나 발열면에서 집적도를 강제로 올릴 수는 없다. 〈표 5-22〉에 IC의 집적도에 의한 분류를 나타내었다.

〈표 5-22〉 IC의 집적도에 의한 분류

구분	분류
집적도에 의한 분류	SSI(Simall Scale Integrated Circuit : 소규모집적회로 소자수 : 100 이하
	MSI(Medium Scale Integrated Circuit : 중규모집적회로 소자수 : 100~1,000(게이트 회로수로 12 이상)
	LSI(Large Scale Integrated Circuit:대규모집적회로) 소자수 : 1000 이상(게이트 회로수로 100 이상)
	VLSI(Very Large Scale Integrated Circuit:초 LSI) 소자수 : 수만 이상(게이트 회로수로 1000 이상)

5.1.8 프린트 기판

전자회로를 조립하기 위해서는 부품을 프린트 기판(PCB, Printed Circuit Board)에 탑재하여 배선할 필요가 있다. 손수 제작하는 전자회로의 경우는 프린트 기판을 그때마다 만드는 것은 매우 번거로운 일이다. 따라서 [그림 5-46]과 같은 유니버설 기판을 사용하는 방법이 있다.

유니버설 기판은 절연판(유리 에폭시, 종이 에폭시, 베이클라이트 등)에 0.1인치 간격으로 약 1[mm] 정도의 구멍이 사방에 뚫려 있다. 기판의 납땜면에는 구멍을 중심으로 2[mm] 정도의 동박(랜드)이 프린트되어 있다.

사용법은 부품면에 부품을 탑재하고, 부품의 리드를 구멍을 통해 납땜면으로 내어 납땜면에서 배선을 하는 것이다. 구멍의 간격이 0.1인치이므로, DIP 타입의 IC를 그대로 탑재할 수 있다.

[그림 5-46]은 유리 에폭시를 사용한 기판으로 부품면이 녹색을 띠고 있다. 그리고 종이 에폭시는 베이지색, 베이클라이트는 연한 갈색을 띠고 있다.

구멍의 수에 따라 몇 가지 크기가 있으며, [그림 5-46] 왼쪽부터 차례로 55×40홀(기판치수 : 160×115[mm]), 30×25홀(기판치수 : 95×72[mm]), 25×15홀(기판치수 : 72×47[mm])의 것이다. 그 외에도 여러 종류가 있으므로 목적에 맞는 것을 선택하며 필요한 크기로 잘라서 사용할 수도 있다.

[그림 5-46] 오른쪽 위에 있는 것은 프린트 기판의 납땜면을 나타낸 것이다. 동박에 납이 입혀져 있어 은색을 띠고 있으며, 부품이 쉽게 납땜되도록 하고 있다. 납이 입혀져 있지 않은 동박 그대로 드러낸 것도 있다.

[그림 5-46] 프린트 기판의 납땜면

5.1.9 선 재

선재(線材, wire)는 회로부품끼리, 또는 장치끼리 전기적으로 접속하는 것이다. 여러 가지 선재가 있지만 여기서는 전자회로를 조립할 때에 사용하는 것을 소개한다.

선재는 크게 나누어 단선(單線)과 트위스트선으로 나누어진다. 사용법이 정해져 있는 것은 아니지만, 단선은 프린트 기판상에서 부품을 접속할 때(유니버설 기판에서 회로부품을 연결할 때라든가 점퍼선 등) 사용하고 있다.

트위스트선은 마음대로 굽힐 수 있기 때문에 기판상에서 자유로이 배선할 때나, 완성된 회로와 다른 장치를 접속할 때에 사용하고 있다(이와 같은 곳에 단선을 사용하면 꺾어져 버리는 경우도 발생).

프린트 기판의 배선에 사용하는 단선은 선 지름이 0.32[mm]의 주석 도금선이 편리하다. 굵으면 단선간에 서로 접촉하여 쇼트되기 쉽고, 너무 가늘면 구부러지기 쉬우므로 형태를 유지하기가 어렵고 작업이 곤란하다.

회로기판내에서 트위스트선을 사용하여 멀리 떨어진 부품을 연결하는 경우가 있다. 이 경우는 피복된 트위스트선을 사용하면 편리하다. 피복의 색도 몇 종류 준비해 두는 편이 편리하다. 같은 색으로 여러 선을 사용하면 어느 것이 어떤 선인지 알 수 없게 된다.

[그림 5-47]은 여러 색으로 피복된 트위스트선의 일례이다. 0.12/7심 PVC라고 하는 것이다. 0.12[mm] 굵기의 가는 주석 도금선 7선을 서로 꼰 것이다.

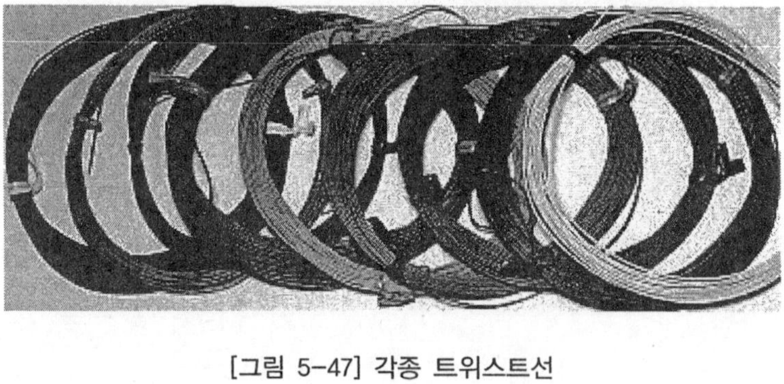

[그림 5-47] 각종 트위스트선

[그림 5-48] 오른쪽에 있는 것은 0.32[mm] 지름의 주석도금선이며, 유니버설 기판을 사용할 때 배선, 점퍼 등에 편리하다. 왼쪽에 있는 것은 0.4[mm]의 포르말린선이며, 코일 등을 만들 때에 사용한다.

단선 중에는 주석도금선 이외에 폴리우레탄(polyurethane)선, 포르말린선,

에나멜선이라 부르는 갈색 또는 짙은 갈색을 띤 것이 있다. 이것은 동선에 상기의 도료를 칠하고 절연시킨 것으로, 트랜스나 코일 등과 같이 여러 겹으로 감을 때에 사용한다.

에나멜선에는 납땜이 되지 않으므로 납땜을 할 때에는 에나멜 도료를 벗겨내지 않으면 안 된다. 포르말린선은 납땜을 하면 절연 물질의 포르말린은 녹아 버리므로 납땜을 할 수 있다.

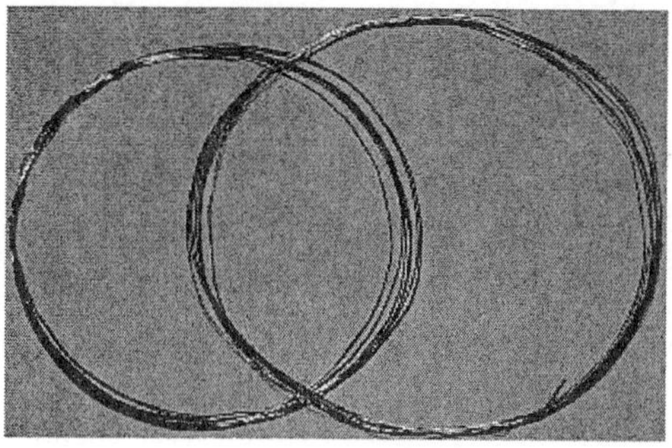

[그림 5-48] 주석도금선

[그림 5-49]는 프린트 배선용의 공구이다. 연필의 심과 같이 끝부분에서 동선을 낼 수 있다.

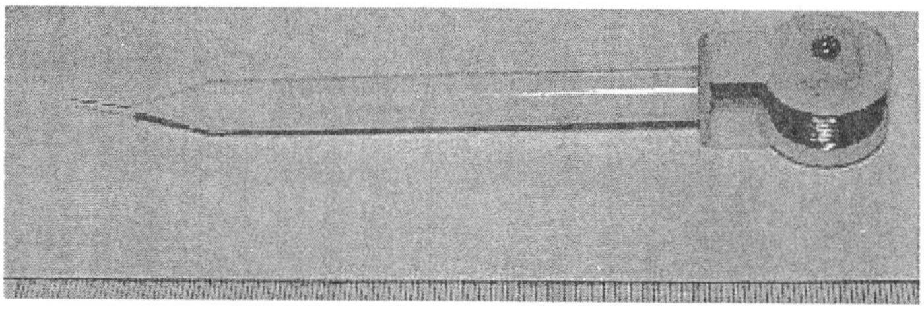

[그림 5-49] 프린트 배선용 공구

먼저 최초의 부품에 선을 납땜하고, 다음 부품이 있는 곳까지 차례로 순서를 따라 선을 내면서 납땜을 할 수 있다.

선재의 굵기는 0.2[mm]의 단선이다. 동선은 절연도장이 되어 있지만, 납의 열에 의해 녹아 버리므로 그대로 납땜할 수 있다. 도료는 포르말린을 사용한다.

5.2 전자부품의 규격 및 특성

가장 많이 쓰이는 전자부품을 중심으로 그 부품의 종류와 특성, 그리고 용도별, 응용분야별로 필요한 조건을 설명하고, 신뢰성 데이터 특성을 보기로 한다. 기본적인 설명과 외관은 5.1 전자부품의 외관을 참고하기 바란다.

전자부품을 크게 나누면 '수동소자' '능동소자' '보조부품'으로 나눈다.

5.2.1 수동소자

저항, 콘덴서, 인덕터는 실제 이상적으로 만들 수 없기 때문에 용도에 따라 많은 종류의 부품이 있으며, 이들 부품의 특성과 용도를 이해하고 나서 부품을 선정할 필요가 있다. 실제로 R, L, C의 등가회로를 보면 저항은 직렬 인덕턴스 성분과 병렬 콘덴서 성분을 가지고 있으며, 인덕터는 직·병렬 저항성분, 병렬 콘덴서 성분, 그리고 콘덴서는 직·병렬 저항성분, 직·병렬 인덕턴스 성분을 가지고 있다.

L과 C는 임피던스가 주파수에 따라 변하므로 이들 수동부품은 항상 주파수를 의식해야 되고 아울러 공진현상도 일으키므로 유의해야 한다. 수동부품은 재질이나 구조에 따라 여러 종류가 나와 있으며 기본적인 특성항목 변화요인으로 주파수와 온도를 들 수 있다.

(1) 저 항

저항은 전류의 흐름에 선형적인 전위차(전압 강하)를 만드는 물질로서 주 특성항목으로 저항값범위, 저항값정밀도(허용오차), 정격전력이 있고, 기타 온도특성(온도계수), 잡음특성 등이 있다.

저항의 종류는 탄소계와 금속계로 대별되며 전자는 일반 저가용이고 후자는 허용오차나 온도계수 측면에서 유리하다. 저항의 선택기준은 용도(일반용, 정밀용, 전력용)와 특성(정격전력, 온도계수, 주파수특성)에 따라 선정하며, 고주파회로에서는 임피던스가 상승하는 권선형(코일형)을 쓰지 말고 산화 금속피막저항을 사용한다.

또한 대전력용으로 권선형 저항을 사용하는데 온도경감을 고려하고 고온이므로 주변회로에 영향을 주지 않도록 주의한다. 1[℃]당 PPM(10^{-6})으로 표시되는 온도계수로 규정되는데, 예를 들어 250[ppm]이라면 온도가 40[℃] 상승할 때 0.01이 되어 저항값이 1[%] 상승하므로 허용오차에 더하여 규격을 만족할 수 있는지 확인한다.

〈표 5-23〉 대표적인 저항기의 특징

명 칭	공칭저항값	정격전력[Ω]	온도계수	허용오차[%]	특징, 용도
탄소피막	10~수십M	1/8~2	+350~-1300	±1~±5	저가격,민수기기
금속피막	1~수M	1/8~1/2	±25~±100	±1~±5	정밀계측기
산화금속피막	1~수백K	1/2~7	±250~±350	±2~±5	전력용 일반
전력용 권선	0.1~수십K	1/2~수백	±50~±450	±1~±10	대전력 일반
정밀용 권선	0.1~수M	1/8~2	±5~±50	±0.01~±1	기준저항, 계측기
금속박	1~수백K	1/10~1/2	±0.4~±15	±0.05~±1	초정밀회로

위에서 언급한 저항 외에 저항 소자를 여러 개 모아서 하나의 부품으로 만든 네트워크 저항이 있으며 부품 8개로서 디지털 회로의 풀업 또는 풀다운으로 사용한다.

(2) 콘덴서

콘덴서는 유전체를 삽입한 두 도체단자에 전압을 가하면 전하가 축적되는 기능을 가진 것으로 직류전류를 흘리면 콘덴서 양단에 전압을 빼앗기며, 교류전류를 흘리면 통과시키는 특성을 가지고 있다.

특성항목으로 용량값범위, 용량값정밀도(허용오차), 정격전압이 있고 기타 온도특성, 주파수 사용범위, 절연저항, 누설전류가 있다. 콘덴서는 저항, 인덕터와는 달리 온도변화나 경시변화(오래 사용시 성능저하)에 약하므로 유의해서 선택해야 한다.

콘덴서의 사용시 주의사항은 다음과 같다.

① 정격직류전압 초과주의 : 특히 고주파에서 교류분에 의한 직류상승
② 고온부에서 사용하면 정전용량의 변화뿐만 아니라 내전압약화, 절연저항 격감, 수명저하가 일어남

콘덴서의 종류와 그 대표적인 특성을 〈표 5-24〉에 나타내었다.

〈표 5-24〉 대표적인 콘덴서의 특징

구 분	중요특성
전해 콘덴서	정전용량값을 크게 할 수 있다(0.1[μ]~100[μF]). 허용 오차가 크다(알루미늄:10~50[%], 탄탈 5~20[%]). 시간이 경과하면 손실이 매우 크다. 온도에 따른 정전용량 변화가 크다. (알루미늄:30~80[%], 탄탈:2~10[%]) 절연 저항이 작고 사용전압 범위가 작다(탄탈).
세라믹계	정전용량 범위가 비교적 넓다([pF] ~ 1[μF]). 비교적 고주파에 사용
필름계	손실이 적다. 온도특성이 우수하다.(폴리카보네이트 가장 우수) 절연저항이 크다.
운모계	손실이 적고 온도 안정성이 우수하다. 고주파에서 정밀도 및 안정도가 요구되는 회로에 쓰임 대용량실현이 어렵다.
종 이	일반용도에 쓰이지 않고 주로 고전압의 전력용도로 사용한다.

(3) 인덕터(코일)

인덕터는 도선을 감아서 만든 것으로 이 도선에 전류를 흘리면 자속의 변화가 생기고 코일 양단에 기전력이 생기는 소자이다. 코일은 내부 코어의 형상 및 재질에 따라 솔레노이드(막대형), 토로이달(환상), EI형 코일로 크게 분류할 수 있으며 코일 내부에 공심으로 하는 경우가 있지만 내충격측면이나 인덕턴스의 증가를 위해 내부에 자심코어를 위치시키며 그 재질로는 철, 페라이트 등이 있다.

코일은 인덕턴스값이 작은 표준품이 시판되고 있으며, 일반적으로 주문 제작하는 경우도 많다. 용도로는 전자석을 이용한 힘, 교류 및 직류의 저지(초크코일), 공진 및 동조회로, 전류·전압변환(트랜지스터) 그리고 지연선으로 사용된다.

코일의 주특성항목으로는 인덕턴스값, 분포용량, 손실, 선택도 Q, 코어손실 그리고 온도특성이 있다. 코일의 권선 사이에 생기는 분포용량은 특히 고주파에서 LC공진의 발생우려가 있으며 코어 손실은 히스테리시스손, 와류손 그리고 잔류손이 있다.

5.2.2 능동부품

능동부품은 개별소자로서 다이오드와 트랜지스터류의 규격설계특성을 대표적으로 언급하고 IC류는 OP 앰프를 위주로 설명할 것이다.

(1) 다이오드

다이오드의 용도는 전류·전압 특성을 이용한 것과 pn접합 공핍층을 이용한 것으로 구분할 수 있으며 전자는 정류용, 스위칭용, 제어용 후자는 가변용량용, 발광용이 있으며 기타 광전용도 있다. 이들의 사용시 고려항목들을 중심으로 〈표 5-25〉에 설명하였다. 다이오드 용도에 맞추어 사용하되 전원 정류용의 경우 정격전류와 역방향내압에 유의하여 선정하고, 제어용의 경우는 온도에 따른 제너 전압변화에 유의한다.

〈표 5-25〉 다이오드의 규격항목과 용도

구분 / 용도	규격항목	특수항목	비 고
일반용	정격전류, 역방향내압, 순방향전압, 역전류		일반 정류용 스위칭용에 쓰임 역회복시간(수 [ns])
스위치용	정격전류, 역방향내압, 순방향전압, 역전류	역회복시간	고주파 스위칭용으로 쓰임 역회복시간(〈 수 [ns])
정류용	정격전류, 역방향내압, 순방향전압, 역전류	IPPM	비교적 큰 정격을 가진 교류 직류변환정류용(전원정류용)
제어용	정격전류, 제너전압, 동작저항	제너전압 온도계수	역방향 항복(정)전압 이용
가변용량	인가전압범위, 가변용량범위	온도계수	바렉터로서 공핍층 이온을 용량으로 이용(〈〈수백[pF])
발광용	정격전류, 순방향전압, 최대역전압	빔 각도	공핍층 재결합으로 에너지 발산
광전용	on/off전류, on/off시간		빛을 받으면 전류 흐름

(2) 트랜지스터

트랜지스터는 내부구조 배열에 따라 npn과 pnp, 또 바이폴라와 유니폴라로 구분되고, 특성 및 용도에 따라 크게 증폭기능, 스위칭 기능 그리고 감지기능으로 나눌 수 있다.

〈표 5-26〉 트랜지스터의 구분

구 분	구조형태	종 류
바이폴라	npn, pnp	일반용 pnp스위칭, 전력 스위칭 전력용(달링턴) 저잡음용 고주파용 고전압용 감지용(광결합기/분리기)
유니폴라	JFET	일반용 저주파, 저잡음용 고주파용 스위치, 초퍼용1
	MOSFET	일반용 전력용

트랜지스터의 선택은 우선 위에 분류된 용도로 먼저 설정하고 세부적으로 회로규격에 알맞는 소자를 선택해야 한다. 선택을 위한 기준은 보통 대부분 데이터시트의 특성항목에서 찾을 수 있으며 주된 고려항목을 보면 〈표 5-27〉과 같다.

아날로그 IC 소자는 디지털 소자만큼 다양하지는 않지만 각종 응용분야, 즉 통신, 계측기기, 제어구동, 자동차전장 등에 쓰이는 특수목적 IC들이 많이 출시되어 있다. 이러한 형태의 IC들은 개별기능은 물론이고 각기 다른 규격을 가지고 있으므로 여기서 언급할 사항은 아니며, 다만 1970년대부터 개발된 범용 연산증폭기(operational amplifier, OP 앰프)를 중심으로 기술하고자 한다.

트랜지스터와 같은 개별능동소자로는 주변설계의 어려움이 수반되는 것에 비해 OP 앰프는 주변설계가 용이하도록 한 IC이다. 저전력용의 범용으로 사용할 수 있으며 용도에 따라 다양한 특성의 OP 앰프가 출시되어 있다. 따라

〈표 5-27〉 트랜지스터의 규격항목과 선택기준

정격	정격(항목)전압(V_{CBO}, V_{CED}, V_{EBO})	역방향 항복전압은 대신호 교류를 다루는 회로에 유의하고, 특히 V_{EBO}는 6[V] 정도로 작다. 정격전류의 선택은 경감을 예상해서 회로출력전류의 4~10배로 한다.
전기적 특성	직류/교류 전류증폭률 이득대역폭곱(f_T) 컬렉터 출력용량 Cob	데이터시트에는 이득대역폭곱이 차단주파수 f_T로 나와 있으며 증폭도를 올릴수록 신호의 주파수 대역이 낮아지므로 유의한다. 여기서 고주파에서는 Cob로 인한 밀러효과 때문에 f_T를 확보할 수 없으며 증폭기를 캐스코드시켜서 f_T를 반으로 줄인다(되도록 작은 Cob 선택).
경감	정격전력, 컬렉터 손실	전력소자는 온도상승으로 인한 정격의 경감 때문에 방열대책을 세우고 여유있는 정격을 선택한다.

서 회로설계시에는 사용하는 목적에 따라 OP 앰프 종류를 선택하고 또 주변설계를 해야 할 것이다. 여기서 적절한 부품의 선택이 가능하도록 기본지식이 필요하며 이러한 관점에서 OP 앰프의 규격항목과 이 값의 레벨에 따라 구분되는 OP 앰프의 종류를 열거하고, 이어서 응용분야별로 필요한 특성을 설명하고 그 선택기준을 기술하고자 한다.

일반적인 설계에 있어서 가장 기본적인 고려사항을 보면 아래와 같다.

① 입력신호 레벨의 범위
② 입력신호의 주파수 범위
③ 신호원의 출력 임피던스
④ 부하로의 공급전력 및 부하변동특성(부하가 변할 때 출력의 특성변화)
⑤ 온도 드리프트 현상, 잡음환경(EMI, 소음 등) 동작환경[고정, 모빌(바다), 휴대용 등], 앰프의 직선성(왜곡), 온도에 따른 전력경감

[그림 5-50]과 관련하여 OP 앰프의 선택기준이 되는 규격항목을 보자. 〈표 5-28〉의 OP 앰프는 규격항목별로 특성이 좋은 IC로서 구분되어 출시되고 있으며 일반적으로 다음 4가지로 분류할 수 있다.

① 일반 범용 : 보통의 성능과 저가격
② 고정밀도용 : 옵셋 전압과 드리프트가 낮음, 가격이 낮아지고 있음.

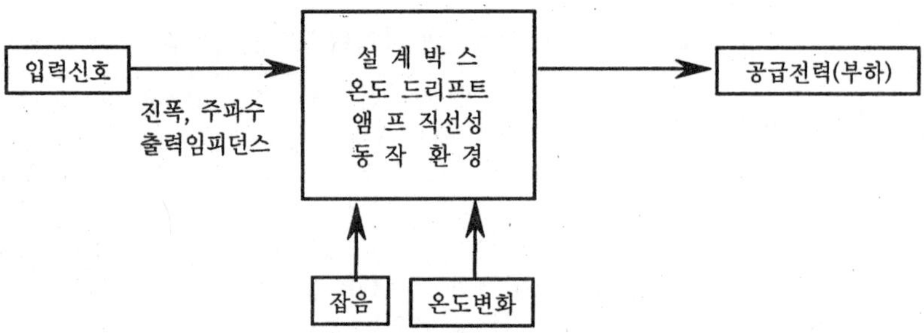

[그림 5-50] 설계요소와 변수를 표현한 그림

③ 고속광대역 : 높은 스루레이트와 GBP를 가짐.

④ 저잡음용 : 넓은 범위의 주파수에서 저잡음인 것

여기서 응용분야를 기준으로 OP 앰프와 TR과 같은 개별소자의 선택기준을 설명하면, OP 앰프는 일반적으로 고주파(수십MHz 이상)와 전력이 10[W] 이상인 곳에는 사용하지 않으며 개별소자, 즉 고주파 트랜지스터나 전력 MOSFET를 사용한다.

OP 앰프 응용분야를 직류계측용, 오디오용, 비디오용, 중간주파 증폭용, 전력용의 5가지로 설명하고자 한다.

〈표 5-28〉 OP 앰프의 규격항목

규격 구분	규격 항목
정확도	입력 옵셋 전압 옵셋 전압 드리프트(μV/℃) 입력 바이어스 전류, 입력 옵셋 전류 CMRR(Common Mode Rejection Ratio)
속도	스루레이트(V/㎲) GBP(Gain Bandwith Product) PBP(Power Bandwidth Product)
정격	입력 허용전압범위, 전원 전압범위, 출력 전류
잡음	입력 잡음전압 밀도(nV/$\sqrt{Hz}$ at 1kHz)

1) 직류 계측용 OP 앰프

일반적으로 계측회로는 온도나 압력 그리고 힘과 같은 물리량의 크기를 전기적으로 측정하기 위한 것이다. 이들 물리량의 대부분은 시간적으로 느리게 변동하기 때문에 직류신호로 취급할 수 있으며 각종 센서로 측정하면 mV급의 미소신호인 것이 대부분이다. 이러한 신호는 아날로그 또는 디지털회로로서 가공(신호처리)하여 응용하므로 고정밀도를 유지하며 증폭할 필요가 있다.

수 mV의 직류미소신호를 증폭하기 위해서는 첫째, 증폭소자 자체(OP 앰프)의 입력 옵셋이 작아야 한다. 둘째, 온도변화나 시간의 경과에 따른 온도(옵셋)드리프트나 경시 드리프트로 인해 옵셋 오차가 일어나므로 유의하고 입력 옵셋 전류로 인한 옵셋 전압도 최소화해야 한다.

그리고 회로의 오차(증폭도)를 줄이기 위해 개루프이득이나 동상신호제거비, 전원전압제거비가 커야 하고, 매우 낮은 주파수에서의 입력 노이즈도 고려해야 한다. 따라서 미소직류전압을 측정하는 직류계측증폭기 설계에 사용하는 OP 앰프의 선택조건을 요약하면 다음과 같다.

① 주 선택조건 : 저입력 옵셋 전압, 저옵셋 전압 드리프트, 저입력 옵셋 전류
② 기타 선택조건 : 큰 개루프이득, 큰 동상신호제거비, 큰 전원전압제거비. 양호한 노이즈 특성

2) 오디오용 OP 앰프

오디오 회로는 사람의 음성을 얼마나 원음에 가깝게 재생하는가가 중요하며 따라서 사람의 가청주파수 20[Hz]~20[kHz]범위 내에서 진폭(음성의 크기)을 구분하여 처리하게 된다.

일반적인 범용 OP 앰프의 신호대역이 1[MHz](이득≈1)이고 스루레이트가 수[V/μs]로서 오디오용으로 충분히 사용할 수는 있다. 그러나 노이즈와 일그러짐 발생이 작아야 하며 이 때문에 오디오용 OP 앰프는 범용 OP 앰프의 노이즈와 왜곡에 비해 2~5배 작게 억제되어야 한다. 이러한 일그러짐 특성은 고주파 일그러짐과 상호변조 일그러짐이 있으며, 이는 신호주파수에 따라 변화하고 또 일반적으로 출력진폭의 부하가 클수록 일그러짐이 커진다. 여기서 음성신호는 직류분을 포함하지 않으므로 OP 앰프의 입력 옵셋 전압이나 드리프트는 문제되지 않는다. 따라서 오디오용 OP 앰프의 선택조건은 아래와 같다.

① 이득대역폭 적 : 증폭기의 이득은 최대 20[kHz]의 대역폭을 고려하여 정한다.

② 노이즈 특성 : 1[Hz]당 노이즈 밀도로 표시한다.

③ 부하 드라이브 능력 : 일그러짐(왜곡)을 줄이기 위해 될 수 있으면 큰 것을 선택한다.

④ 스루레이트 : 음성의 변화가 급격할 때 왜곡을 최소로 하기 위해 큰 것을 선택한다.

3) 비디오용 OP 앰프

비디오 신호의 주파수대역은 광대역에 속하며 그 범위는 DC~4.2[MHz], 전압레벨은 −0.3~1[Vpp] 정도이다. 휘도신호는 광대역 성격의 전압신호이고 색신호는 약 3.6[MHz]의 사인파(색반송파)로 변조된 교류신호로서 휘도신호와 중첩되어 있다.

이와 같은 비디오 신호를 처리하기 위해서는 OP 앰프의 대역폭이 충분히 넓고 위상특성이 단조인 것이 필요하다. 따라서 이득 10을 기준으로 하면 OP 앰프의 대역은 거의 50[MHz]가 되어야 하고, 위상특성은 수치기준으로 나타낼 수 없으므로 다만 데이터 시트상에 비디오 신호용으로 평가되어 있는지 확인한다.

대역 이외에 비디오 회로에서 특히 중요시되는 특성으로, 미분이득(DG : Differential Gain)과 미분위상(DP : Differential Phase)이 있다. 휘도신호, 즉 전압레벨의 변동이 색신호(3.6[MHz] 사인파)에 주는 영향(진폭변동크기)을 미분이득이라 하고 위상변동의 크기 영향을 미분위상이라 부른다. 이러한 변동이 크면 색이 얼룩지는 현상이 나타나며 일반적으로 데이터 시트에 항목값이 주어져 있으므로 정확하게 파악해서 적용한다.

비디오용 OP 앰프의 선택 조건을 요약하면

① 이득대역폭 적 : 수십~수백[MHz]

② 위상특성 : 단조(monotonous)

③ 부하 드라이브 능력 : 75[Ω]

④ 미분이득, 미분위상 : 작은 것

4) 고속광대역 OP 앰프

고속광대역 OP 앰프는 스루레이트가 높고 주파수대역이 넓은 것을 총칭하며 응용분야로는 펄스 증폭기 RF-IF 증폭기, ISDN용 증폭기 등이 있다.

펄스파는 직류에서 고주파까지 아주 넓은 주파수영역을 가지므로 이러한 파형을 증폭하려면 대역폭이 크고 위상특성이 완만해야 하나 급격한 전압변동을 따라갈 수 있는 것이 더 중요하다. 또한 D/A(Digital to Analog) 변환 후의 파형 역시 펄스 파형의 계단파이다. 진폭이 크지 않아서 스루레이트 조건보다는 오버슈트나 링잉(ringing) 후에 얼마나 빨리 안정된 전압으로 가는가의 정정(整定) 시간(settling time)이 중요하다.

따라서 D/A변환기의 속도는 정정시간에 달려 있으며 빠른 변환속도를 위해서는 스루레이트가 크고 오버슈트와 관련 있는 위상특성이 평탄한 것이 필요하다.

중간주파(IF)증폭기는 종래 개별소자나 전용 IC를 사용했지만 3~30[MHz] 정도는 OP 앰프로서 가능하다. 이들 응용회로에 사용하는 OP 앰프의 가장 중요한 특성은 다음과 같다.

① 펄스파 증폭기 : 큰 스루레이트
② D/A용 버퍼 : 위상특성이 평탄
③ RF-IF앰프 : 큰 이득대역폭 적(GBP)

5) 전력증폭기용 OP 앰프

전력증폭기용 OP 앰프는 얼마만큼의 큰 부하를 구동할 수 있는가 하는 것으로서, 최대 출력전류와 전원전압이 품종선택의 기준으로 된다. 여기서 데이터시트의 최대출력전류는 방열설계에 따라 크게 좌우되어 방열이 잘 되지 않으면 해당 정격전류의 1/10 이하로 제한된다. 따라서 열손실이 많을수록 열이 많이 발생하여 동작이 불안정해진다.

5.3 부품의 선정방법

5.2절에서 전자부품의 중요 규격특성과 회로규격에 맞추어 부품을 선택하는 조건들을 제시하였다. 이어 부록 B에서 부품의 신뢰성과 관련하여 각종 부품의 고장률 계산에 필요한 설계변수들을 제시하였고 이를 개선하기 위한 디레이팅 효과에 대한 데이터들을 언급하였다.

이 절에서는 제품의 신뢰성에 중요한 영향을 미치는 부품특성의 변동에 대해 좀더 상세하게 언급하고자 한다. 이는 5.2절에서 언급한 설계변수들을 고려하고 부품에 대해 필요한 규격과 주어진 특성(데이터시트 or 카탈로그)에서 요구사항과 유의해야 할 사항을 분석하여 부품을 선정하는 데 참고가 되고자 한다.

먼저 신뢰성면에서 부품선정의 기본사고는 사용 수량이 많은 부품, 고장률이 높은 부품, 사용 실적이 없는 신규 부품 등은 다른 부품보다 고장나기 쉽고 고장 확률이 높다. 또한, 같은 부품이더라도 사용 방법에 따라 신뢰성에 중요한 차이가 있으므로 사용조건과 특성을 면밀히 파악해야 한다.

전자부품의 고장률은 사용 스트레스나 주위 온도에 영향을 받으므로 설계단계에서 부품에 가해지는 스트레스를 해석하여 부품을 선정하여야 한다.

또한 기존부품의 고장분포를 파악하여 현재의 사용환경이나 인터페이스에서 유발되는 영향을 예측할 필요가 있다.

5.3.1 부품의 특성규격 분석

부품의 데이터시트에는 많은 규격항목이 있으며, 그 수치는 정해진 시험조건 하에서 산출된 것이다. 따라서 설계회로가 규격표에서 나온 시험환경과 다르다는 사실을 항상 염두에 두어야 한다.

일반적으로 데이터시트에는 특성값의 경시변화량이나 고장률, 고장 모드 등의 신뢰성 시험 데이터가 제공되지 않는 것이 많으며 이들 부품들은 신뢰성 데이터가 제공되는 부품보다 상대적으로 위험도가 높다고 볼 수 있다.

(1) 부품 카탈로그 검토시 고려 사항

① 특성 항목과 규격값
② 인가전력, 인가전압, 인가전류 등 정격값
③ 특성값의 경시 변화량
④ 동작 가능한 온도 · 습도 범위
⑤ 부품의 신뢰성 조건(고장률, 고장 모드, 가속계수)
⑥ 품질보증조건
⑦ 수송조건과 보관조건

전반적으로 외부환경이나 동작 스트레스에 따라 부품의 온도 상승이 가장 큰 문제인데, 정확한 열 해석이 필요하고, 부품별로 스트레스와 고장률 사이의 관계지식을 가지고 있어야 한다. 따라서 부품이 안전영역에서 동작하기 위한 온도와 전압전력 스트레스 비를 파악하여 그 이하로 동작할 수 있도록 만드는 것이 중요하다.

(2) 전자부품의 데이터시트 보는 법

일반적으로 전자부품의 경우 재료 및 제조 특성상 정확한 규격특성을 만들기가 매우 어렵다. 따라서 모든 부품의 특성값에는 항상 허용오차가 있고, 능동소자의 경우 중요 파라미터의 특성값은 표준값(typical), 허용최대값(max), 허용최소값(min)으로 표기되어 있다. 공통적으로는 다음 3가지 그룹으로 나누어서 표기되어 있다.

① 절대최대정격(absolutely maximum rating)
② 권장동작조건(recommended operating condition)
③ 전지적 특성(DC, AC, 주변온도 25[℃], 50[℃])

여기서 부품의 규격표 예로서 세라믹 콘덴서와 디지털 로직의 규격표를 보자. 〈표 5-29〉의 세라믹 콘덴서는 규정된 온도조건 하의 정격규격이며, 시간에 따른 경시변화는 나타나 있지 않으며 신뢰성 규격을 참조하여야 한다. 여기서, 다만 정전용량값의 허용오차와 온도계수를 고려한 특성값 변화까지 고려해야

〈표 5-29〉 세라믹 콘덴서의 성능 규격표 실례

<table>
<tr><th>항목 \ 특성</th><th>COH 특성</th><th colspan="3">시험방법</th></tr>
<tr><td>사용온도범위</td><td>-25 ~ 85 ℃</td><td colspan="3"></td></tr>
<tr><td>정격전압</td><td>50V. DC</td><td colspan="3"></td></tr>
<tr><td>내전압</td><td>150V. DC</td><td colspan="3">충방전 전류 50 mA 이하, 5 ~ 6 s 인가</td></tr>
<tr><td>정전용량허용차</td><td>±5%, ±10%</td><td>정전용량범위</td><td>측정주파수</td><td>전압</td></tr>
<tr><td rowspan="2">Q</td><td rowspan="2">30 pF 미만 Q ≥ 400+20 C
30 pF 이상 Q ≥ 1,000
(C 단위 pF)</td><td>30 pF 이하</td><td>1 ± 0.2 MHz</td><td>0.5 ~ 5 Vrms</td></tr>
<tr><td>1,000 pF 이상</td><td>1 ± 0.2 kHz</td><td>0.5 ~ 5 Vrms</td></tr>
<tr><td>절연저항(I·R)</td><td>10,000 MΩ 이상</td><td colspan="3">기준온도 20℃</td></tr>
<tr><td>온도특성</td><td>0± 60 ppm / ℃</td><td colspan="3"></td></tr>
</table>

한다. 즉, 규정 시험 조건에서 특성치 변화데이터에서 평균값 변화뿐만아니라 특성값의 산포 변화도 파악하는 것이 중요하다.

일반적으로 초기 특성값 분포는 좌우 대칭형 분포이나 시간이 경과함에 따라 변형되어 한쪽이 기울어진 분포가 된다.

〈표 5-30〉 디지털 로직의 규격표

• 절대최대정격(absolute maximum rating, Ta=25[℃])

항 목	약 호	정 격	단 위
전원전압	V_{CC}	7.0	V
입력전압	V_I	-.05~+5.5	V
출력전압	V_O	-.05~+5.5	V
출력전류	I_O	60	mA

• 추천동작조건(recommended operating conditions)

항 목	약 호	MIN.	TYP.	MAX.	단 위
전원전압	V_{CC}	4.5	5.0	5.5	V
입력전압	V_{IH}	2		5	V
출력전압	V_{OH}	2.2		5	V
출력전류	I_{OL}			0.8	

• 전기적 특성(electrical characteristics, DC, Ta=25[℃])

SYMBOL	PARAMETER	T_{amb}(℃) −40 to+85 MIN.	TYP.	MAX.	UNIT	TEST CONDITIONS V_{CC} (v)	V_I	OTHER
V_{IH}	HIGH level input voltage	V_{CC} 2.0	– –	– –	V	1.2 2.7 to 3.6		
V_{IL}	LOW level input voltage	– –	– –	GND 0.8	V	1.2 2.7 to 3.6		
V_{OH}	HIGH level output voltage	$V_{CC}-0.5$ $V_{CC}-0.2$ $V_{CC}-0.6$ $V_{CC}-1.0$	– V_{CC} – –	– – – –	V	2.7 3.0 3.0 3.0	V_{IH} or V_{IL}	$I_o=-12mA$ $I_o=-100\mu A$ $I_o=-12mA$ $I_o=-24mA$
V_{OL}	LOW level output voltage	– – –	– – –	0.40 0.20 0.55	V	2.7 3.0 3.0	V_{IH} or V_{IL}	$I_o=12mA$ $I_o=100\mu A$ $I_o=-24mA$

• 전기적 특성(electrical characteristics, AC, Ta=25[℃])

SYMBOL	PARAMETER	T_{amb}[℃] −40 to+85 MIN.	TYP.	MAX.	UNIT	V_{CC} (v)	천이시간 (t_r=tf)이 2.5[ns] 이하, 부하 콘덴서 50[pF]의 가정하에 전파 지연을 측정한 것이다. * 기타조건 V_{CC}=3.3[V], 주변온도 25[℃]
t_{PHL}/t_{PLH}	propagation delay A_n to B_{n+} B_n to A_n	– 1.5 1.5	21 4.6 4.1*	– 8.0 7.0	ns	1.2 2.7 to 3.6	
t_{pZH}/t_{PZL}	3-state outpu enable time $\overline{OE}$ to A_{n+} $\overline{OE}$ to B_n	– 1.5 1.5	25 5.3 4.5*	– 10.0 9.0	ns	1.2 2.7 to 3.6	
t_{PHZ}/t_{PLZ}	3-state output enable time $\overline{OE}$ to A_{n+} $\overline{OE}$ to B_n	– 1.5 1.5	8.0 4.3 4.0*	– 9.0 8.0	ns	2.7 3.0 3.0	

〈표 5-30〉의 디지털 로직의 규격표에서 보면 특성값은 항상 시험회로와 방법이 주어져 있으며, 부하에 따라 전압 전류 레벨, 전파지연, 천이시간 등이 크게 달라지므로 유의해야 한다.

(3) 기술정보 활용방법

부품을 구입하게 되면 제조사로부터 제공되는 기술자료를 받게 되는데 표준품의 경우는 데이터시트에 준하면 되고, 기타 개발 주문품의 경우는 적용기준 및 환경에 따라 따로 필요 규격시험 데이터를 요구해야 한다.

먼저 부품 선정에 필요한 기술자료를 보면

① 구입사양서 및 카탈로그
② KS, MIL 등 공적 규격과의 양립성
③ 부품적용기준 : 주파수범위, 인가전압범위, 동작온습도범위, 사용온습도범위
④ 부품고장률기준, 고장모드 리스트 : 설계자가 기기의 신뢰도 예측, 고장유형분석(FMEA : Failure Mode Effects Analysis)를 하는 경우에 사용됨.
⑤ 부품 디레이팅(derating) 기준 : 사용의 영역설정([그림 5-51] 참조)
⑥ 부품활용 매뉴얼 및 활용사례집(technical reference or application notes) 실적이 있는 신뢰성이 높은 회로나 실장방법 등을 모아서 소개한 것

참고로

① 추천부품리스트(PPL, Preferred Parts List)
② 인정부품리스트(APL, Approved Parts List)
③ 요주의부품리스트(CPL, Critical Parts List)
④ 사용금지부품리스트

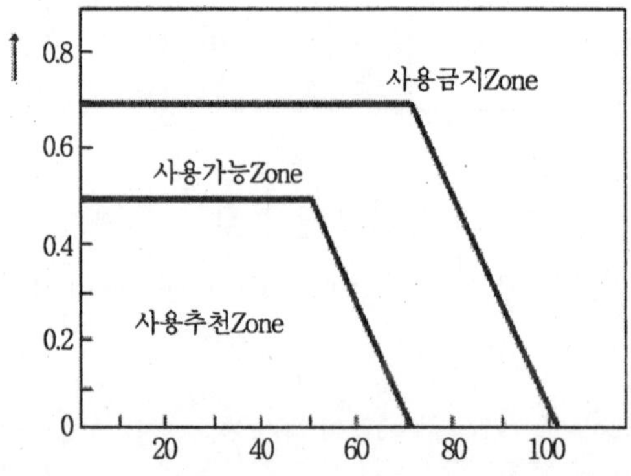

[그림 5-51] 부품 디레이팅 기준(금속피막저항 예)

가 있으며 그 내용은 다음과 같다.

추천부품리스트는 부품기술부문이 설계자에게 사용하고 싶은 부품을 목록으로 인정부품 외에 자사에서 평가해서 사용 가능하다고 판단된 부품을 포함하고 있기 때문에 인정부품리스트에 비해서 종류도 많고, 신규부품이나 자사제품에 특유의 부품도 들어갈 수 있다.

인정부품 리스트는 공공기관에서 인정한 부품목록으로 안심하고 사용할 수 있는 부품(인정을 위한 평가시험에 시간을 요함, 최신부품, 특수부품 리스트에 없는 경우가 많다) 리스트이다.

요주의부품 리스트는 설계자가 사용할 때 주의해야 할 부품 리스트로 서지, 충격에 약하다든가, 사용온도에 제한이 있다든가 하는 일반 부품에 비해서 설계상 대책이 특히 필요한 부품 리스트이다.

사용금지부품리스트는 설계자가 사용해서는 안 되는 부품 리스트로 대체부품을 지정해놓는 것이 중요하다.

제6장

센 서

센서(sensor)란 온도, 압력, 소리, 빛 등 여러 종류의 물리량을 검지·검출하거나 판별·측정하여 신호를 전달하는 기능을 갖춘 소자, 또는 이러한 소자를 이용한 계측기를 말한다. 생물학용어인 감각기와 같은 말이며, 라틴어의 sensus에서 만들어진 공학용 용어이다. 검출기·감지기, 또는 신호검출기 등으로 말하는 경우도 있으나 확실한 번역어는 정해져 있지 않다. 그 까닭은 단순히 신호검출기로 제한하거나 신호변환기, 나아가서는 신호전송장치, 즉 신호 또는 정보처리장치의 범위까지 확대하는 등 취급방법에 따라 차이가 있기 때문이다. 디지털 온도계를 예로 든다면 온도를 서미스터(thermistor) 등에 의해 검출하고 전기신호로 바꾸는 역할을 하는 부분이 센서에 해당된다. 즉 센서는 어떤 목적을 달성하기 위한 시스템 또는 장치에서 중요한 정보 접수구로서의 기능을 맡고 있다. 인간은 외계로부터의 자극을 오감을 통하여 받아들인 뒤 그 신호를 뇌로 보내고, 뇌의 지령에 따라 근육을 움직인다. 따라서 인간생활에서 오감이 반드시 필요하듯이 과학기술의 세계에서도 이에 대응하는 센서의 역할이 중요하다.

6.1 광센서

6.1.1 광전자방출형 센서

(1) 광전자방출효과(photoelectrons emission effect)

금속이나 반도체 표면에 진동수가 υ[1/sec]인 충분한 빛 에너지 $E = h\upsilon$ [J]를 조사하면 전자가 고체표면에서 외부로 방출된다. 여기서 h는 Planck 상수로서 $h = 6.624 \times * 10^{-34}$ [J · sec]이다. 이때 방출되는 전자를 광전자(photoelectron)라 하며, 이 현상을 광전자방출효과(Photoelectrons emission effect) 또는 광전효과(photoelectric effect)라 한다. 이와같은 광전효과가 발생하려면 일정한 에너지가 필요하며, 이 에너지를 일함수(Work Function) W라 한다. 여기서 $W = e\phi$ [J], q는 전자의 전하량으로 $q = 1.6 \times 10^{-19}$ [C], ϕ는 전자볼트[eV]이다.

일함수 $W = q\phi = h\upsilon$ 에 대응하는 빛의 파장 λ_0 [m]를 한계파장 또는 흡수단(absorption edge) 파장이라 하며, 빛의 속도가 $C = 3 \times 10^8$ [m/sec]일 때 한계파장 λ_0는 (식 6-1)과 같다.

$$\lambda_0 = \frac{C}{\upsilon_0} = C\frac{h}{q\phi} = \frac{1.239}{\phi} \quad \cdots\cdots (6-1)$$

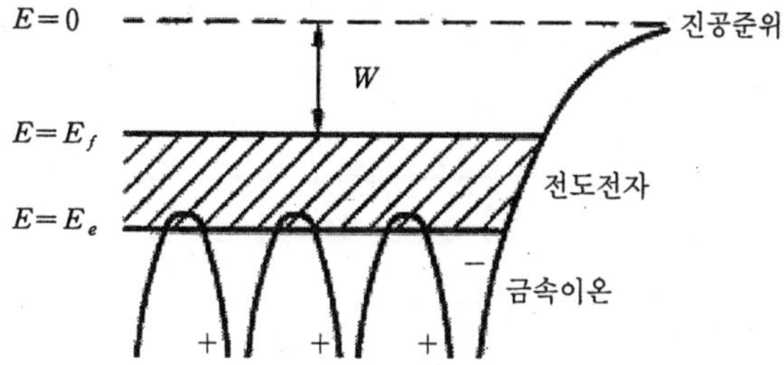

[그림 6-1] 금속표면 부근의 에너지상태

(2) 광전관

광전관은 광전자 방출효과를 이용한 것이고, 광전자를 방출하는 음극과 방출된 광전자를 흡수하는 양극으로 2개의 전극이 유리용기 안에 들어 있는 2극관 구조이다. 광전관은 다른 센서에 비하여 광전류는 작지만 감도는 안정되어 있고, 광의 강함에 따라 직선성이 좋기 때문에 정밀한 측광에 이용된다. 또 감광면이 크게 되어 있고 자외영역에서 높은 감도를 가지며 응답성이 좋은 특징을 가지고 있다.

1) 진공형

광전관내를 고진공으로 입사광의 세기에 안정할 때, 출력전류는 어느 정도의 전압에서 포화되어 안정해 준다. 포화 전압은 50~90[V]이고, 구조에 따라 3~15[V]로 낮은 것도 있다. 방출시간은 10~12[sec] 정도이다.

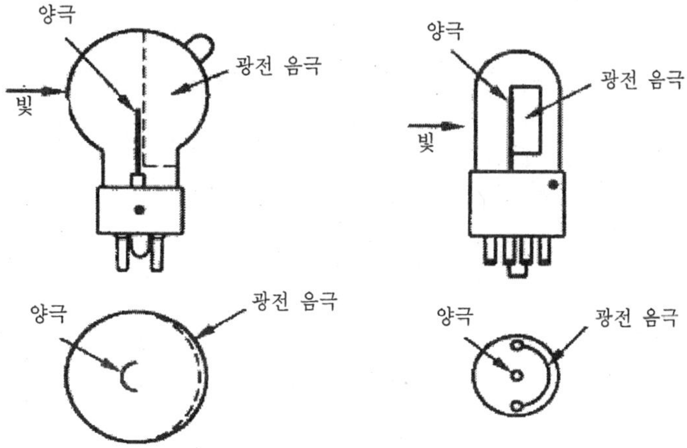

[그림 6-2] 광전관의 구조

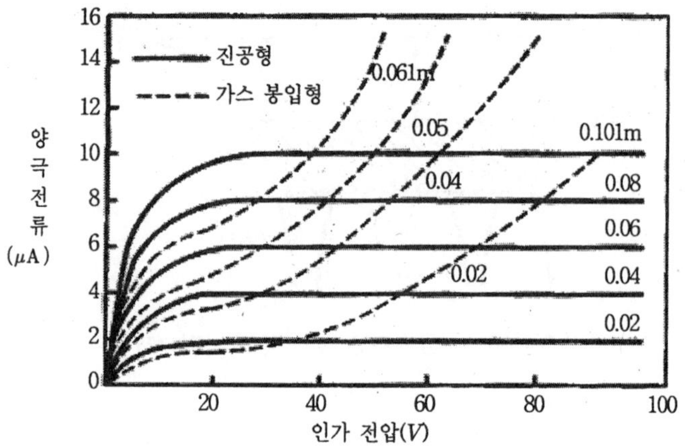

[그림 6-3] 광전관의 V–I 특성

2) 가스 봉입형

광물질에 수십 토르의 아르곤(Ar)가스를 봉입한 구조로, 광전자가 가속되어 가스 분자와 충돌해서 이온화하여 2차전자를 방출한다.

(3) 광전자증배관(PMT : Photo Multiplier Tube)

미약한 빛을 측정할 때 신호출력도 작으므로 증폭하여 잡음, 응답속도 등을 고려해서 광전관 내에 2차전자증배기를 내장시킨 구조는 [그림 6-4]와 같다. 1차전자 1개당 방출되는 2차전자수를 2차방출비 δ로 나타낸다.

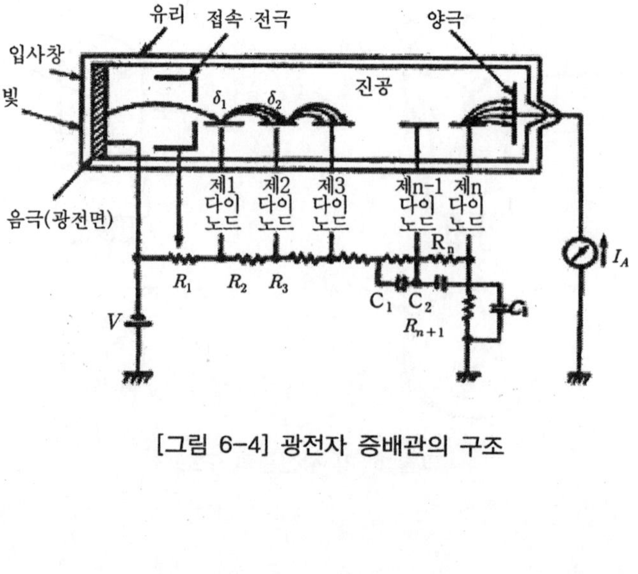

[그림 6-4] 광전자 증배관의 구조

$$\delta = Av\alpha \quad \cdots\cdots (6-2)$$

여기서 A : 상수

v : 각 다이오드(dynode)간 전압

α : 0.6~0.8로 다이노드의 형태나 재질

(4) 용 도

고감도+고속응답성 분석기기, 의료용기기, 방사선계측기, 정보통신기기 등에 사용된다.

6.1.2 광도전형 센서

(1) 광도전효과(photoconductive effect)

반도체에 광이 쪼이면 전자 · 정공쌍이 발생하고 그 부분의 도전율이 증가하는데. 이것을 광도전현상이라 한다.

반도체 에너지대의 금지대폭($E_g = E_c - E_v$)보다 큰 에너지의 빛이 진성반도체에 조사되면 가전자를 전도대로 여기시켜서 전자 · 정공쌍(electron-hole pair)을 생성하고, 불순물반도체에 빛을 조사하면 불순물준위로부터 전자 또는 정공이 발생한다. 즉 빛의 조사에 의하여 생성된 전자 및 정공의 증가에 의하여 반도체의 도전율이 변화되는 현상이다.

[그림 6-5] 진성 광도전효과에서

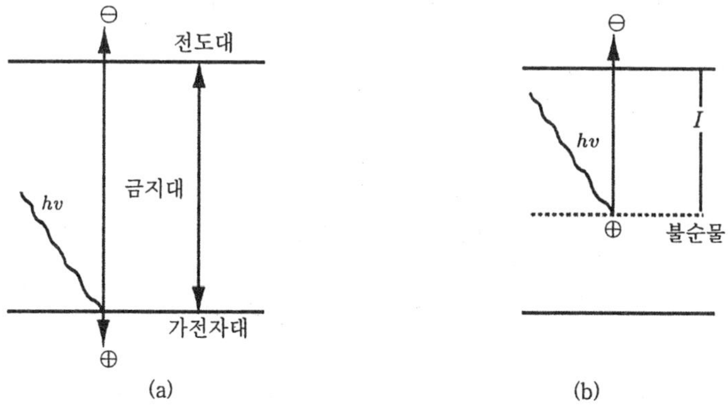

[그림 6-5] 광도전효과의 밴드

① 빛을 조사하여 단위체적당 매초 f개의 전자 · 정공쌍이 발생하면 도전율의 증가분 Δσ는 다음과 같다.

$$\Delta\sigma = q(\mu_n \Delta_n + \mu_p \Delta_p) \quad \cdots\cdots (6-3)$$

q : 전자의 전하

μ_n : 전자의 이동도

μ_p : 정공의 이동도

Δ_n : 전자의 농도증가분

Δ_p : 정공의 농도증가분

② 빛을 조사하여 생성된 전자나 정공은 빛의 조사가 중단되면 전자정공의 재결합 등으로 농도가 감소한다.

$$\Delta\sigma = qf\ (\mu_n \tau_n + \mu_p \mu_p) \quad \cdots\cdots (6-4)$$

τ_n : 전자의 수명

τ_p : 정공의 수명

[그림 6-6]에서 전류증가분 ΔI는

$$\Delta I = \frac{(\Delta\sigma SV)}{L} = \frac{\{qfLS(\tau_n \mu_n + \tau_p \mu_p)\}}{L2} \quad \cdots\cdots (6-5)$$

L : 전극간 거리, S : 단면적 V : 인가전압

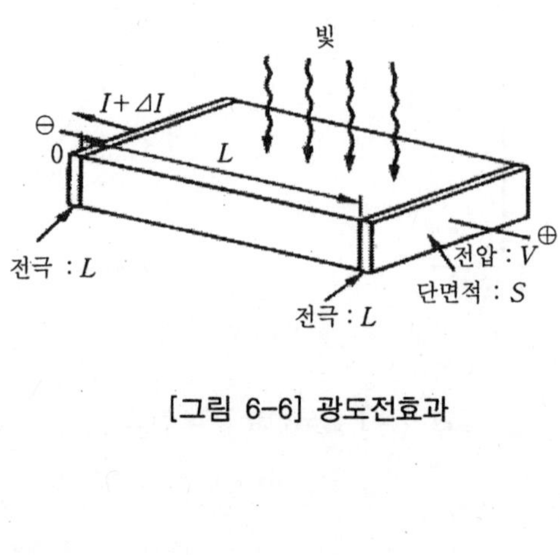

[그림 6-6] 광도전효과

전자정공쌍의 총수 G는 $t_n = \frac{L2}{\mu_n} \cdot V$, $t_p = \frac{L2}{\mu_p} \cdot V$라면 $G = fLS$로

$$\Delta I = qfG\left\{\left(\frac{\tau_n}{t_n}\right) + \left(\frac{\tau_p}{t_p}\right)\right\} \cdots\cdots\cdots (6-6)$$

즉 ΔI를 크게 하려면 캐리어 수명이 길고 이동도가 큰 광도전재료를 선택한다. 광도전효과를 이용하여 CdS 포토셀 등에 사용된다.

(2) CdS 광도전 셀

CdS셀은 광도전 센서로 가장 널리 사용되고 있다. 이 셀은 인간의 눈처럼 시감도가 잘 닮은 스펙트로 감도를 나타내고 500~700[nm] 파장의 광에서 최고의 감도를 가진다.

CdS, CdSe 광도전 셀은 CdS, CdSe 분말을 세라믹 기판에 $CdCl_2$, $CuCl_2$와 함께 도포하고 열처리하여 소결시킨다. $CuCl_2$ 첨가는 Cd가 Cu로 치환하여 불순물준위가 형성되어 광도전성을 증대시킨다. [그림 6-7]은 CdS의 구조이다. CdS 광도전 셀은 빛이 조사되면 내부저항값이 저하되는 음의 특성을 가진다.

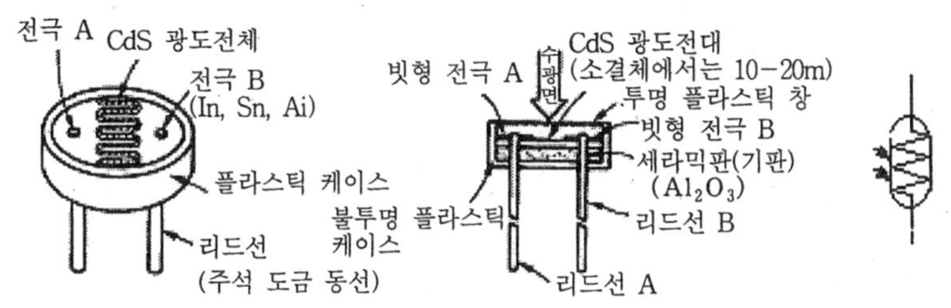

(a) CdS 셀의 외관 모양　(b) CdS 셀의 단면 구조 (플라스틱 케이스형)　(c) 기호

[그림 6-7] CdS의 구조

1) CdS의 조도 대 저항특성

[그림 6-8]은 조도 L_a, L_b[lux]일 때 저항값은 R_a, R_b [Ω]이라면 조도 지수는

$$r_{ab} = \frac{\log\ (R_a/R_b)}{\log\ (L_a/L_b)} \quad \cdots\cdots (6-7)$$

① CdS 광도전 셀의 조도지수 r값으로 표시한다.

② CdS의 r은 조도 10[lux]와 100[lux], 2점 사이의 내부저항으로 산출한다.

③ r 지수가 큰 CdS 셀은 조도에 대한 저항값 변화가 크다.

④ r=1의 CdS 셀은 노출시간과 조도변화가 일치한다.

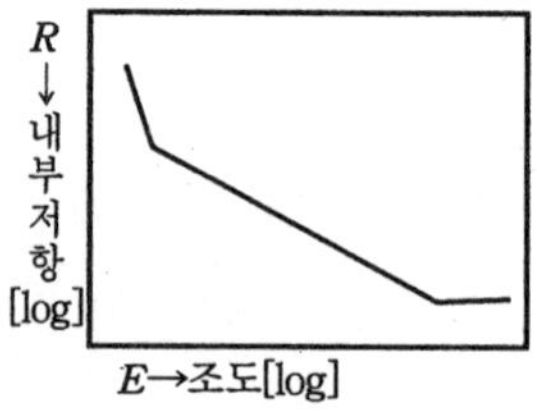

[그림 6-8] 조도 대 저항특성

2) CdS의 저항값

조도에 의한 저항값

$$R_x = R_s \cdot \left(\frac{E_x}{E_s}\right)^r \quad \cdots\cdots (6-8)$$

3) CdS의 전압의 전류

CdS에 전압 V를 가하고 조도 L[lux]를 조사할 때 광전류 I는

$$I = \alpha V \beta L_r \quad \cdots\cdots (6-9)$$

여기서 α : 상수, β : 전압지수(인가전압 수 V~수십 V일 때 거의 1이다)
r : 조도지수(조도 및 재료에 따라 0.5~1 범위이다)

① CdS 셀의 출력전류는 조도와 공급전압에 의존한다.

② CdS 셀의 전류가 증가할 경우, 허용손실과 허용전압에 주의한다.

③ 전류가 크면 자기발열을 수반하여 CdS 셀의 r지수가 변한다.

4) CdS의 응답특성

① [그림 6-9]는 CdS의 $V-I$ 특성이다.

② [그림 6-10]은 CdS의 응답 특성으로 조도, 부하저항, 전력조건, 주위온도에 의하여 응답특성이 다르다.

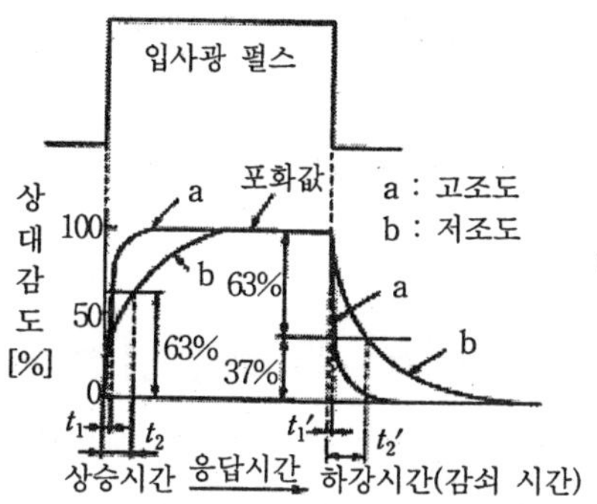

[그림 6-9] CdS의 V-I 특성

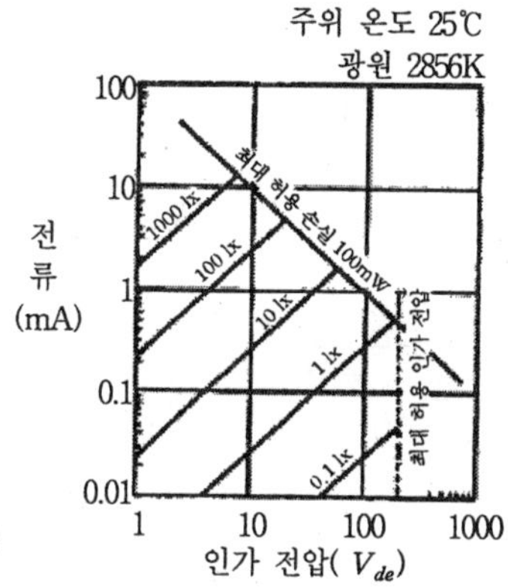

[그림 6-10] CdS의 응답특성

5) CdS 분광감도특성

[그림 6-11]은 CdS의 분광특성을 나타낸 것이다.

① CdS 520[nm], CdSe 720[nm]에서 최대감도를 갖는다.

② CdS와 CdSe를 혼합하면 520~720[nm]의 파장을 바꿀 수 있다.

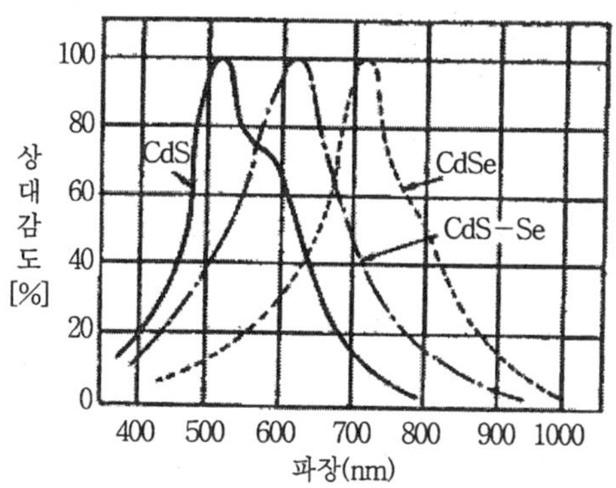

[그림 6-11] CdS 분광감도특성

6) CdS 셀의 기본회로

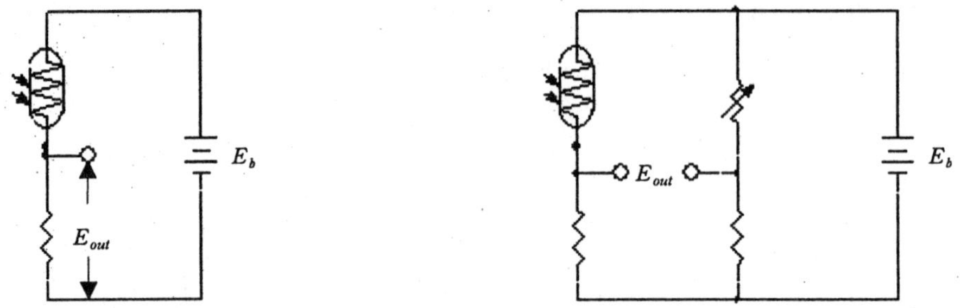

[그림 6-12] CdS 셀의 기본회로

(3) PbS 광도전 셀

광도전체는 PbS, PbSe로 PbS는 2.2[μm], PbSe는 3.8[μm] 빛에서 최대감도를 가지며, 1~3[μm]일 때 광검출기로 적합하다. 적외선 영역에 민감하여 근적외선 영역에서 실온동작이 가능하며 방사온도계, 적외 광전스위치, 수분계 등에 이용된다.

(4) 용 도

고감도, 소형, 저가, 가시광선에 민감하여 저속응답성 카메라의 노출계, 가로등 자동점멸기 등에 이용된다.

6.1.3 접합형 센서

(1) 광기전력효과(photo voltaic effect)

태양전지와 같이 빛이 쬐면 광기전력이 발생하는 현상을 광기전력효과라 한다. pn접합에서 공핍층에 빛을 조사하면 광전효과현상으로 전자・정공쌍이 생성되고, 전자는 n영역으로, 정공은 p영역으로 이동하므로 기전력이 발생하는 현상이다.

① pn접합을 외부회로에 연결하면 광조사량에 비례하는 단락전류(short-circuit current)가 흐르고 외부회로를 열면 광 여기된 전자는 n영역에, 정공은 p영역에 축적되어 n영역은 (−), p영역은 (+)로 대전된다.

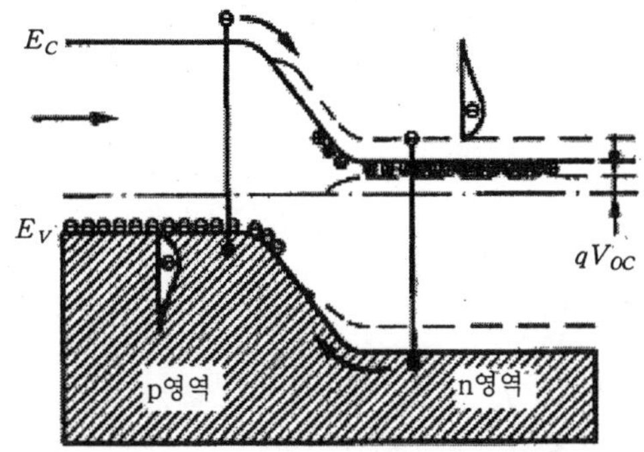

[그림 6-13] pn접합의 에너지대

② [그림 6-13]에서 p영역의 E_f를 기준으로 할 때 n영역의 E_f가 위로 올라가 양쪽 E_f는 qV_{oc} 만큼의 차이가 생긴다.

③ [그림 6-14]에서 pn접합에 외부회로를 접속하면 전류가 흐르는데

㉮ 빛의 조사가 없으면 전류 I는

$$I=I_0\left(\exp\frac{qV}{KT}-1\right) \quad \cdots\cdots (6-10)$$

I_0 : 역방향 포화전류

K : 볼츠만 상수(1.38×10^{-23} [J/°K])

T : 절대온도

V_0 : 외부인가전압
V : pn접합에 인가된 전압
I : pn접합전류

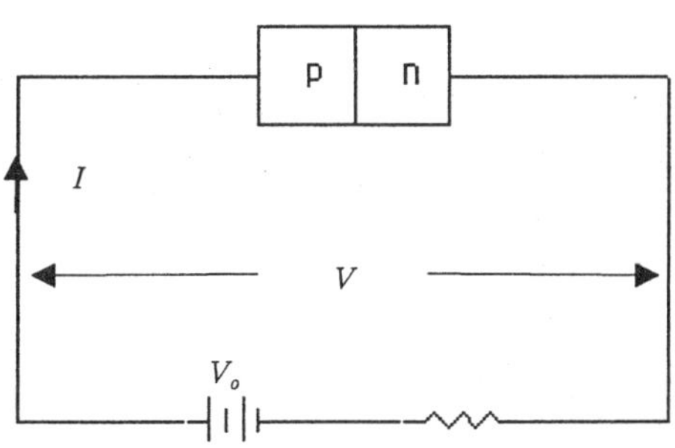

[그림 6-14] pn접합에 전압을 가한 경우

㉯ [그림 6-15]에서 빛이 조사되면

전류 I는

$$I = I_0\left(\exp\frac{qV}{KT} - 1\right) - I_L \qquad (6-11)$$

V_{oc}는 $I=0$ 이므로

$$V_{oc} = \frac{KT}{q}\log_e\left(1 + \frac{I_L}{I_0}\right) - I_L \qquad (6-12)$$

V_{oc} : 개방전압(open circuit voltage)

㉰ 단락전류는 $V=0$으로 I는 입사광량에 비례한다.

$$I = -I_L \qquad (6-13)$$

광기전력 효과를 이용하여 발광 다이오드, 포토 다이오드, 포토 트랜지스터 등에 사용된다.

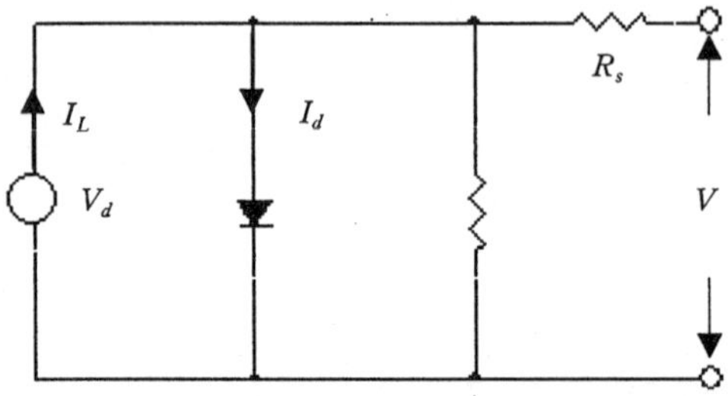

[그림 6-15] pn접합에 빛을 조사한 경우의 등가회로

(2) 발광 다이오드(LED, Light Emission Diode)

반도체접합부에 전류를 흘려 빛을 방사한다.

반도체제조시 에너지 갭이 Δw[eV]이면 발광색의 파장 λ는

$$\lambda = \frac{hC}{\Delta w} = \frac{1240}{\Delta w}[\mu\text{m}] \qquad (6-14)$$

h : 볼츠만 상수, C : 빛의 속도

1) 구 조

[그림 6-16]은 LED 외형 및 구조이다.

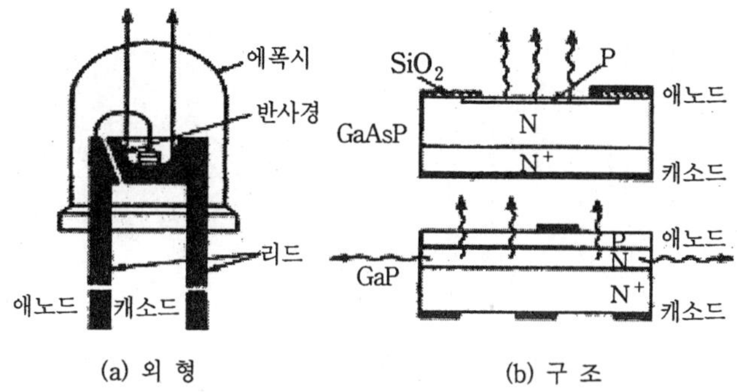

[그림 6-16] LED 외형 및 구조

2) 특 성

[그림 6-17]에서는 온도 1[℃] 상승시 발광감도가 약 1[%]로 저하하고 온도의존성이 있으며, 순방향 구동전류는 100[mA]까지가 사용한도이나 좁은 구형파는 1[A]까지 흘릴 수 있고, 역방향의 내압은 5[V] 정도로 맥류나 교류 구동시 보호용 다이오드가 필요하다.

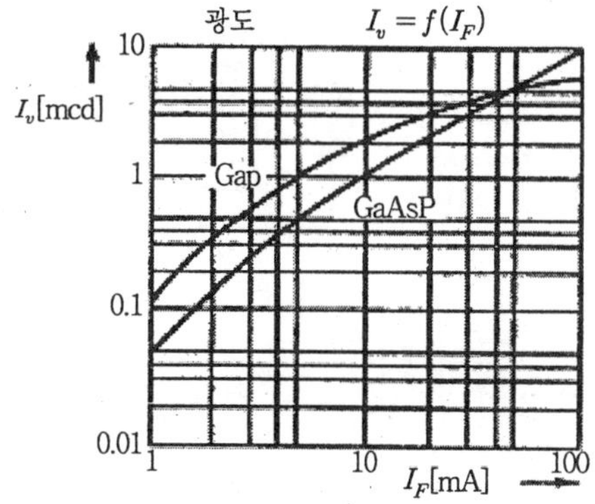

[그림 6-17] 방사감도(I_F)-순전류(I_v)특성

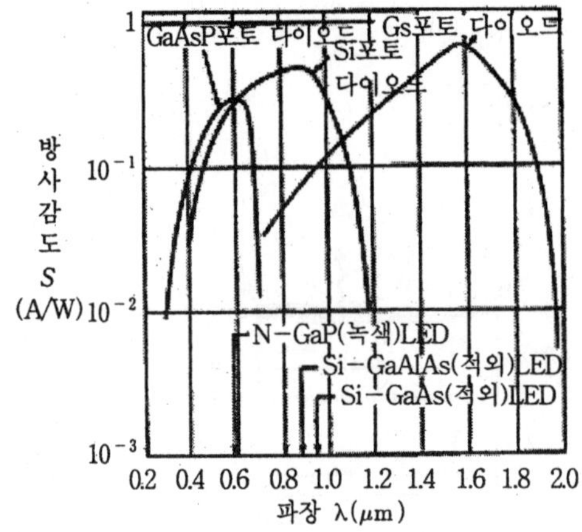

[그림 6-18] 분광감도 특성

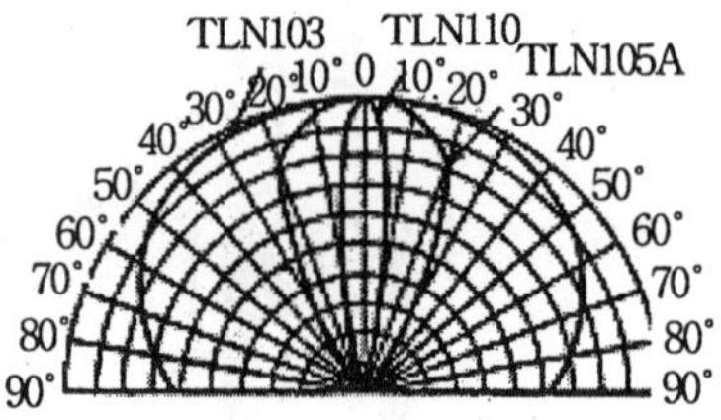

[그림 6-19] 배광특성

[그림 6-18]와 [그림 6-19]은 분광감도 및 배광특성을 나타낸 것이다.

(3) 포토 다이오드(PD, Photo Diode)

[그림 6-20]에서 빛은 p^+층을 통해 입사되고 n^+층은 n형과 금속과의 ohmic contact를 위한 것으로, 포토 다이오드를 희망하는 파장대의 빛에 응답을 위해 에

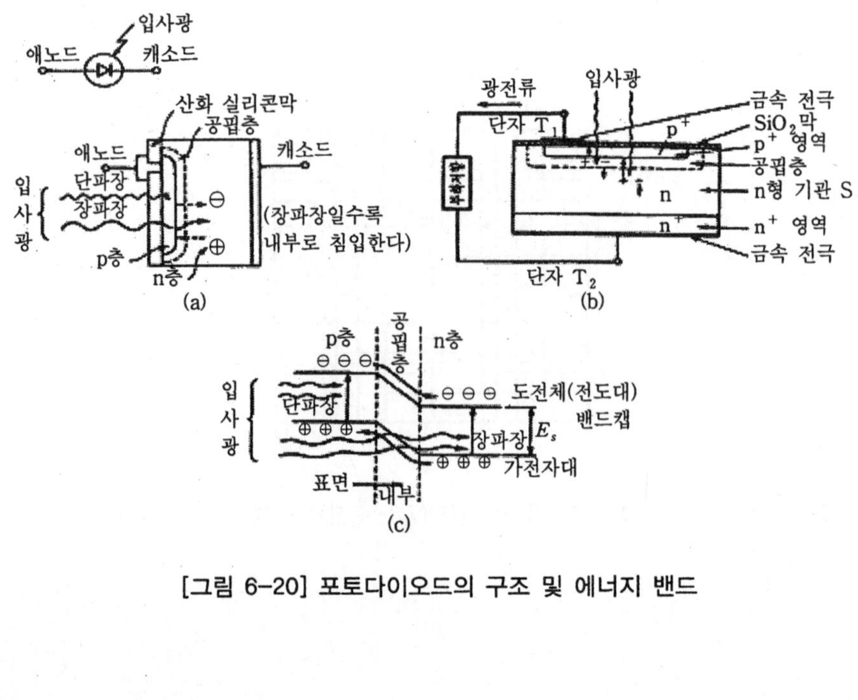

[그림 6-20] 포토다이오드의 구조 및 에너지 밴드

너지 갭을 고려하여 GaAsP 등이 사용된다. 광에너지 $E_{ph}=h\upsilon$로 $E_{ph}>E_g$이면 전자·정공쌍이 발생하여 전계작용에 의해서 전자와 정공이 가속된다.

1) 포토 다이오드의 등가회로

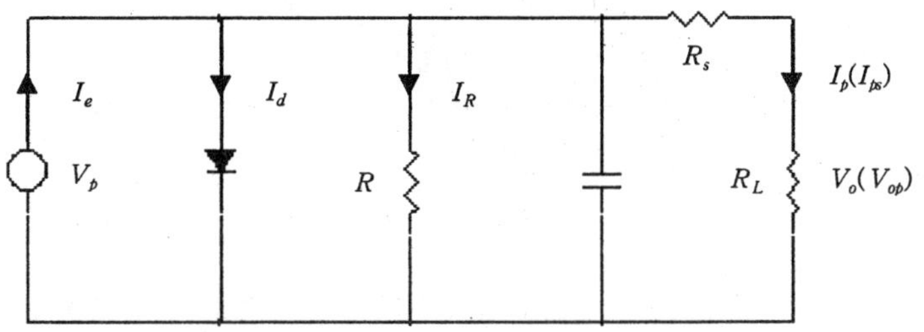

[그림 6-21] 포토 다이오드의 등가회로

[그림 6-21]에서

$$I_p=I_e-I_D-I_R=I_e-I_o\left(\exp\frac{qV_p}{KT}-1\right)-I_R \cdots (6-15)$$

포토 다이오드의 개방전압 V_{op}는 $I_p=0$인 경우

$$V_{op}=\frac{KT}{q}\log_e\left(\frac{I_e-I_R}{I_o}+1\right) \cdots\cdots (6-16)$$

단락전류 I_{ps}는 $R_L=0$ 또는 $V_o=0$일 때

$$I_{ps}=I_e-I_o\left(\frac{qV_p}{KT}-1\right)-\frac{V_p}{R} \cdots\cdots (6-17)$$

R_s는 수[Ω] 정도로 작다.

C_j는 접합용량으로

$$C_j=\{\rho(V_o+V_B)\}-\frac{1}{2} \cdots\cdots (6-18)$$

(여기서 ρ : 기판의 비저항, V_o : 접촉전위, V_B : 역방향 전압)

응답시간을 개선하기 위하여 C_j를 작게 해야 한다.

2) 분광특성

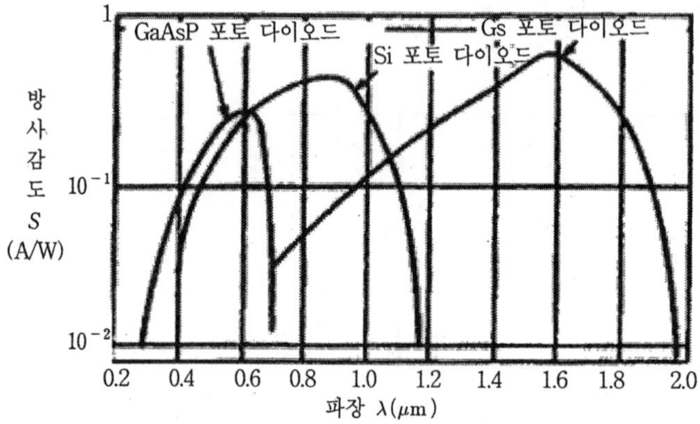

[그림 6-22] 분광특성

① 최대피크는 장파장 또는 단파장 쪽으로 갈수록 감소한다.
② 장파장에서 빛은 반도체내에서 흡수하지 못하고 투과하여 전자 · 정공쌍을 생성하지 못하며, 단파장에서는 재결합된다.
③ 포토 다이오드는 자외선-근적외선 영역에서 사용한다.

$$\lambda = \frac{h_c}{E_g} \times 10^9 = \frac{1240}{E_g}[\text{nm}] \quad \cdots\cdots (6-19)$$

3) 포토 다이오드의 잡음특성

포토 다이오드의 잡음전류 $i_n = \sqrt{i_j^2 + i_s^2}$로 무바이어스일 때

$$i_n = i_j = \sqrt{\frac{4KTB}{R}} \quad \cdots\cdots (6-20)$$

i_j : R에 근사한 저항체의 열잡음

i_s : 암전류에 기인한 쇼트 잡음

K : 볼츠만 상수, T : 소자의 절대온도, B : 잡음대역폭

바이어스를 걸 때

$i_s \gg i_j$이면

$$i_n = i_s = \sqrt{2qI_dB}[\mathrm{A}]$$

$I_L \gg I_d$ 이면

$$i_n = i_s = \sqrt{2qI_LB}[\mathrm{A}]$$

I_d : 암전류 I_L : 광전류

① 포토 다이오드는 저조도일수록 암전류의 영향이 크다.

② 미약광 검출을 직류결합할 경우 증폭기의 온도 드리프트가 문제된다.

4) 역바이어스를 걸 경우 암전류와 출력전압

[그림 6-23]은 역바이어스 회로에서 암전류와 출력전압을 나타낸다.

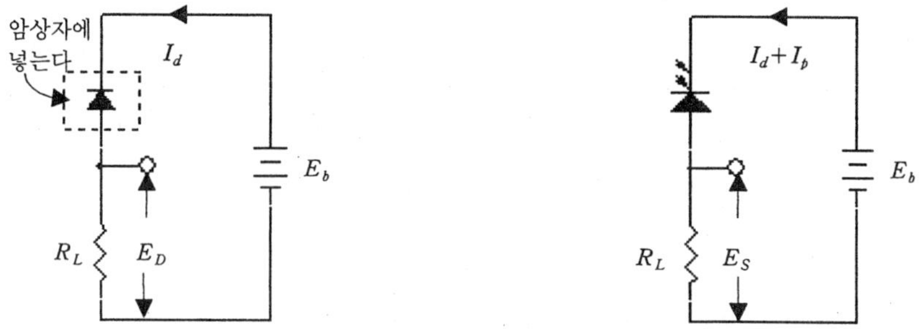

(a) 빛이 전혀 조사되지 않은 경우
E_D : 암전류에 의한 잡음전압
I_d : 암전류(무신호전류)
$E_D = I_d \times R_L$

(b) 빛이 조사된 경우
E_S : 출력전압
I_p : 광전류(신호전류)
$E_D = (I_p + I_d)R_L$

[그림 6-23] 역바이어스 전류에 의한 암전류와 출력전압

(4) 포토 트랜지스터(photo transistor)

포토 트랜지스터는 트랜지스터의 베이스에 포토 다이오드를 역접속한 것으

로, 그 특성은 포토 다이오드에 트랜지스터의 여러 가지 특성이 첨부된 것이라 생각할 수 있다. 광센서에서도 여러 가지가 있지만 포토 트랜지스터의 회로구성이 비교적 간단하고 또한 출력전류도 크기 때문에 비교적 저주파의 광센서 회로에 폭넓게 이용되고 있다. [그림 6-24]는 포토 트랜지스터의 구조도이다.

(a) 포토트랜지스터 기호

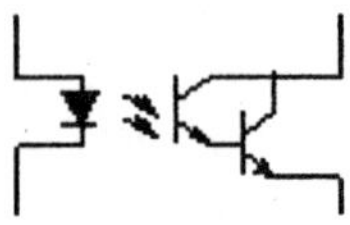

(b) 포토다링턴 트랜지스터 기호

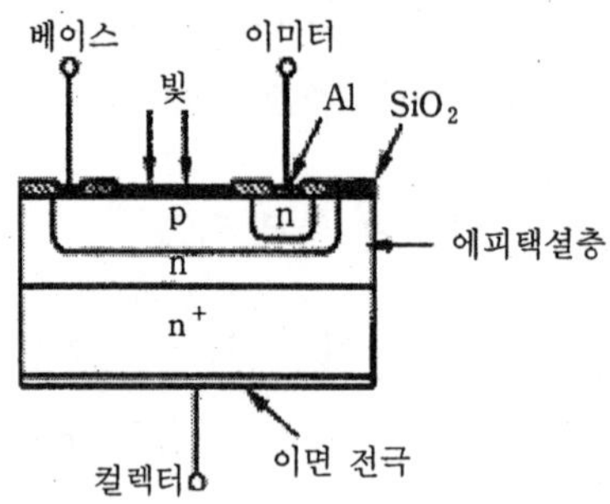

(c) 구조

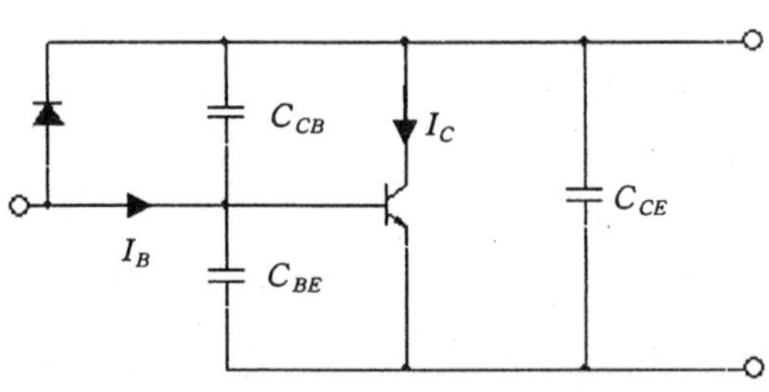

(d) 등가회로

[그림 6-24] 포토 트랜지스터

① 빛의 조사에 의해 베이스(base)에 전자·정공쌍이 발생하면 전자는 확산에 의해 컬렉터(collector)로 빠져나가거나 재결합한다. 정공은 베이스에 축적되어 베이스가 (+) 전하로 되고 E-B 사이는 순방향바이어스로 E에 많은 전자가 베이스에 주입된다.

② 전자는 매우 얇은 베이스 영역을 통과해서 컬렉터로 들어가 컬렉터 전류가 흐른다. 순방향 전류증폭률 h_{FE} 는

$$h_{FE} = \beta = \frac{I_C}{I_B} \qquad (6-21)$$

1) 응답성

응답성은 C-B 간의 밀러(miller) 효과에 의해 겉보기 용량 C는

$$C = C_{CB} \cdot h_{FE} \qquad (6-22)$$

부하저항 R_L로 하면 응답성 I는

$$I = C_{CB} \cdot h_{FE} \cdot R_L \qquad (6-23)$$

2) 암전류

I_{CBO}의 h_{FE}배인 I_{CEO}가 암전류가 되어 I_D는 온도에 의하여 증가한다.

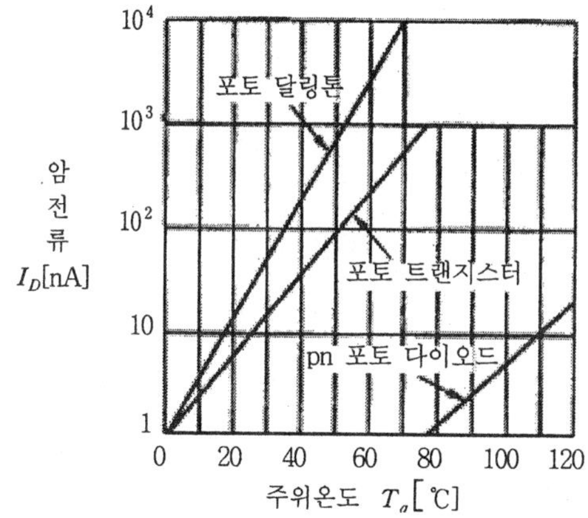

[그림 6-25] 온도-암전류 특성

[그림 6-25] 온도-암전류 특성에서 B-E 사이에 저항을 삽입하면 암전류가 작다(R_L을 높이면 출력전압이 크고 R_L을 낮추면 응답특성이 좋다).

3) 용 도

자외선-근적외선 영역에 사용되며 응답시간은 수십 sec-nsec이다. 저감도 광통신의 수광소자, 리모콘, 노출계 등에 이용된다.

6.2 온도 센서

6.2.1 온도 센서의 종류와 그 개요

온도 센서에는 여러 가지 종류가 있지만, 일반적으로는 접촉식과 비접촉식이 있다. 여기서 접촉식이란 피측온체(被側溫體)에 온도 센서를 접촉시키는 방식을 말하고, 측온의 기본형이 된다. 또한 이 방식은 접촉을 위한 피측온체의 열에너지가 온도 센서로 이동하기 때문에 이것에 의해 피측온체의 온도저하를 가져온다.

이 경우, 특히 피측온체가 작고 열에너지가 미약한 검출대상에서는 이것이 현저하여 정확한 온도측정이 실시되지 못한다. 따라서 이 방식은 피측온체의 열용량이 센서 소자에 비해 충분히 큰 것을 전제조건으로 한다. 결국 센서 소자를 접촉시키는 것만으로 피측온체의 온도가 저하하는 미약한 검출물체에는 부적합하다고 할 수 있다.

이것에 비해 비접촉식은 피측온체에서 방사하는 열선(熱線)을 계측하는 방식으로, 위와 같은 문제는 없다. 또 이 방식은 상당히 떨어진 물체의 온도 측정도 가능하기 때문에 접촉식에서는 생각할 수 없는 다채로운 응용도 가능하다.

그러나 그 성질상 방사 에너지를 태우는 광학계와 여러 가지 보조 부재료를 필요로 하기 때문에 일반적으로 고가(高價)가 되기 쉽다. 어쨌든 만능형의 온도 센서는 있을 수 없으므로 측온할 때에는 사용목적, 요구정밀도, 가격 등도 고려하여 적절하게 선별하여 사용하는 것이 필요하다.

(1) 접촉식 온도계측

센서 자체가 측정대상온도에 견디면서 소정의 동작을 해야 한다. 물질은 거의 모두 온도의존성을 가지므로 원리적으로는 모든 물질이 온도 센서가 될 수 있다. 그러나 센서는 상태량으로서의 온도만에 의존해서 동작하는 것이 바람직하고, 다른 상태량(압력, 전자, 자장 등)의 의존성이 적을수록 좋다. 이러한 요구에 따라 실제에서는 종류가 한정된다. 이밖에 변환특성의 효율(감도), 안정성, 재현성, 직선성, 그리고 응답성, 열용량, 크기 등이 센서로서의 적성을 결정하는 요소가 된다.

접촉식 센서는 모두 특정물질의 성질(물성)을 이용하고 있다. 여기서 물성이란 열적, 역학적, 전기적, 자기적 및 이들이 복합된 성질이다. 물성이 평형상태의 물성인가, 비평형상태의 물성인가에 따라 2가지로 분류된다.

① 평형상태의 물성과 관련된 물리현상

열팽창, 탄성의 온도변화, 포화증기압의 온도변화, 자화율(磁化率)의 온도변화, 결정장(結晶場)의 온도변화(핵자기공명), 핵 스핀의 정렬(整列), 유전율의 온도변화, 전자의 열적 흔들림 등이다. 이러한 현상에서 센서 요소는 모두 열평형상태에 있다는 점에 주의하기 바란다.

② 비평형상태의 물성

전자·정공의 수 및 이동도와 관련된 전기저하의 온도변화, 반도체접합의 전압, 전류특성, 열전효과 등이다. 이러한 현상에서는 센서 요소의 흐름을 일으켜 비평형상태를 형성시켜서 그 특성의 온도변화를 이용하고 있다.

열전대는 전류와 열류와의 상호작용을 이용한 센서이다. 열방사란 물체 중의 전자나 원자, 이온이 열적으로 여기(勵起)되어 그 역학적 에너지가 전자파의 에너지로 변환되어 방출되는 것이다. 이것을 간단히 표현하면 전자파의 열적 방출이라 해도 좋을 것이다. 보통 가시광, 적외방사, 마이크로파가 실제의 온도측정에서 이용된다. 따라서 센서는 방사검출기이고, 광학계와 조합시켜 방사계를 구성한다. 다만 이 방사계는 대상의 방사휘도가 측정되도록 구성되어야 하며(휘도계), 이것을 흑체에 대해 교정함으로써 방사온도계로서 동작시킬 수 있다.

(2) 비접촉식의 온도계측

센서가 방사의 검출기일 뿐이므로, 방사강도에만 의존하는 센서가 바람직하다. 접촉식과 달라서 센서 출력은 센서의 온도에 의존해서는 안 된다. 다른 적성은 접촉식과 같다.

온도계측을 계획함에 있어 우선 결정해야 할 것은 접촉식과 비접촉식에서 어느 방식을 채택해야 하는가의 문제이다. 접촉방식은 온도 센서를 측정대상물에 공간적으로 근접시켜, 열적 평형상태를 형성시키는 것을 원칙으로 한다. 반면, 비접촉방식에서는 측정대상이 방사하는 열방사를 원격관측하므로, 관측장소에서 측정대상이 보이는 것, 즉 측정파장의 방사에 대해 관측경로가 투명해야 하는 것이 원칙이다.

따라서 복잡한 구조물 내부의 1점의 온도를 측정하고자 할 때는 접촉방식이 유리하다. 즉 작은 센서를 골라 그것을 측정 개소에 매입하여 적당한 틈새로 리드선을 끌어내야 할 것이다. 만일 이것을 비접촉 방식으로 한다면, 측정대상의 1점을 향해 외부에서 똑바로 구멍을 뚫어야 한다. 구멍지름을 상당히 크게 해야 하는 것이 보통이다.

지표나 해수면 등의 광역에 걸친 온도분포를 측정하고자 할 때를 생각해 보면, 접촉방식에서는 센서를 운반하여 측정개소마다 지표나 해부면과 열접촉시켜야 할 것이다. 이에 반해, 비접촉방식에서는 인공위성이나 항공기에 방사온도계를 탑재하여, 기계적으로 시야를 선택시켜 준다면 거의 연속적으로 2차원의 온도분포를 관측할 수 있다.

광역의 2차원계획에서는 비접촉방식이 위력을 발휘한다. 일반적으로 접촉방식에는 전기저항응용의 측온저항온도계와 서미스터, 열전대, 반도체 응용 센서, 진동응용의 수정온도 센서와 SAW 온도 센서, 자기응용의 감열 페라이트, 액정온도계, NQR온도계 등이 있고, 비접촉방식에는 서모파일과 파이로 센서 등이 있다

6.2.2 열전대

1821년 독일의 물리학자 제백(T. J. Seebeek)이 구리와 안티몬 사이에서 발견한 현상으로 발견자의 이름을 따서 제백효과라고 불린다. [그림 6-26]처럼 재질이 다른 두 금속을 연결하고 양접점간에 온도차를 부여하면 그 사이에 열기전력이 발생하여 회로내에 열전류가 흐르는데 이러한 물질을 열전대(thermo-couple)라 부른다.

(1) 원 리

2종류의 금속선의 한 끝을 접합하면 개방된 다른 끝에는 접합부와의 온도차에 따라 기전력이 발생된다. 이는 종류가 다른 두 도체, 예를 들어 크로멜과 알루멜 또는 백금과 백금로듐이 [그림 6-26]과 같이 접합되면 여기서 열기전력이 나타나는 원리를 이용한 것이다.

[그림 6-27](b)와 같이 중간의 온도가 t_3, t_4에서도, 또한 중간에 다른 금속 C가 접속해 있어도 양단이 같은 t_5의 온도라면 열기전력의 크기는 변함 없다.

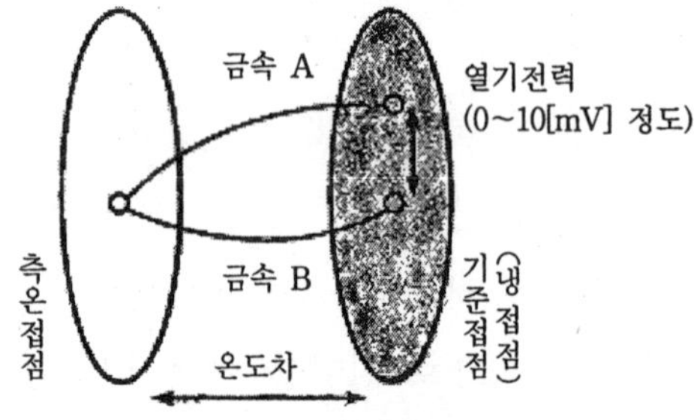

[그림 6-26] 열전대의 원리

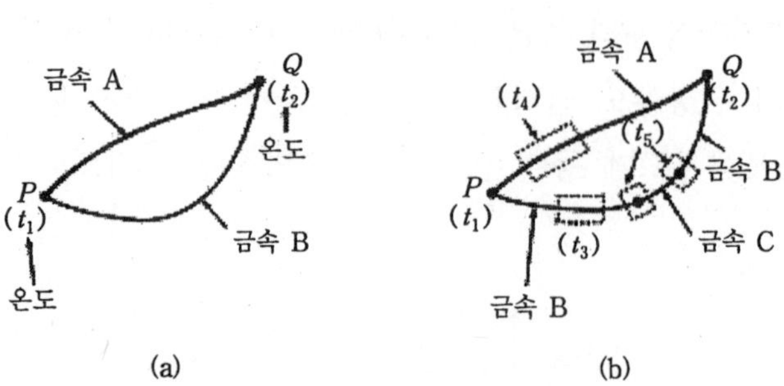

[그림 6-27] 온도차($t_1 - t_2$)가 있으면 전류가 흐른다.

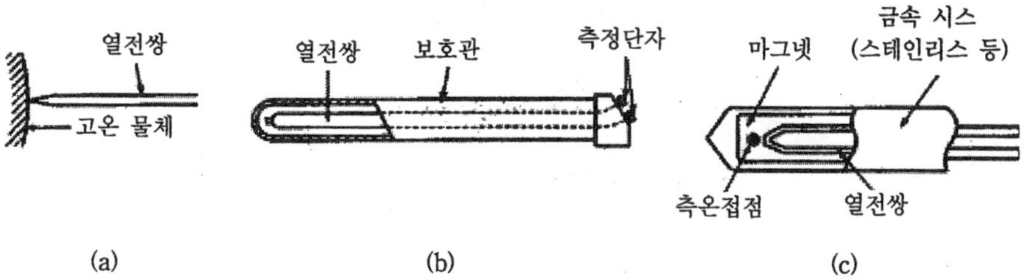

[그림 6-28] 열전대의 종류

C금속 대신에 전압계를 연결하면 이 기전력을 측정할 수가 있으며, 반대로 온도차가 구해진다. 또한 열전대는 다음의 [그림 6-28]과 같이 여러 종류가 있는데 필요에 따라 선택하여 사용할 수 있다.

[그림 6-28](a)는 물체 표면의 온도가 비교적 낮은 경우에 측정할 수 있고, (b)는 보호관이 있는 경우로 실험실 등에서는 소선만 사용하는 경우도 있으나 공업용에서는 기계적 강도, 내열성, 내식성 등의 목적 때문에 보호관에 넣어 사용한다. 보호관이 있는 열전대는 단자, 보호관, 열전대 소선으로 구성되어 있다. 보호관에는 스테인리스 등을 사용한 금속보호관과 알루미늄 자기 등의 비금속보호관이 있다. 또, 고온뿐 아니라 환경조건이 나쁜 곳에서도 사용할 수 있는 (c)와 같이 생긴 금속관(금속 시스)속에 열전대 소선을 넣고 그 주위에 무기절연물(MgO 또는 Al_2O_3)을 단단하게 채우고 열전대 소선간 및 금속 시스와 열전대간을 절연함과 동시에 소선을 기밀상태로 해서 부식과 열화를 방지한 시스형이 있다. 이것은 보호관이 있는 열전대에 비해 응답이 빠르고 내열성이나 내진성이 우수하며, 어느 정도의 굽힘도 가능하다.

외형 치수는 0.2~8[mm] 정도의 것이 있으며 피측정체에 납땜해서 사용할 수도 있다.

열전대로 온도를 측정하는 경우에 원리적으로는 열전대를 계기에 접속하는 것이 이상적이다. 그러나 측정점과 계기까지의 거리가 먼 경우 열전대 소선을 계기까지 연장하게 되면 비용이 많이 든다. 이때문에 열전대의 소선을 대신할 수 있는 것으로 열전대와 동일하거나 유사한 열기전력 특성을 가진 2종류의 도체를 1조로 한 도선을 사용하여 열전대와 계기간을 접속한다. 이 도선을 보상도선이라 부르며 접속방법을 [그림 6-29]에 나타낸다.

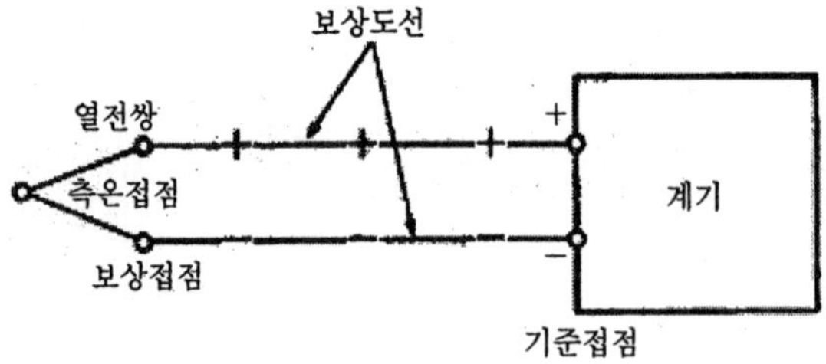

[그림 6-29] 열전대와 보상도선의 접속

보상도선에는 열전대와 같은 재질을 사용한 익스텐션(extension)형과, 보상도선의 사용온도범위에 있어서 열전대의 열기전력 특성과 거의 동등한 합금을 사용한 컴펜세이션(compensation)형이 있다.

익스텐션형은 열전쌍과 같은 재질을 사용하기 때문에 넓은 온도범위에 걸쳐 높은 정밀도를 유지할 수 있지만 가격이 높은 것이 결점이다. 한편, 컴펜세이션형은 가격은 싸지만 열전대와 다른 재질이므로 넓은 온도범위에 걸쳐 낮은 오차로 유지할 수 없고, 사용온도범위가 제약되는 결점이 있다. 어느 경우에나 열전대의 종류에 맞는 보상도선을 사용해야 한다. 최근에는 구조가 기준접점의 전압에 해당하는 보상전압을 발생시키는 외에 기전력을 증폭해서 10[mWV/℃]의 출력이 나오는 열전대 신호처리용 IC도 제작되고 있다.

(2) 특 징

① 소형으로 측정온도범위가 넓고 또한 고온측정(섭씨(−)수십~(+)수백 도)에 적합하다. 다만 온도의 절대값을 기준 온도에 따라 나타내도록 해야 한다.

② 발생하는 열기전력은 2종류의 금속과 양접점간의 온도에 따라 정해지며 금속의 형상이나 치수, 도중의 온도변화에는 영향을 받지 않는다.

③ 열전대의 종류에는 300[℃] 정도의 낮은 온도를 측정하는 구리-콘스탄탄, 1000[℃] 정도의 온도를 측정하는 크로멜-알루멜 등 여러 가지가 있다.

④ 열전대를 사용할 때는 측정대상에 적합한 종류의 것을 정해진 온도범위 내에서 사용해야 하며 선정시 측정환경, 온도범위, 감도 및 정밀도 그리고 주변환경을 고려해야 한다.

〈표 6-1〉 열전대와 사용온도

기 호	(−)	(+)	사용온도범위(℃)
K(CA)	크로멜	알루멜	-200~+1000[℃]
E(CRC)	크로멜	콘스탄탄	-200~+700[℃]
J(IC)	철	콘스탄탄	-200~+600[℃]
T(CC)	구리	콘스탄탄	-200~+-300[℃]
R(게)	백금·로듐	백금	0~+1400[℃]
S(-)	백금·로듐		0~+1400[℃]
B(-)	백금·로듐	백금	0~+1400[℃]
		백금	+300~1550[℃]

크로멜=니켈(크롬합금), 알루멜=니켈(알루미늄 합금), 콘스탄탄=니켈(구리합금)

(3) 오 차

열전대를 부착하는 방법과 측정방법에 따라 다음과 같은 오차가 발생할 수 있으므로 주의하여야 한다.

1) 삽입 깊이에 의한 오차

열전대의 측정부에 대한 삽입이 깊지 않으면 보호관에 접해 있는 벽이나 외란에 의한 영향으로 오차가 발생한다. 삽입깊이는 대체적으로 지름의 10~20배가 필요하다. [그림 6-30](b),(c),(d)는 오차를 일으킨다.

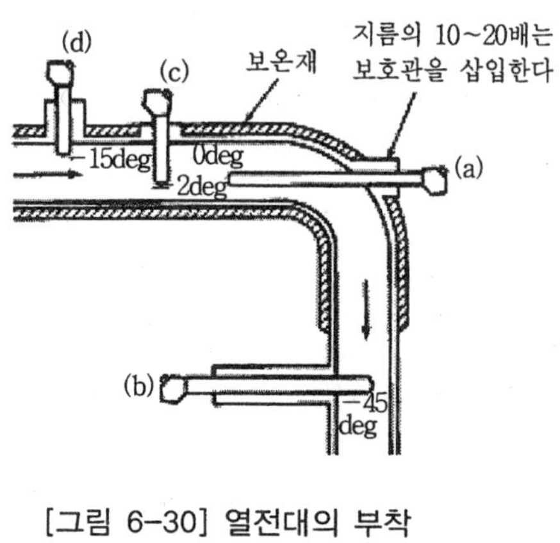

[그림 6-30] 열전대의 부착

2) 고속유체에 의한 오차

고속으로 흐르고 있는 기체에 측온체를 삽입하면 기체의 압축성이나 내부 마찰에 의한 열 때문에 오차가 발생한다. 이것은 [그림 6-31]과 같은 경우에 발생한다.

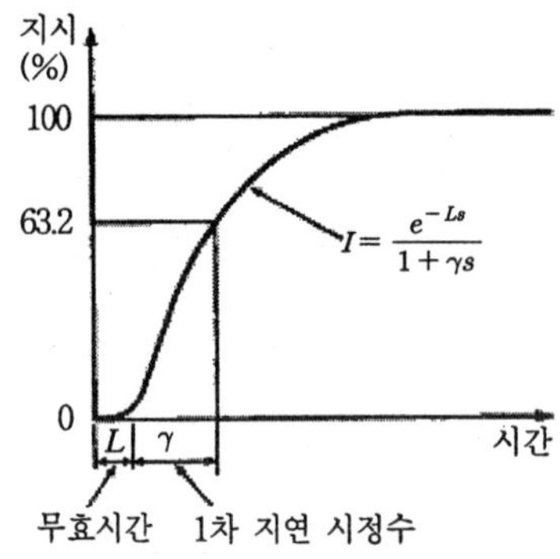

[그림 6-31] 열전대의 응답지연

3) 방사열에 의한 오차

온도차가 큰 물체가 가까이 있는 경우 측온체간의 방사열에 의해 오차가 발생한다.

4) 보호관의 지름, 내부 두께, 충전물의 유무, 소선 지름 등에 기인하는 지연이 발생할 수 있다.

(4) 용 도

대개 공업용에 많이 사용한다.

6.2.3 반도체 온도 센서

(1) 원 리

일반적으로 트랜지스터나 다이오드 소자를 사용하여 회로를 구성할 경우 온도에 민감하기 때문에 온도에 대한 안정에 많은 노력이 필요하다. 이것은 반도체 온도 센서(pn접합 반도체)가 그만큼 온도에 따라 그 특성이 변함을 의미한다. 즉 트랜지스터의 경우 베이스 이미터(base emiter) 접합부의 순방향전압을 V_{BE}, 이미터 전류를 I_E라고 한다면 이것의 관계는

$$I_E = I_S(EV_{BE}{}^{/KT} - 1) \quad \cdots\cdots (6-24)$$

(여기서, I_S : 접합부 온도에 결정되는 포화전류

T : 절대온도(K)

q : 전자의 전하(1.6×10－19[C])

K : 볼츠만 상수(1.38×10－23[J/K]))

이와 같이 비선형적이지만 온도에 의하여 반도체의 전도율이 변함을 알 수 있다.

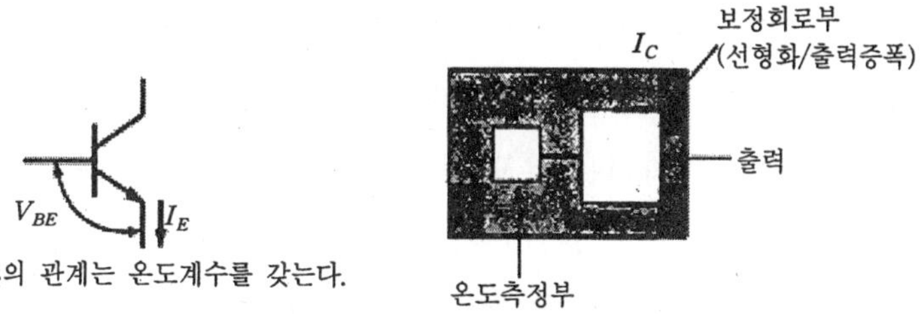

V_{BE}와 I_E의 관계는 온도계수를 갖는다.

[그림 6-32] 반도체 온도 센서

(2) 특 징

소형화할 수 있으며 온도변화에 대하여 정밀성을 나타내고 또한 응답특성이 대단히 빠르다. 그러나 비선형적 출력을 나타내므로 OP 앰프 등을 사용하여 이를 보정해 주어야 한다. 그리고 측정온도범위는 좁은 편이며 대개 0~120[℃] 범위에서 사용된다.

(3) 용 도

일반적인 온도측정 및 의료기에 응용된다.

6.2.4 서미스터 센서

온도변화에 의해서 소자의 전기저항이 크게 변화하는 대표적 반도체 감온 소자가 서미스터(thermistor)이다. 서미스터는 열에 민감한 저항체(thermal sensitive resistor)라는 의미이고 비교적 오래 전부터 실용화되고 현재 가장 많이 사용되고 있다. 사용되고 있는 대부분의 서미스터는 Mo, Ni, Co 등의 산화물(반도체)이고 기본특성에 의해서 분류하면 온도가 상승함에 따라 전기저항이 지수함수적으로 감소하는 음(－)의 온도계수를 갖는 NTC(Negative Temperature Coefficient) 서미스터, 반대로 비직선적으로 현저하게 저항이 증가하고 전체로서 양(＋)의 온도계수를 갖는 PTC(Positive Temperature Coefficient) 서미스터, 또는 NTC와 동일특성을 갖지만 어떤 온도 경계에서 전기저항이 갑자기 감소하는 급변 서미스터 CTR(Critical Temperature Resistor)의 3가지가 있다. 단순히 서미스터라고 부를 때는 서미스터를 가리키는 경우가 많다.

PTC, CTR은 넓은 온도범위의 온도 센서로서는 사용할 수 없으나 온도가 특정한 온도(저항이 급변하는 온도)를 초과하는가의 여부를 검출하는 데 사용하면 편리하다. 예를 들면 PTC에 전류를 흘리면 발열하고 급변온도를 초과하면 저항이 크게 되어 전류가 감소해서 발열하지 않게 되므로 전자보온밥솥에 부착하여 내부온도를 일정하게 유지하거나 건조기나 드라이어(drier)에 부착해서 온도 스위치를 작용시킬 수가 있다.

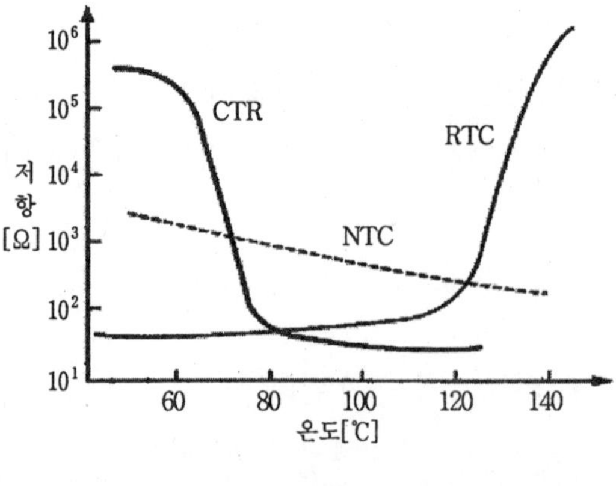

[그림 6-33] 각종 서미스터의 온도

(1) 원 리

서미스터는 크기와 형태 등이 다양하며 그 재료에 따라서도 많은 특성의 차이를 나타낸다. 특히 온도특성에 대하여 크게 구별한다면 부온도특성의 NTC와 정온도특성의 PTC로 나타낸다. 온도 센서로는 대개 NTC를 많이 사용하므로 이를 좀더 설명한다면 NTC서미스터는 온도 T(K)에 대한 온도대저항(R)을 다음과 같이 나타낸다.

$$R = R_0 \varepsilon^{B(1/T - 1/T_0)} \quad \cdots\cdots (6-25)$$

(여기서, T : 절대온도(K)

T_0 : 초기의 온도(K)

R_0 : T_0에서의 서미스터의 저항값

B : 서미스터의 상수)

이 식에서 서미스터의 저항온도계수 α를 구한다면

$$\alpha = \frac{1}{R} \cdot \frac{dR}{dT} = -\frac{B}{T^2}$$

가 된다.

즉 온도 T의 제곱에 반비례하는 저항값을 나타냄을 알 수 있다.

(2) 특 징

서미스터는 일반적인 저항소자와 같이 그 자체가 기본적인 저항값을 갖고 있을 뿐만 아니라 발열체로도 동작하기 때문에 전력용량을 표시하고 있다. 따라서 전자회로의 온도보상소자로 많이 사용되고 있으며, 특히 PTC 같은 경우에는 자동온도 제어회로의 발열체로도 이용되고 있다. 서미스터는 용도에 따라서 수십 μW에서 수십 W(watt)까지 여러 가지 규격이나 특성으로 제작되고 있으므로 손쉽게 이용할 수 있으며, 근래에는 직선보상 앰프의 발달에 의하여 서미스터의 이용가치를 더욱 넓혀 주고 있다.

(3) 용 도

온도 센서 이외에 방열상태의 변화가 저항변화를 가져오게 하는 풍속 센서, 진공 센서, 가스 센서 등에도 사용할 수 있으며, 전자온도 제어회로 및 전자회로의 온도보상용 등으로 사용된다.

1) NTC 서미스터

① 원 리

저항값변화의 성질에 따라 양특성(온도가 올라가면 저항값이 높아진다)과 음특성(온도가 올라가면 저항값이 떨어진다)의 것이 있는데, 단지 서미스터라고 부를 때는 부특성 서미스터(NTC)를 가리킬 만큼 NTC 서미스터가 일반적이다. NTC 서미스터라는 것은 NiO, CoO, MnO, Fe_2O_3 등을 주성분으로 한 것이고 스피넬 구조에 가까운 결정구조를 갖고 있다. 일반적으로 그들의 저항값은 산소의 영향을 그다지 받지 않고 공기 중에서 안정하고 불순물의 영향도 다른 경우만큼 크지 않으므로 서미스터로서는 매우 적당하다. 현재 많이 사용되고 있는 것은 서미스터 상수가 2000~5000K 정도이고 사용할 수 있는 온도 범위는 -50~300[℃] 정도까지이다. 서미스터는 세라믹스의 일종으로 소결체이다. NTC 서미스터에는 소결체 외에 탄화규소계의 것도 있다. 전체적으로 보면 아직 사용량이 적고 서미스터의 감도를 정하는 서미스터 상수(B정소라고 한다)가 보통의 NTC 서미스터의 1/2 정도인데 감도가 낮다는 것은 리니얼라이즈가 편하므로 용도에 따라서는 편리한 경우가 있다.

② 특 징

㉮ 비드형 서미스터

유리로 싸여 있으며 신뢰성과 안정성이 아주 뛰어나다. 소체부분을 주사기로 액의 방울을 떨어뜨려 만드는 방식에서 프레스나 인쇄에 가까운 방식으로 변화해가고 있다. 손으로 만드는 경향이 많으므로 고가이며, 온도계측에 사용한다.

㉯ 칩형 서미스터

최근에 대량으로 생산되고 있고, 저가격으로 정확도가 높은 것이 출하되고 있으며, 온도검출용에 주로 이용되어 대량으로 만들어지고 있는 저자체온계는 거의 100[%]가 이 타입이다. 범용이면서 정확도가 높은 것을 지향하고 있어 일반 가전용으로는 최적이라고 생각된다.

㉰ 디스크형 서미스터

온도검출로서는 값이 싸고 대량으로 공급할 수 있다는 이점 때문에 에어컨이나 쿨러, 스위칭 레귤레이터의 전원투입시 러시 전류억제용으로 대부분 사용되고 있으나, 온도검출용으로서는 다른 형보다 소형화할 수 없고 에폭시 수지 등의 간단한 외형 때문에 기밀성이 곤란하므로 응답속도가 느린 기온 등의 측정용으로 한정되어 있다.

㉱ 수지외장 서미스터

겉으로 보기에는 방수형인 것 같지만, 사용은 건조공기에서만이며 물이 접촉하는 곳은 물론 수증기 속에서의 사용도 불가능하다. 설사 사용한 다음 건조한다고 해도 장애가 남을 염려가 있다.

③ NTC 서미스터를 사용할 때 고려할 사항

㉮ 서미스터는 본래 100[℃] 이상의 온도에서 소결한 것이기 때문에 사용방법에 잘못이 없으면 충분히 장기간 안정된 특성을 유지한다. 그러나 모든 물질에 경련변화가 있듯이 영구히 변화하지 않는 것은 아니다. [그림 6-34]에서는 100[℃]에서 사용한 경우의 안정도를 1로 했을 때의 상대값을 나타낸 것으로 고온이 될수록 안정도가 저하하고 있는 것을 알 수 있다. 이것은 서미스터의 재료, 소결조건에 따라 달라지지만 100[℃] 정도의 저온에서 사용할 때는 이 원인에 의한 변화는 무시할 수 있다. 만일 정온도에서 변화가 있다면 외형의 손상으로 수분이나 용제 등이 침입한 것이라고 생각된다.

㉯ 무엇보다도 중요한 것은 어떤 온도를 어떻게 포착하는가 하는 것이다. 서미스터와 측정물간의 온도차가 2~3[℃]나 되는 경우는 흔히 있는 일이고, 10[℃] 정도 벗어나도 무의식적으로 온도조절기의 손잡이를 거기에 맞추어서 대응하는 경우가 있다. 또한 단지 온도에 민감한 서

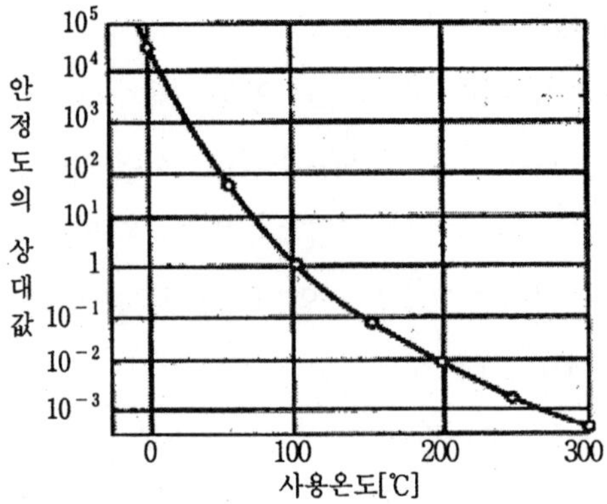

[그림 6-34] 서미스터의 안정도

미스터만을 믿고 기기를 거칠게 조작함으로써 고장을 일으키는 경우도 있다. 트러블을 피하기 위한 기본적인 사항은 필요 이상으로 민감하고 정확도가 높은 온도조절은 피해야 한다는 것이다. 이 점을 고려하면 노이즈 방지의 콘덴서 등을 부가함으로써 충분히 노이즈에 강한 온도조절을 할 수 있다. 그만큼 응답속도는 떨어지지만 순간온수기, 샤워 등의 일부를 제외하고는 온도 샘플링은 매초 1~2회이면 충분하다. 오히려 매초 3~15회의 고속 샘플링으로 온도를 표시하면 표시의 변화가 심하여 불안정하다는 오해를 받는 일이 있으므로 디지털 온도계를 만들 때에는 주의해야 한다.

㉰ 특별한 도구 없이 서미스터의 특성을 알 수 없으므로 사용하는 서미스터의 데이터를 필히 입수하여 특성이 명확한 것을 준비해야 한다.

③ 용 도

트랜지스터 회로의 온도보상, 온도측정, 제어 또는 통신기의 자동이득조절에 이용된다.

2) PTC 서미스터

① 원 리

양특성 서미스터(PTC)는 그 주성분인 티탄산바륨($BaTiO_3$)에 미량의

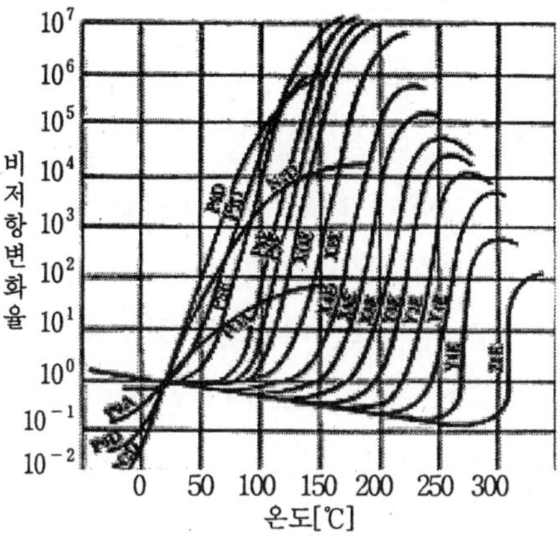

[그림 6-35] 비저항변화율(기준 온도 20[℃])

희토류원소(Y, La, Dy)를 첨가하여 전도성을 갖게 한 N형 티탄산바륨계 산화물 반도체의 일종이다. $BaTiO_3$ 특유의 퀴리점에 있어서 상 전이에 따라 전기전도성이 현저하게 변화하는 성질, 바꾸어 말하면 소자가 특정한 온도에 이르면 저항값이 급격히 증대하는 성질을 가진다.

이와 같은 성질을 가진 PTC 서미스터는 그 구조가 간단하기 때문에 전류제한소자(퓨즈 기능소자), 양온도 발열체 또는 온도 센서로 여러 분야에 사용되고 있다. 그리고 더욱 높은 신뢰성이 요구되는 분야에서의 새로운 용도전개가 기대되고 있다.

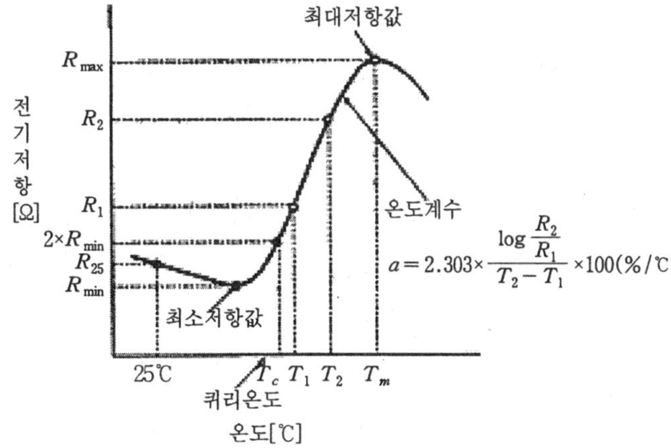

[그림 6-36] 저항-온도특성

② 특 징

㉮ PTC 서미스터의 주위온도를 바꾸어가면서 줄 열에 의한 자기발열을 수반하지 않을 정도의 미소전압(통산 1.5[V] DC 이하)에서 전기저항을 측정하면 위의 그림에 나타낸 바와 같은 저항-온도 특성이 얻어진다. 이 특성에서 저항값이 급격히 증가하는 저항 급변점 온도를 급변점온도 또는 퀴리 온도라 부르며, 최소저항값 R[min]의 2배의 저항값에 대응한 온도로 정의하고 재료특성이 중요한 요소로 되어 있다. 또한 온도를 높여가면 일단 저항이 최대값을 나타낸 후에는 온도상승에 따라 반대로 저항값이 감소하는 성질을 나타낸다. 또 다른 특성은 전압-전류특성이다.

㉯ PTC 서미스터의 단자간 전압을 서서히 높여가면 줄 열에 의한 자기발열에 의해 서서히 소자의 온도가 상승하고 퀴리 온도 부근에 도달하면 부성전류특성(전압의 증가에 따라 전류가 감소한다)을 나타낸다. 전압과 전류축을 양 대수 눈금상에 플롯하면 이 부성전류영역은 정전력특성을 나타냄을 알 수 있다. 소자에 인가하는 전압이 어떤 값을 넘으면 전압의 증가에 따라 전류도 증가하고 결국에는 브레이크다운(파괴)에 이르게 된다. 이 전압을 파괴전압(V_b)이라 하며, 정격사용 전압에 대한 안전여유도를 짐작할 수 있다. 주위온도의 변화에 대하여 약간의 차이를 보이는데 [그림 6-37]에서 전압-전류의 특성을 보여준다.

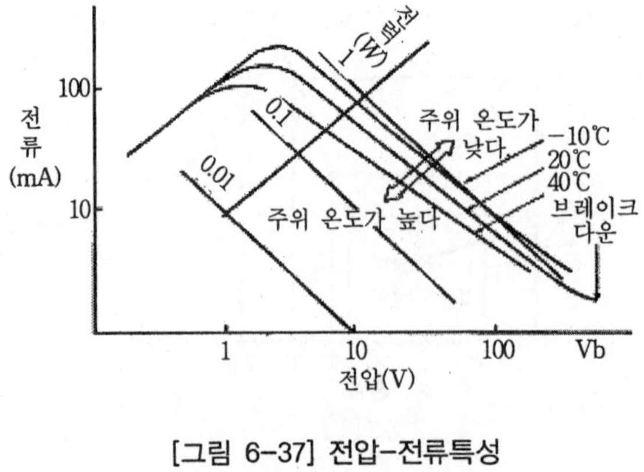

[그림 6-37] 전압-전류특성

㉰ 전압 인가시 전류감쇠특성을 갖고 있으며, 이를 [그림 6-38]에서 보여준다. 이와 같이 초기에 대전류가 흐르고 그 후에 감쇠하여 미소전류로 억제되는 성질을 온도상승이 빠른 발열체로서 또는 회로의 과대전류방지용으로, 그리고 초기에만 대전류를 필요로 하는 컬러TV의 자기제거용, 모터의 기동용으로 신뢰성이 높은 무접점 스위치의 기능을 갖는다.

㉱ PTC 서미스터는 용도 및 조건에 따른 재료 그리고 형상 등 여러 가지 종류가 있다. 다음은 제품의 형태에 따른 PTC 서미스터의 분류이다.

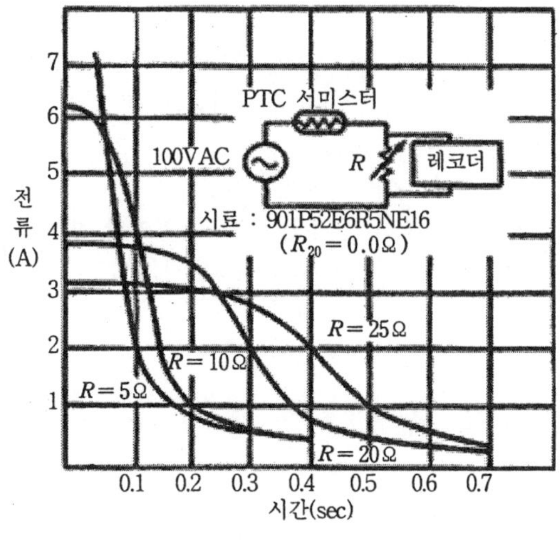

[그림 6-38] 전류감쇠특성

• PTC 서미스터의 제품형태

PTC 서미스터의 제품형태
- 소자 자체 타입 : 원판, 사각판, 원통 원주, 도넛형 등
- 리드선 딥 타입 : 도장품, 비도장품
- 케이스 내장 : 플라스틱, 세라믹 케이스 등
- 어셈블리 타입 : 유닛 제품

- PTC 서미스터의 분류

- 전류제한용
  - 자기회복 퓨즈 기능 과대입력감쇠 특성을 이용
    - 과대전압입력보호
      - 트랜스 보호
      - 보안기접촉보호
      - 테스터 입력회로보호
    - 과대전류보호
      - 모터 과열보호
      - 회로단락보호
    - 가열방지
      - 트랜지스터 과열방지
  - 대전료 감쇠비 기능 초기 대전류 이용
    - 소자용
      - TV, 컴퓨터 디스플레이의 소자
    - 모터 가동용
      - 냉장고, 에어콘용 압축기 모터의 기동
- 발열용
  - 정온발열 기능 $V-I$특성의 정전력 특성 이용
    - 전자 모기퇴치기
    - 헤어 컬러
    - 석유온풍난방기
    - VTR, DAT 실린더의 결로방지
    - 복사기 결로방지
    - 수정진동자보호
    - 액추에이터
- 감열용
  - 센서 기능 $R-T$특성 이용
    - 트랜지스터, 사이리스터 등의 과열방지
    - IC 콤퍼레이터, 트라이액
    - 위상제어 회로와의 조합
    - 액추에이터

㉮ 형상은 세라믹 성형의 금형, 소성 후의 커팅이나 연마 가능 등에 따라 여러 가지 형태와 치수로 할 수 있다. 또 소자의 평상온도에 있어서 저항은 재료의 비저항과 형상치수의 관계에서 구할 수 있다.

㉯ 이러한 형상 외에 소자에 직접 납땜하는 타입에서는 기계적 보호, 전기적 절연, 내습성 등을 향상시키기 위해 내열성 도료 등이 사용되는데 이에 따라 다른 형상이 사용조건이나 용도에 따라 필요하다.

형 상	치수 취득 범위	전기저항 환산식
원판형 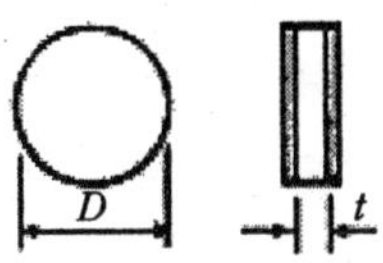	(단위 : mm) $D=\phi 5\sim 35$ $t=1\sim 5$	ρ : 비저항(Ω · cm) R : 전기저항 $R=\frac{4t}{\pi D_2}\cdot\rho$
사각판형 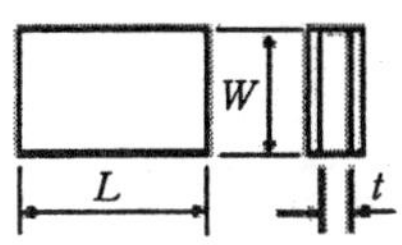	$W=10\sim 45$ $L=5\sim 35$ $t=1\sim 5$	$R=\frac{t}{L\times W}\cdot\ \rho$
도넛형 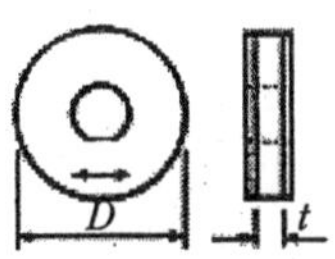	$D=\phi 10\sim 35$ $t=1\sim 3$	$R=\frac{4t}{\pi(D_2-d_2)}\cdot\ \rho$
원통형 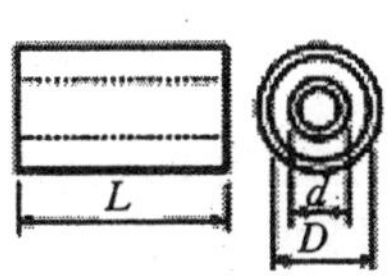	$L=10\sim 30$ $D=\phi 5\sim 10$ $t=\phi 3$	$R=2.303\times\frac{\rho}{2nL}\log\frac{D}{d}$
원주형 	$L=5\sim 15$ $D=\phi 5\sim 10$	$R=\frac{4L}{\pi D_2}\cdot\ \rho$

[그림 6-39] 소자 자체의 각종 형상

6.2.5 측온저항체

측온저항체는 접촉식 온도 센서 가운데서 열전대나 서미스터와 함께 널리 사용되고 있는데 그 중 백금(pt) 측온저항체가 가장 안전하며 온도범위가 넓고, 높은 정화도가 요구되는 온도계측에 많이 사용된다.

일반적으로 물질의 전기저항이 온도에 따라 변화하는 사실은 잘 알려져 있다. 금속은 온도에 거의 비례하여 전기저항이 증가하는 이른바 양(+)의 온도계수를 가지고 있으며, 금속의 순도가 높을수록 이 온도계수는 커진다.

측온저항체로는 백금, 니켈, 구리 등의 순금속을 사용하며, 따라서 이들 금속의 전기저항을 측정함으로써 온도를 알 수 있는데 표준온도계나 공업계측에 널리 이용되고 있는 것은 고순도(99.999[%])의 백금선이다.

〈표 6-2〉 측온저항체의 종류와 특징

종 류	구성 재료	사용온도범위	특 징
백금측온 저항체	백 금	-200~640℃	• 사용범위가 넓다. • 정확도, 재현성이 양호하다. • 가장 안정하며 표준용으로도 사용할 수 있다. • 20K 이하에서는 측정감도가 나쁘다. • 자계의 영향이 크다.
구리측온 저항체	구 리	0~120℃	• 사용온도범위가 좁다.
니켈 측온 저항체	니 켈	-50~300℃	• 사용온도범위가 좁다. • 온도계수가 크다.
백금-코발트 측온저항체 P_2-C_0	코발트 0.5[%]를 함유한 백금 코발트 함유	2~300K	• 재생성이 좋다. • 20K 이하에서도 감도가 좋다. • 실온까지 사용할 수 있다. • 자계의 영향이 크다.

(1) 원 리

[그림 6-40]을 보면 금속의 저항률 ρ는 온도 t에 거의 비례하는데 이것을 식으로 표시해 보면 $\rho \propto \alpha t$가 된다. 비례상수를 ρ_0라 하면, 이 식은 $\rho = \rho_0(l + \alpha t)$로 된다. 앞의 식에 의하면 ρ_0라는 것은 온도 $t=0$[℃]일 때에 ρ의 값이라는 것을 알 수 있다. 여기서 α를 저항온도계수라 부른다.

한편 금속체의 길이 l/s을 곱하여 저항 R을 얻는데 $R=R_0(l+\alpha t)$가 된다. 여기서 R_0는 $t=0$[℃]일 때의 저항이다.

백금측온저항체 저항 R의 온도특성 그림에서 R_0은 0[℃]에서의 저항이다. 커브의 기울기가 저항온도계수 α가 된다. 이것을 [그림 6-40]에서 구해 보면

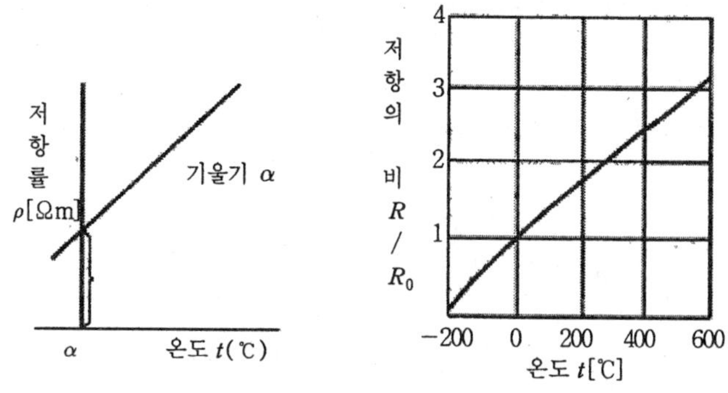

[그림 6-40] 온도-저항특성

-200~0[℃] 범위에서는 4/1[%/℃], 400~600[℃]범위에서는 3.4[%/℃]로 되어 있다.

측온저항체의 온도에 의한 저항값 변화는 휘트스톤브리지 회로를 기본으로 한 저항-전압변화회로(*R*-*V*변환회로)에 의해 전압신호로 변환된다. 필터 회로에서 노이즈 성분을 제거한 다음 리니어라이즈가 부가된 앰프 회로에 들어간다.

여기서는 온도에 대한 측온저항체의 저항값변화의 비직선성을 보정하고 온도에 대해 직선적인 직류전압(0~5[V] 또는 1~5[V])으로 변환한다. 전류신호로 출력하려는 경우는 전압-전류 변환기(*V*-*I* 변환기)로서 4~20[mA]의 통일된 신호로 변환한다.

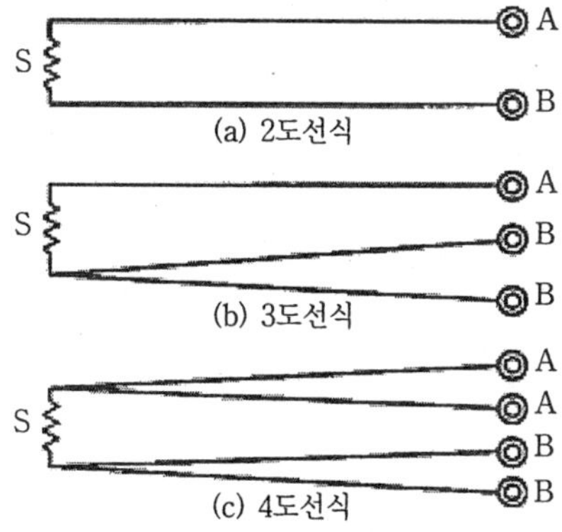

[그림 6-41] 측온저항체의 리드 인출방식

측온저항체는 인출선에 따라 [그림 6-41]과 같이 2도선식, 3도선식, 4도선식의 3종류로 나눌 수 있다.

[그림 6-42]의 경우 브리지 출력 V_0는

$$V_0 = \frac{R_t + 2R_1 - R_0}{(R_B + R_0 + 2R_1)(R_B + R_0)} \times V_r$$

가 되어 도선저항 R_1이 변화하면, 출력전압에 영향을 주게 된다. 이 도선저항에 의한 비직선오차를 보상하기 위해서는 [그림 6-42]의 점선 내와 같이 브리지의 다른 한 변의 R_0측에 $2R_1$과 등가인 보상저항 R_c를 넣는 방법도 있다.

그러나 이 경우에는 도선의 주위온도변화에 대한 오차분을 제거할 수 없다. 따라서 2도선식 배선의 경우에는 $R_t \gg R_1$의 조건을 만족할 수 있도록 도선저항이 충분히 작은 것이 필요하다. 이 조건을 만족할 수 없는 사용방법의 경우는 [그림 6-41](b) 또는 (c)와 같은 형식의 온도저항체를 사용하면 되는데 이것은 인출선의 저항에 의한 측정오차의 제거도 꾀할 수 있다.

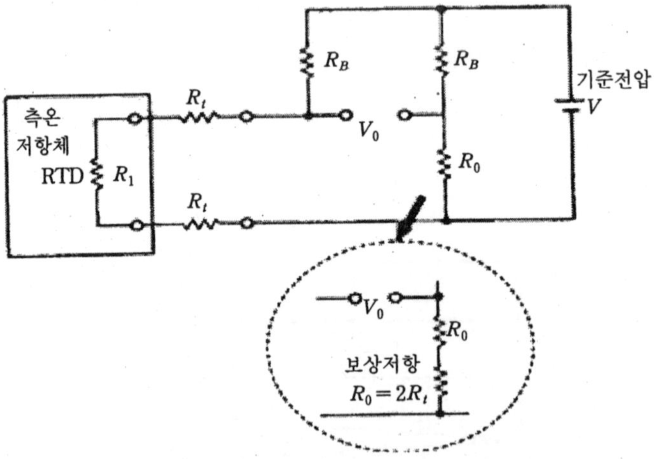

[그림 6-42] 2도선식 배선의 등가회로

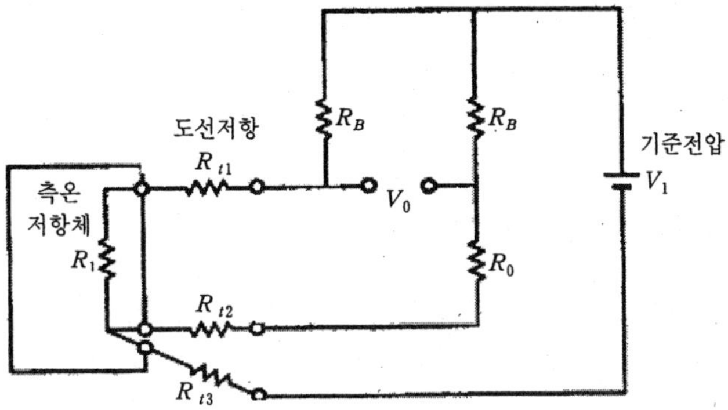

[그림 6-43] 3도선식 배선의 등가회로

[그림 6-43]은 3도선식(3선식) 배선일 경우의 등가회로를 나타낸다. 이 방식에서는 $R_{11}=R_{12}$라 하면 도선저항이 브리지의 양변에 배분되어 있으므로 도선저항의 영향은 거의 무시할 수 있다.

단, 실제로 측온저항체 R_t는 온도에 따라 변화하므로 $I_1=i_2$의 조건이 무너지고 브리지 출력은 비직선오차를 일으킨다.

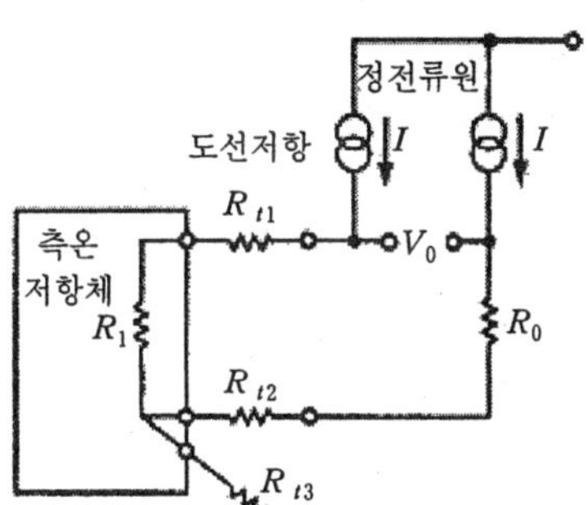

[그림 6-44] 정전류 3선식 배선의 등가회로

그래서 실용적으로는 [그림 6-44]에 나타낸 바와 같은 정전류구동에 의한 브리지 회로가 사용되고 있다. 이 회로에서는 R_t의 저항값변화에 비례하여 출력전압을 꺼낼 수 있다.

이들보다 더 좋은 방법으로 4도선식 배선의 경우가 있는데 이 방법은 정밀측정 등에 사용되고 있는 4단자법과 같은 원리로 전류단자와 전압단자가 구분되어 있다. 전압단자의 계기측 입력 임피던스를 $R_1 \gg R_t$로 하면 도선저항에 의한 오차를 완전히 제거할 수 있다.

(2) 특 징

1) 측온저항체용 재료의 요구조건

① 저항의 온도계수가 크고 직선성이 양호해야 한다.
② 넓은 온도범위에 걸쳐 안정하게 사용할 수 있어야 한다.
③ 소선의 가공이 용이해야 한다.

2) 단 점

① 저항소자의 구조가 복잡하기 때문에 형상이 커 응답이 느리고 좁은 장소의 측정에는 부적합하다.
② 최고 사용온도가 600[℃] 정도로 낮게 되어 있어 고온측정은 할 수 없다.
③ 기계적 충격이나 진동에 약하다.
④ 저항체의 가격이 비싸다.

3) 백금측온저항체의 구조는 기계적 변형이나 진동, 충격 등에 의해 소선의 저항값이나 온도계수가 변화하며, 소선이 단선되지 않도록 되어 있다.

4) [그림 6-45]와 같이 측온저항체의 실제구조는 가는 백금선을 운모나 유리로 감고 보호관을 씌운다.

5) 여러 종류의 측온저항체 백금측온저항체가 실용화된 온도 센서 중 가장 안정적이다.

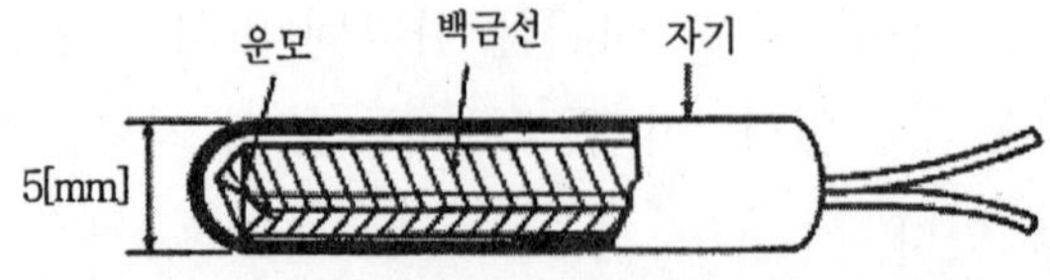

[그림 6-45] 보호관 부착 백금측온저항체

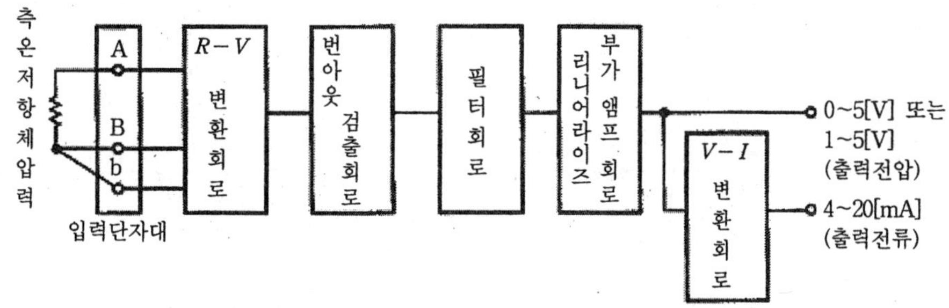

[그림 6-46] 백금측온저항식 온도계의 구성

(3) 용 도

고정밀도의 온도계측에 이용된다.

6.2.6 감온 리드 스위치

감온 리드 스위치는 온도의 정확도가 뛰어나고 경년변화가 적고 수명이 길다는 이점을 지닌 자기의 성질을 지닌 온도 스위치이다.

(1) 원 리

마그넷 리드 스위치의 감온 페라이트는 온도에 따라 자기특성이 급변하는 Mn−Zn계의 소프트 페라이트이다. 페라이트 마그넷은 자속의 공급원이다. 리드 스위치는 자성체로 만들어진 2장의 리드를 중앙에서 약간 틈을 두고 유리관으로 봉입한 자기감응형의 스위치이다. 즉 이들 3요소로 자기회로를 구성함으로써 마그넷으로부터 자속의 분포나 밀도를 감온 페라이트로 제어하여 리드 스위치의 접점을 on/off할 수 있다. 감온 리드 스위치에는 동작온도 이상의 온도에서 접점이 off되는 상시닫힘형(normal off, B형)과 동작온도 이상의 온도에서 접점이 on으로 되는 상시열림형(normal on, M형) 등 각종 동작 로드의 것이 있다.

온 도	상폐형(B형)	상개형(M형)
〈 동작온도	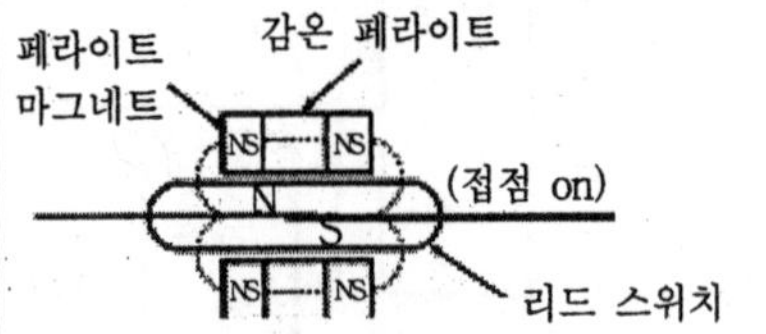	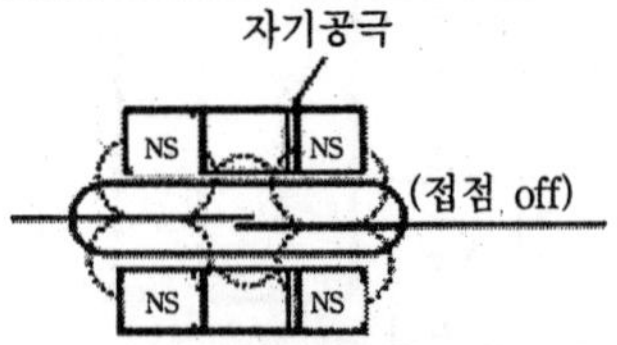
〉 동작온도	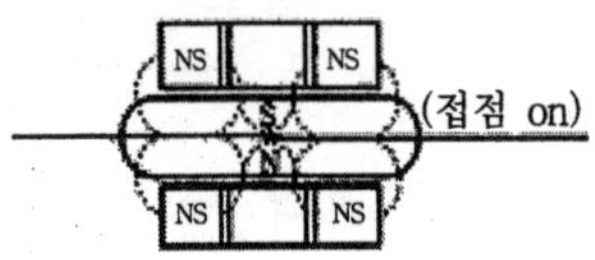	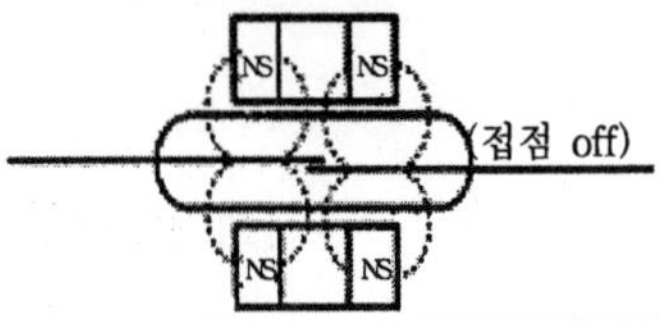

[그림 6-47] 감온 리드 스위치 구성 및 동작

(2) 특 징

① 온도정확도가 높다(±1℃).

② 미소부하에 적합하며 수명이 길다.

③ 내환경성이 양호하다.

④ 임의의 동작온도설정이 가능하다.

⑤ 취급이 간단하다.

⑥ 충격 혹은 후가공(절단/절곡) 등에 따른 특성변화에 유의하고 특히 외부 자계에 의한 온도변동에 유의하여야 한다. 이는 철판이나 스테인레스 등의 강자성체에 붙여 사용하거나 코일 자계가 발생하는 부근에서 사용할 경우에 감온 리드 스위치가 외부의 자기적 조건에 따라 동작온도가 바뀔 수 있기 때문이다.

(3) 용 도

가정용 기기, 산업용 기기 등에서 온도제어 및 감시용으로 많이 사용된다.

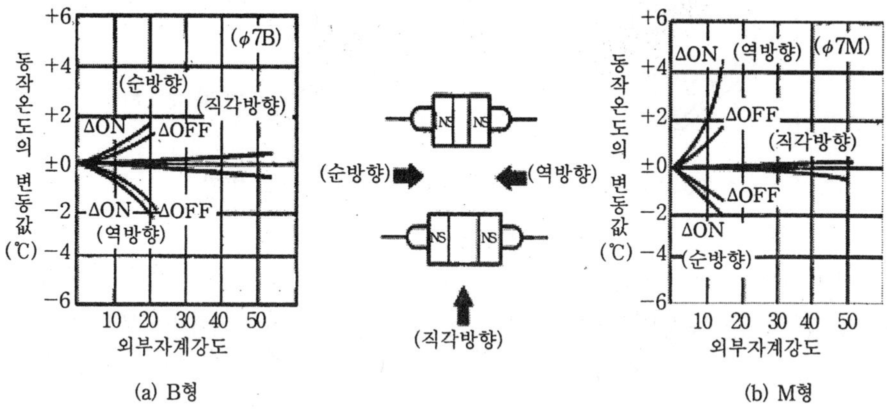

[그림 6-48] 외부자계에 의한 동작온도의 변동

6.2.7 수정 온도 센서

1880년 프랑스의 물리학자인 퀴리 형제가 압전현상을 발견한 이래 1912년에는 캐디(W. G. Cady)에 의해 주파수소자로서 수정발진기가 개척되었으며, 수정진동자에 사용되는 진동편은 이전에는 천연수정이 사용되었으나 현재는 고품질의 인공수정이 개조되고 있다. 그리고 수정편은 그 사용목적에 따라 주파수, 안정도, 전기적 특성에 대해 만족한 것을 얻기 위하여 여러 가지 커트법이 이용되고 있는데, 전기통신분야에서는 온도에 대한 주파수편차가 적은 AT커트법이, 수정진동자를 온도 센서로 사용할 때는 온도에 대한 주파수의 변화가 심한 Y, RS, LC, AC 등의 커트법이 적합하다.

(1) 원 리

수정발진기는 오래 전부터 고안정발진기로서 이용되어 왔다. 이 고안정의 이유는 다음과 같다.

① 발진주파수를 결정하고 있는 수정의 재질이 장시간에 걸쳐 안정하다.

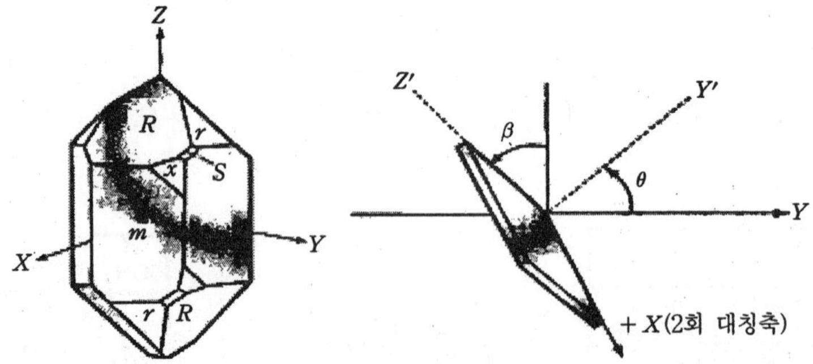

[그림 6-49] 수정의 결정과 기판의 베어낸 방향

② 외부회로조건에 좌우되기 어려운 Q값을 가진 공진자의 수정에서 실현된다.

③ AT커트 등 특정의 결정을 베어낸 각에서는 공진주파수의 온도변화가 매우 적은 것이 얻어진다.

[그림 6-49]에서 이 베어낸 각 θ에 의하여 공진주파수의 온도계수는 크게 변한다.

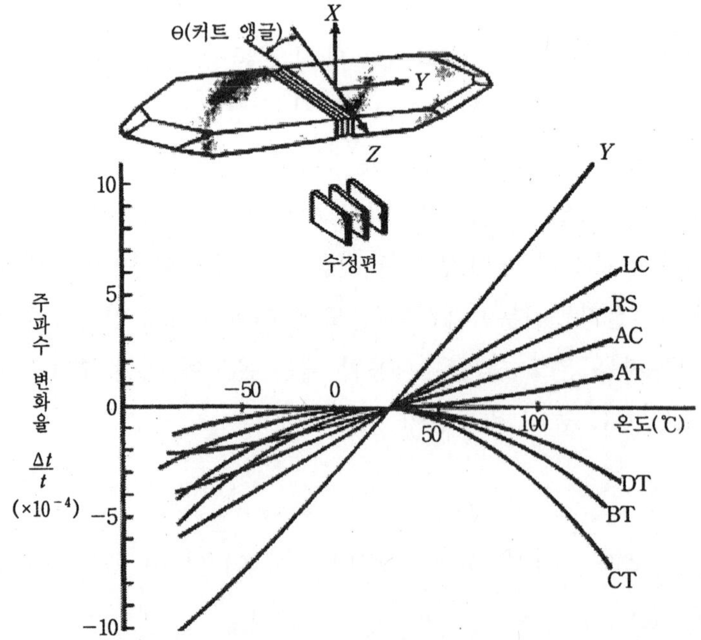

[그림 6-50] 커트에 의한 주파수특성

(2) 특 징

① 주파수로 온도계측을 행하므로 고분해능의 센서가 가능하다.

② 흡수 스펙트럼이 아닌 센서 자신이 발진기를 구성하고 있으므로 회로구성이 간단하다.

③ 카운터용 IC 하나로 간단히 디지털 신호로 끄집어 낼 수 있다.

④ 온도정밀도 교정 및 보정한 상태에서 0.01~0.1[℃]가 실현되지만 수정진동자의 공진주파수는 기계가공정도 등에 의해서 변환하므로 소자의 교정이 필요하게 된다.

⑤ 측정온도범위는 −80~+250[℃]이다.

(3) 용 도

무선통신분야를 비롯하여 컴퓨터, VTR, TV 등의 AV기기 및 온도계로서뿐만 아니라 온도 센서로도 사용할 수가 있다.

부록A

부품의 고장 모드와 원인

부록 A-1. 기계부품의 고장 모드/메커니즘별 분포

품목	고장 모드/메커니즘	분포	품목	고장 모드/메커니즘	분포
클러치, 기계적	바인딩 바인딩/스티킹 미끄럼 슬리핑(Slipping)	27.8[%] 27.8[%] 22.2[%] 22.2[%]	실(seal) 기름	누출 노화/악화 알 수 없음	72.0[%] 24.0[%] 4.0[%]
펌프	누전 마모 조정을 벗어남 작동 없음 단락 누출 실/개스킷 고장 알 수 없음 유도 기타	35.3[%] 21.3[%] 16.8[%] 3.4[%] 0.5[%] 0.3[%] 0.4[%] 20.6[%] 0.1[%] 1.4[%]	실	절단/상처/구멍 노화/악화 누전 균열/분열 마모 느슨함 유도 알 수 없음 기타	40.1[%] 23.2[%] 5.3[%] 4.2[%] 2.8[%] 1.4[%] 10.6[%] 7.6[%] 4.8[%]
기어박스 (요약)	바인딩/스티킹 누출 윤활유 감소 실 고장 마모	60.0[%] 13.3[%] 13.3[%] 6.7[%] 6.7[%]	실 O-링	노화/악화 누출 누수 마모 파손 기능(workmanship) 유도 알 수 없음 기타	16.1[%] 10.7[%] 10.7[%] 8.9[%] 7.1[%] 39.3[%] 1.8[%] 1.8[%] 3.6[%]
수압 밸브 (요약)	누출 닫힘 열림 규격을 벗어남 균열/분열 작동안됨	66.3[%] 11.3[%] 10.2[%] 4.7[%] 4.4[%] 3.0[%]			
오일 밸브	누출 오동작 실/개스킷 고장 유도 알 수 없음	28.6[%] 14.3[%] 14.3[%] 28.6[%] 14.3[%]	모터	배선 절단 전기적 과부하 트랜지스터 고장 알 수 없음 기타	14.3[%] 14.3[%] 14.3[%] 57.1[%] 0.0[%]
모터 발전기 세트	기계적 고장 전기적 고장 알 수 없음	36.4[%] 27.3[%] 36.4[%]			

부록 A-2. 전자부품의 고장 모드 원인별 분포

1. 기계적 전자부품의 고장 모드와 메커니즘

	분류	고장 모드	고장요인(메커니즘)
스위치	기계적 고장	절환동작불량	• 납땜응력에 의한 PCB가 젖혀 있을 때 • 난폭한 스위치 투입 • 취급불량
		납땜부 균열	• 온도 사이클 • 진동/충격/취급불량 • 얇은 납땜
		절연물의 경시열화	• 재질선정의 부적절
	전기적 고장	접점의 접촉불량 (접촉저항 증대)	• 전류 용량의 선정 잘못 • 부식성 가스 • 접점 그리스의 제거 • 접점 아크 • 먼지침입
		절연불량	• 은 마이그레이션 • 휘스커 발생 • 절연재료의 열화
		용착	• 전류용량의 선정 잘못(돌입전류/정격전류) • 접점 아크
릴레이		동작불량	• 코일 정격전압의 선정 잘못 • 전원전압 강하
		복귀불량	• 입력신호 차단불량 • 복귀의 지연 • 접점의 용착
		코일 소손	• 코일 인가 전압의 부적합 • 코일의 층간 단락
		접점용착	• 접점부하의 과대 • 개폐빈도 과다 • 부하회로의 단락
		접촉불량	• 접점표면의 부식, 마모
수정 진동자		기계적 파손	• 진동자의 파손 : 진동, 충격, 과전류 • 지지부의 어긋남 : 진동, 충격 • 케이스 파손 : 진동, 충격
		전기적 성능 열화	• 주파수 드리프트 : 지지부의 변형, 기밀 누설, 이물질 부착, 전극의 확산 • 공진저항 확대 : 기밀누설, 진동자 파손

	분류	고장 모드	고장요인(메커니즘)
커넥터	접촉부	접촉력불량	• 소켓, 스프링의 크리프 및 변형
		접촉면불량	• 외부환경에 의한 부식, 오염 • 먼지부착, 접촉면 마모, 플러스 부착 • 미세진동마모(fretting)에 의한 산화막
	절연부	절연불량	• 흡수열화, 마이그레이션, 표면오염, 이물혼입
		내전압불량	• 휘스커, 이물혼입, 표면오염, 재료불량, 거리부족
		변형, 균열	• 응력, 응력완화, 설계불량, 성형불량
전지		폭발	• 역접속 • 양극과 음극의 단락 • 충전 • 이종전지와의 혼합사용 • 사용한 전지와 미사용전지의 혼합사용 • 전지단자에 납땜 • 전지 내부 전극의 burr에 의한 단락 • 사용주변의 온도가 너무 높을 때
		누액	• 전지수납 케이스에서 장기수납에 의한 부식 • 전지수납단자의 금속과 전지의 부적합
		방전	• 장기보전에 의한 자연방전 • 전지의 사용
		접촉불량	• 전지의 전극단자 형상치수의 자유도가 클 경우 • 전지수납 케이스의 단자재료와 전지단자재료와 의 부적합 • 습도에 의한 부식 • 사람 지문에 의한 부식
		형상의 변형	• 부적절한 수송형태 • 낙하, 충격

2. 인쇄 회로 기판의 고장모드와 고장요인(메커니즘)

스트레스	고장 모드	고장부위	고장요인(메커니즘)
고온 방치	특성열화 단락개방	기판재료 도체 패턴 스루홀	• 기판재료와 동박의 열팽창계수차에 의한 변형 : 부품접촉 도체 균열
	특성 불안정 개방	도체 패턴 스루홀	• 동박의 접착강도 열화 : 동박의 박리
온도 사이클	특성열화 저항값 증가 개방	스루홀 도금부 다층기판 내부도체	• 열팽창·수축의 반복에 의한 도체의 피로 : 균열
	파손, 변형 개방, 단락	기판재료 도체 패턴 스루홀 다층기판 내부도체	• 기판재료의 열팽창·수축에 의한 변형 : 부품접촉, 도체 균열
고습 방치	절연저항 저하 누설전류 증가	기판재료 도체 패턴 스루홀	• 흡습에 의한 전기적 특성 열화 • 전해부식
	단락 절연저항 저하 누설전류 증가 기판 변색	전위차가 있는 도체 패턴 간격은 페이스트 충전 스루홀	• 일렉트로케미컬 마이그레이션
먼지	단락절연저항 저하, 도체변색 누설전류 증가	기판재료 전위차가 있는 도체 패턴 간격	• 먼지의 탄화 : 섬광 • 일렉트로케미컬 마이그레이션
부식 가스	특성열화 도체변색	도체 패턴	• 도체의 부식

3. 코일과 트랜스의 고장 모드와 고장요인(메커니즘)

	고장 모드	고장요인(메커니즘)
코일	전해부식	• 대기 중의 수분과 전계에 의한 누설전류
	절연 열화	• 열에 의한 열화 • 연재료의 가수분해 현상에 의한 열화 • 대기 중의 수분
	권선간 단락	• 권선의 핀홀 등의 결함
	단선	• 진동, 충격 등의 기계적 스트레스 • 전해부식현상 • 열팽창
	코로나 방전	• 고전압인가
	코어 재료의 열화	• 자석의 감자 • 투자율의 변화 • 보자력의 변화
트랜스	절연파괴	• 함침재의 충전 불완전 • 열(사용온도, 과전류, 주파수변동) • 과전압 • 코로나 방전 • 연면방전
	층간단락	• 코로나 방전 • 층간 절연지의 절연불량 • 과전압, 과전류, 서지
	권선간단락	• 절연피막의 핀홀 • 상층권선의 압박에 의한 층간 절연 시트불량
	단선	• 과전류에 의한 소손 • 인출선과 단자 접속부의 납땜 불량 • 기계적 과도 스트레스 • 부하단락에 의한 과전류

4. 반도체의 고장 메커니즘과 가속 스트레스

고장 관련 요소	고장 메커니즘	가속 스트레스							
		온도		고온고습	전압	전류	온도사이클	정전기	진동충격
		고온	저온						
기판	• 결정결합	○							
	• 기판균열						○		
	• PN 접합열화, 파괴	○			○	○		○	
게이트 산화막	• TDDB	○			○			○	
	• 이온 드리프트	○			○				
	• 핫 캐리어 주입		○		○			○	
배선	• 부식			○	○				
	• 일렉트로 마이그레이션	○				○			
	• 스트레스 마이그레이션	○							
	• 용단					○		○	
보호막	• 균열						○		
	• 오염, 흡습	○		○	○				
	• 표면전하의 형성(반전)	○			○				
다이 본딩	• 균열						○		
	• 열피로					○	○		
와이어 본딩	• 피로에 의한 단선						○		○
	• Kerkendall 공공	○		○					
패키지	• 균열	○	○				○		○
	• 일렉트로케미컬, 마이그레이션		○	○					
	• 표면오염, 이물부착		○						

5. 콘덴서의 고장 모드와 고장요인(메커니즘)

구분	고장부위	고장 원인	고장요인(메커니즘)	
적층 세라믹	외부전극	전극 어긋남	• 제조결함(처리온도, 전극재료 등), 납량의 불균일, 기판 휨	개방 용량감소
		전극 먹힘	• 납에 의한 먹힘(전극재료, 땜납재료, 납땜조건)	
	소자내부	균열	• 외부스트레스(진동, 충격, 압력, 열충격) • 납량 불균일, 기판 휨, 유전체층 결함	
	소자표면	누설	• 오염(잔류 플럭스 등), 마이그레이션, 납 브리지, 수분 흡착	단락 절연저항 열화
	소자내부	누설	• 제조결함(공공, 균열, 적층편차 등) • 내부 전극 마이그레이션, 과전압, 서지	
필름 콘덴서	단 락		• 과전압인가(전계의 불균일) • 과전류인가(서지전류, 과도한 리플전류) • 높은 온도에서의 사용 • 이물혼입 • 리드선 인출부의 취급불량 • 필름 결함 • 절연용 충전수지의 함침불량	
	절연 불량		• 필름이나 절연용에 함침한 충전 수지의 가수분해 • 커패시터 단면에서의 코로나 방전	
	개 방		• 커패시터 단면에서의 코로나 방전 • 과전류 • 과전압	
전해 콘덴서	온도/시간		고온에서 사용, 장시간 사용 → dry-up	정전용량감소 손실 증가
	전압/전류		과전압, 과다한 리플전류 → 내부온도상승 → 내압상승/박용량감소/산화피막열화	정전용량감소 손실 증가 누설전류증가
	실 장		리드의 기계적/과다한 열스트레스 → dry-up/유전체피막/층간절연지 절연파괴	정전용량감소 손실 증가/단락
			유기용제 사용 → 불순물이온 침입, 부식	개방

부록B

신뢰성 용어해설

B-1. 일반공통

1) 디버깅(debugging)

초기고장을 경감하기 위해 아이템을 사용 개시 전 또는 사용 개시 후의 초기에 동작시켜 결점을 검출 제거하여 바로잡는 것

2) 번인(burn-in)

아이템(구성품)의 친숙감을 좋게 하거나, 특성을 안정시키는 것 등을 위하여 사용 전에 일정한 시간 동작시키는 것. 또한 이것은 스크리닝에도 도움이 되며, 길들이기라고도 한다.

3) 스크리닝(screening)

고장 메커니즘에 입각한 시험에 의해서 잠재적인 결점을 포함한 아이템을 제거하는 것. 원칙적으로 비파괴적인 수단에 의한 전수검사가 사용된다.

B-2. 신뢰성(reliability)

아이템이 주어진 조건하에서 규정된 기간 중 요구되는 기능을 수행하는 성질

1) 신뢰도

아이템이 주어진 조건에서 규정된 기간 중 요구되는 기능을 다하는 확률. 아이템의 신뢰도함수에 의해 계산된다.

2) 고장률(failure rate)

어떤 시점까지 동작하여 온, 아이템이 계속되는 단위기간내에 고장을 일으키는 비율로 $\lambda(t)$라고 쓴다. 일반적으로 고장률로서 순간고장률과 평균고장률을 사용하고 있지만, 단순히 고장률이라고 할 경우에는 순간 고장률을 가리킨다. 실제로 평균고장률은 다음의 식으로 구한다.

$$\text{평균고장률} = \frac{\text{기간중의 총 고장수}}{\text{기간중의 총 동작시간}}$$

3) 순간고장률(instantaneous hazard rate)

시간 t까지 고장이 발생하지 않은 제품 모집단에 대한 고장의 순간발생률. 줄여서 hazard rate라고 하며, 보통 $h(t)$로 쓴다.

4) 보전도(maintainability)

수리 가능한 아이템에 대해 규정된 조건에서 보전이 실시될 때, 규정된 시간내에 보전을 완료할 확률

5) 평균동작 불가능시간(MTTR : Mean Time To Repair)

아이템의 운용기간중 동작불가능시간의 평균

6) 가동률(availability)

수리 가능한 아이템이 어떤 특정 순간에 기능을 유지하고 있을 확률로 다음과 같이 계산된다.

$$\text{가동률} = \frac{\text{동작가능시간}}{\text{동작가능시간} + \text{동작불가능시간}}$$

7) p×100[%] 백분위수(percentile)

아이템의 모집 단중 $p\times100[\%]$가 고장나게 되는 시간

예) 지수분포의 평균수명=63.2[%] 백분위수

B-3. 고장(failure)

아이템이 규정된 기능을 상실하는 것. 아이템 속에 존재하는 이상(규격미달) 등 고장의 원인이 되는 상태 또는 장소를 뜻하는 결점(defect 또는 fault)과는 다른 개념이다.

1) 고장 모드(failure mode)

고장상태의 형식에 따른 분류로 고장의 형태를 나타낸다.
예) 단선, 단락, 절손, 마모, 특성의 열화 등

2) 고장 메커니즘(failure mechanism)

물리, 화학, 기계, 전기, 인간적 원인 등으로 아이템이 고장을 일으키는 구조

3) 초기고장(initial failure 또는 early failure)

사용개시 후 비교적 빠른 시기에 설계제조상의 결점, 사용환경의 부적합 등으로 일어나는 고장

4). 우발고장(random failure 또는 chance failure)

초기 고장기간이 지나고, 마모 고장기간에 이르기 이전의 시기에 우발적으로 일어나는 고장

5) 마모고장(wear-out failure)

피로, 마모, 노화현상 등으로 시간에 따라 고장률이 커지는 고장

6) 돌발고장(sudden failure)

갑자기 발생하여 사전의 검사 또는 감시에 의해 예지할 수 없는 고장. 돌발고장에 따라 완전고장이 되는 것을 catastrophic failure라고도 한다.

7) 열화고장(gradual failure)

특성이 점차로 열화하여 사전검사나 감시에 의해 예지할 수 있는 고장. 열화고장에 따라 부분고장이 되는 것을 degradation failure라고도 한다.

*열화(degradation 또는 deterioration) : 아이템의 특성, 성능의 저하

B-4. 신뢰성 블록도(reliability block diagram)

시스템의 신뢰도와 그 구성요소간의 기능적 관련을 나타낸 그림. 예를 들면, 간단한 2가지 구성요소인 경우에는 다음과 같이 표시한다.

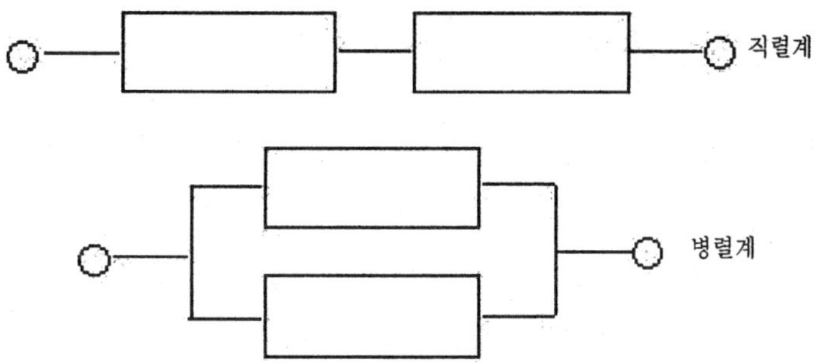

1) 신뢰도 배분(reliability allocation 또는 reliability apportionment)

시스템의 신뢰도 목표가 달성되도록 서브 시스템 및 그 구성 요소에 신뢰도를 할당하는 것

2) 디레이팅(derating)

신뢰성을 개선하기 위하여 계획적으로 부하를 정격값에서 경감하는 것

3) 페일 세이프 설계(fail-safe design)

아이템에 고장이 생겨도 안전성이 유지되도록 배려되어 있는 설계

4) 고장 모드 영향해석(FMEA : Failure Mode And Effects Analysis)

설계의 불완전이나 잠재적인 결함을 찾아내기 위하여 구성요소의 고장 모드와 그 상위 아이템에 대한 영향을 해석하는 기법. 특히 영향의 치명도를 등급매기는 것이 중시될 경우에는 FMECA(Failure Mode Effects and Criticality Analysis)라고 한다.

5) 폴트 트리 해석(FTA : Fault Tree Analysis)

신뢰성 또는 안전성 면에서 일어나는 것이 바람직하지 못한 사상에 대하여 논리기호를 사용하여 그 발생의 경과를 거슬러 올라가면서 수형도(樹刑圖)로 전개하고, 발생경로 및 발생원인, 발생확률을 해석하는 기법

B-5. 신뢰성 시험(reliability test)

신뢰성 결정시험 및 신뢰성 적합시험의 총칭. 신뢰성 시험의 목적은 크게 2가지로 나눌 수 있다. 첫째는 제품의 신뢰도, 즉 제품의 시간적 품질(고장률, MTTF 등)을 밝히는 것이고, 둘째는 제품의 고장 메커니즘을 밝히는 것이다. 즉 제품의 성능이 여러 가지 동작조건과 환경조건하에서 시간에 따라 어떻게 변화하고 고장에 이르는가, 또 왜 시간에 따라 변화하는가, 왜 고장이 나는가 하는 것을 밝히고, 제품의 사용상의 주의와 신뢰성 개선의 단서를 얻는 것이 목적이다.

1) 내구성 시험(endurance test)

아이템의 성능이 스트레스와 시간의 경과에 따라 어떠한 영향을 받는가를 조사하는 시험. 또는 아이템의 특성이 규정의 스트레스를 더함으로써, 또 그들을 인가한 경과시간에 의해 어떠한 영향을 받는가를 조사하기 위해 어떤 시간축에 걸쳐 실시되는 시험

2) 수명시험(life test)

어떤 규정 조건 하에서 아이템의 수명에 관한 시험, 즉 마모나 내용수명이 언제쯤부터 문제되는가, 수명의 분포형은 어떤 것을 따르는가, 고장률은 얼마나 증가하는가 등을 조사하는 시험이다.

3) 환경시험(environmental test)

아이템에 대한 환경의 영향을 조사하는 시험, 즉 성능시험과 함께 제품의 설계단계에서 환경조건을 명확히 하고 거기에 충분히 견디어 낼 수 있는 재료와

부품을 선정하여 재료나 부품이 정해진 환경조건에 대해 특성값이 어떻게 변화되는가 등에 대한 설계정보를 파악하기 위해 실시된다. 또한 조립된 후의 제품에 내환경성 결함(설계상의 결함, 공정결함, 제품간의 열적인 영향으로 인한 결함)이 깃들어 있지 않다는 것을 실증하기 위해서 실시되기도 한다.

4) 가속시험(accelerated test)

시험시간을 단축할 목적으로 기준조건보다 까다로운 조건(가속조건)에서 하는 시험. 가속인자로 온도, 전압, 습도 등의 환경인자들이 사용될 수 있으며, 이들 환경인자를 흔히 스트레스(stress)라고 부른다. 가속시험에서는 고장 모드 및 그 원인이 변하지 않도록 할 필요가 있다.

5) 가속계수(acceleration factor)

기준조건에서 한 시험과 가속시험에 있어서 동등한 누적고장 백분율에 이를 때까지의 시간비율로 (기준조건에서의 시간[수명])/(가속조건에서의 시간[수명])으로 나타낸다.

6) 스텝 스트레스 시험(step stress test)

가속시험의 일종으로 시료에 대하여 어느 시간별로 단계적으로 스트레스를 변화시키면서 하는 시험. 스트레스의 인가법에 따라 가속시험은 다음과 같이 나뉠 수 있다.

7) 한계시험(marginal test)

사용할 수 있는 한계를 확인하기 위하여 실시되는 시험, 즉 품질보증 한계를 확인하거나 한계강도를 파악하는 것이 주된 목적이다.

8) 정시종결 시험방식(fixed time test plan)

시험개시 후, 규정시간에 도달하면 시험을 종결하는 방식으로 신뢰성 시험에 자주 사용되며, 보통 Type I censoring 시험이라고도 한다. 아울러 규정시간을 중도절단시간(censoring time)이라고 부른다.

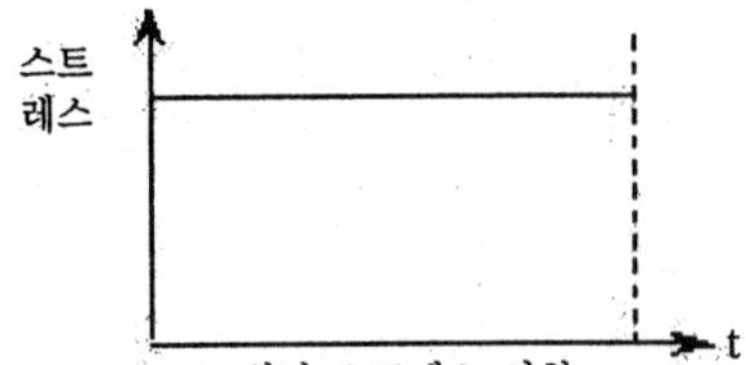

일정 스트레스 시험
(constant-stress accelerated test)

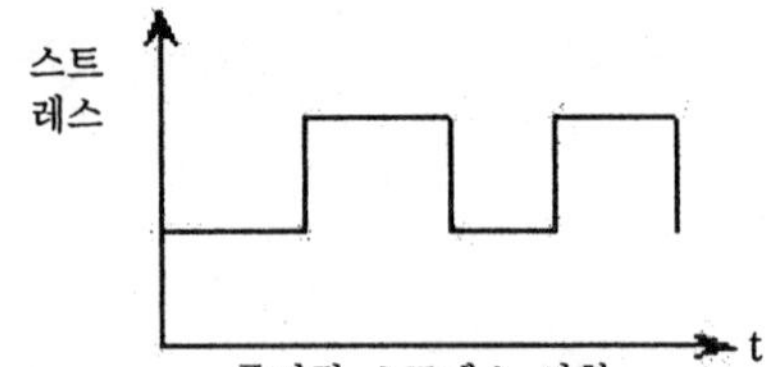

주기적 스트레스 시험
(cyclic-stress accelerated test)

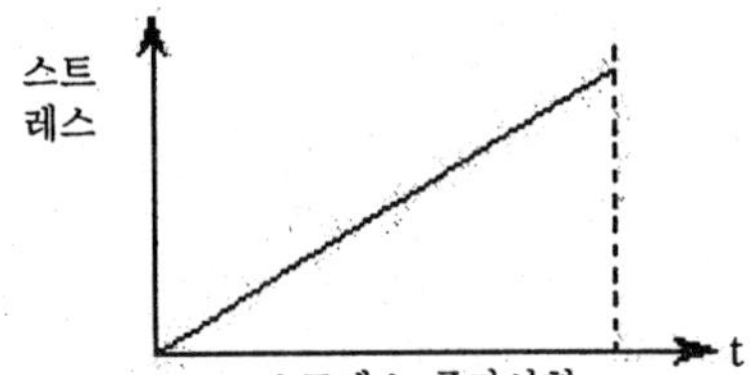

스트레스 증가시험
(progressive-stress accelerated test)

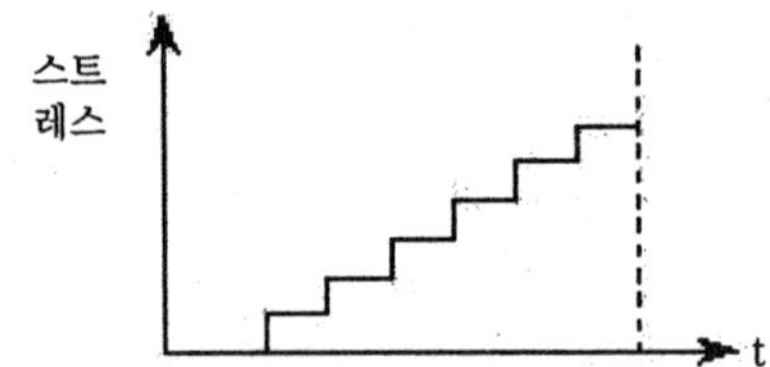

스텝 스트레스 시험
(step-stress accelerated test)

9) 정수종결 시험방식(fixed number test plan)

시험개시 후, 고장발생수가 규정된 수에 도달하면 시험을 종결하는 방식으로 신뢰성 시험, 특히 발취시험에 자주 사용된다. 보통 Type II censoring 시험이라고도 한다.

10) 신뢰성 축차 시험방식(reliability sequential test plan)

총시험 시간이 누적됨에 따라서, 축차로 그 시점까지의 총 고장수에 따라 로트 합격, 불합격, 시험 계속 등 어느 한 가지를 결정하여 계속해가는 신뢰성 적합시험의 일종

11) 신뢰성 결정시험(reliability determination test)

아이템의 신뢰성 특정값을 결정하기 위한 시험. 이 시험은 통계적 추정에 대응한다.

12) 신뢰성 적합시험(reliability compliance test)

아이템의 신뢰성 특성값이 규정된 신뢰성 요구(예를 들면, 고장률 수준)에 합치되어 있는지의 여부를 판정하는 시험. 이 시험은 통계적 검정에 대응한다.

B-6. 내용수명(useful life)

수리계의 고장률이 심하게 증대하여 경제적으로 채산이 맞지 않을 때까지의 시간, 또는 고장률이 규정된 값보다 낮은 기간의 길이

1) 평균고장수명(MTTF : Mean Time To Failure)

비수리 아이템의 고장 수명에 대한 평균값. mean life라고도 한다.

2) 평균고장간격(MTBF : Mean Time Between Failure)

수리계의 서로 이웃하는 고장간 동작시간의 평균값. 고장간격이 지수분포를 따를 경우 MTBF는 고장률의 역수가 된다. 또한 어떤 특정기간 중의 MTBF는 그 기간 중의 총 동작시간을 총 고장수로 나눈 값이며, 최초고장까지의 동작시간을 포함시켜서 계산한다.

B-7. 고장분포함수(failure distribution function)

아이템의 고장수명을 확률변수로 볼 때의 분포함수. 누적분포함수(cumulative distribution function)이라고도 하며 $F(t)$로 나타낸다. 아이템이 시간 $t=0$에서 동작하여 특정 t시간 또는 t시간 이전에 처음으로 고장을 일으킬 확률을 나타내므로, t시간에서의 누적고장확률(cumulative failure probability) 또는 불신뢰도함수(unreliability function)라고도 한다.

1) 신뢰도함수(reliability function)

t시간까지 고장을 일으키지 않을 확률을 나타내며, $R(t)=1-F(t)$로 표시한다.

2) 고장률함수(failure rate function)

순간고장률을 나타내는 시간 t의 함수. hazard rate function이라고도 한다.

3) 고장률(욕조) 곡선(bath－tub curve)

아이템의 고장률함수를 일반적으로 나타내는 곡선으로 욕조모양을 하고 있다. 이 곡선에서 좌측의 고장률이 감소하는 부분(DFR : Decreasing Failure Rate)을 초기고장기간이라 하고, 중간의 고장률이 비교적 낮고 일정한 부분(CFR : Constant Failure Rate)을 우발고장기간, 우측고장률이 증가되고 있는 부분(IFR : Increasing Failure Rate)을 마모고장기간이라 부른다.

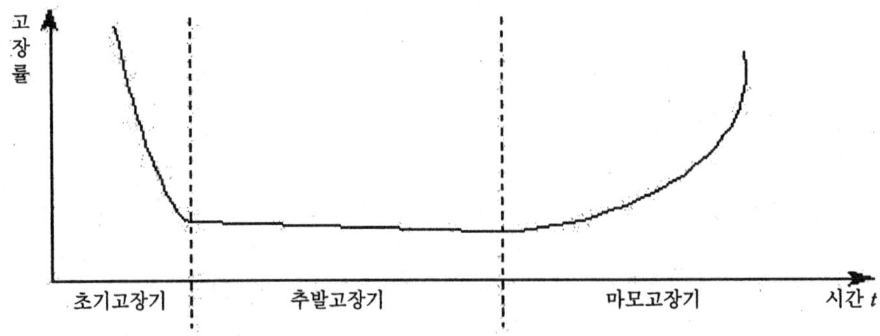

부록C

C-1. 그리스 문자표

문	자	호	칭	문	자	호	칭
A	α	alpha	알 파	N	ν	nu	뉴
B	β	beta	베 타	Ξ	ξ	xi	크 사 이
Γ	γ	gamma	감 마	O	o	omicron	오미크론
Δ	δ	delta	델 타	Π	π	pi	파 이
E	ε	epsilon	입 실 론	P	ρ	rho	로 오
Z	ζ	zeta	제 타	Σ	σ	sigma	시 그 마
H	η	eta	에 타	T	τ	tau	타 우
Θ	θ	theta	세 타	Υ	υ	upsilon	업 실 론
I	ι	iota	이 오 타	Φ	ϕ (φ)	phi	화 이
K	κ	kappa	캅 파	X	χ	chi	카 이
Λ	λ	lambda	람 다	Ψ	ψ	psi	프 사 이
M	μ	mu	뮤	Ω	ω	omega	오 메 가

C-2. 단위의 승수

단	위	승 수
p	피 코 (pico)	$10^{-12}=0.000\ 000\ 000\ 001$
n	나 노 (nano)	$10^{-9}=0.000\ 000\ 001$
μ	마이크로 (micro)	$10^{-6}=0.000\ 001$
m	밀 리 (mill)	$10^{-3}=0.001$
c	센 티 (centi)	$10^{-2}=0.01$
d	데 시 (deci)	$10^{-1}=0.1$
k	킬 로 (kilo)	$10^{3}=1\ 000$
M	메 가 (mega)	$10^{6}=1\ 000\ 000$
G	기 가 (giga)	$10^{9}=1\ 000\ 000\ 000$
T	테 라 (tera)	$10^{12}=1\ 000\ 000\ 000\ 000$

C-3. 원소 주기율표

원자량: 동위원소 원자량의 자연의 존재비에 의한 重價平均値
원자번호 Z: 양성자(또는 전자)의 수
질량수: $A = Z + N$ (N: 중성자의 수)
핵 종: ${}^{A}_{Z}X$와 같이 표시한다. 단 X는 원소기호(화학기호)

양성자수 ***n, l, s***에 대한 제약

		K	L	M	N	O	P	Q	…
주 양 자 수	$n \in \{$	1,	2,	3,	4,	5,	6,	7,	$\cdots\}$
		s	p	d	f				
방위양자수	$l \in \{$	0,	1,	2,	3,	$\cdots, n-1\}$			

자기양자수 $m \in \{0, \pm 1, \pm 2, \cdots, \pm l\}$

스핀양자수 $s \in \{\frac{1}{2}, -\frac{1}{2}\}$

금 속 Ⓖ: 기체 Ⓛ: 액체 기타: 고체

← 천이원소 →

주기 \ 족	1A	2A	3A	4A	5A	6A	7A	8	8
1	1 $_{1}$H 수 소 Hydrogen 1.0079 Ⓖ 1								
2	1 $_{3}$Li 리 튬 Lithium 6.94(1) 2, 1	2 $_{4}$Be 베릴륨 Beryllium 9.01218 2, 2							
3	1 $_{11}$Na 나트륨 Sodium 22.98977 2, 8, 1	2 $_{12}$Mg 마그네슘 Magnesium 24.305 2, 8, 2							
4	1 $_{19}$K 칼 륨 Potassium 39.09(8) 2, 8, 8, 1	2 $_{20}$Ca 칼 슘 Calcium 40.08 2, 8, 8, 2	3 $_{21}$Sc 스칸듐 Scandium 44.9559 2, 8, 9, 2	4, 3 $_{22}$Ti 타탄늄 Titanium 47.9(0) 2, 8, 10, 2	5, 4, 3, 2 $_{23}$V 바나듐 Vanadium 50.941(4) 2, 8, 11, 2	6, 3, 2 $_{24}$Cr 크 롬 Chromium 51.996 2, 8, 13, 1	7, 6, 4, 2, 3 $_{25}$Mn 망 간 Manganese 54.9380 2, 8, 13, 2	2, 3 $_{26}$Fe 철 Iron 55.84(7) 2, 8, 14, 2	2, 3 $_{27}$Co 코발트 Cobalt 58.9332 2, 8, 15, 2
5	1 $_{37}$Rb 루비듐 Rubidium 85.467(8) 2, 8, 18, 8, 1	2 $_{38}$Sr 스트론튬 Strontium 87.62 2, 8, 18, 8, 2	3 $_{39}$Y 이트륨 Yttrium 88.9059 2, 8, 18, 9, 2	4 $_{40}$Zr 지르코늄 Zirconium 91.22 2, 8, 18, 10, 2	5, 3 $_{41}$Nb 니오브 Niobium 92.9064 2, 8, 18, 12, 1	6, 5, 4, 3, 2 $_{42}$Mo 몰리브덴 Molybdenum 95.9(4) 2, 8, 18, 13, 1	7 $_{43}$Tc 테크네튬 Technetium — 2, 8, 18, 14, 1	2, 3, 4, 6, 8 $_{44}$Ru 루테늄 Ruthenium 101.0(7) 2, 8, 18, 15, 1	2, 3, 4 $_{45}$Rh 로 듐 Rhodium 102.9055 2, 8, 18, 16, 1
6	1 $_{55}$Cs 세 슘 Cesium 132.9054 Ⓛ 2, 8, 18, 18, 8, 1	2 $_{56}$Ba 바 륨 Barium 137.3(4) 2, 8, 18, 18, 8, 2	3 * $_{57}$La 란 탄 Lanthanum 138.905(5) 2, 8, 18, 18, 9, 2	4 $_{72}$Hf 하프늄 Hafnium 178.4(9) 2, 8, 18, 32, 10, 2	5 $_{73}$Ta 탄 탈 Tantalum 180.947(9) 2, 8, 18, 32, 11, 2	6, 5, 4, 3, 2 $_{74}$W 텅스텐 Wolfram 183.8(5) 2, 8, 18, 32, 12, 2	7, 6, 4, 2, −1 $_{75}$Re 레 늄 Rhenium 186.207 2, 8, 18, 32, 13, 2	2, 3, 4, 6, 8 $_{76}$Os 오스뮴 Osmium 190.2 2, 8, 18, 32, 14, 2	2, 3, 4, 6 $_{77}$Ir 이리듐 Iridium 192.2(2) 2, 8, 18, 32, 17
7	1 $_{87}$Fr 프랑슘 Francium — 2, 8, 18, 32, 18, 8, 1	2 $_{88}$Ra 라 듐 Radium 226.0254 2, 8, 18, 32, 18, 8, 2	3 ** $_{89}$Ac 악티늄 Actinium — 2, 8, 18, 32, 18, 9, 2						

[기호설명]

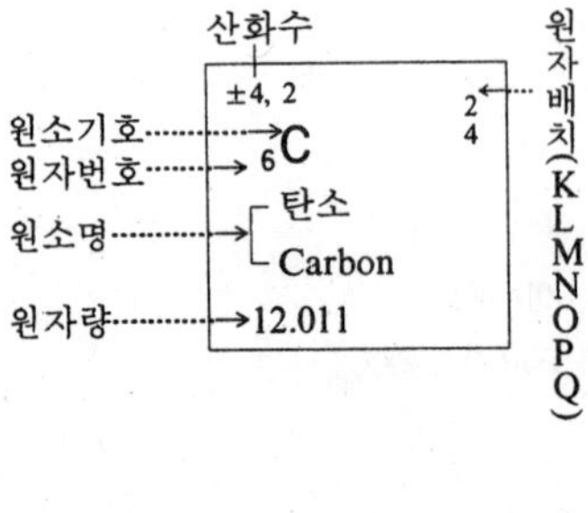

*	란타니드 계열	3, 4 $_{58}$Ce 세 륨 Cerium 140.12 2, 8, 18, 20, 8, 2	3, 4 $_{59}$Pr 프라세오디뮴 Praseodymium 140.9077 2, 8, 18, 21, 8, 2	3 $_{60}$Nd 네오디뮴 Neodynium 144.2(4) 2, 8, 18, 22, 8, 2	3 $_{61}$Pm 프로메튬 Prometheum — 2, 8, 18, 23, 8, 2	3, 2 $_{62}$Sm 사마륨 Samarium 150.4 2, 8, 18, 24, 8, 2
**	악티니드 계열	4 $_{90}$Th 토 륨 Thorium 232.0381 2, 8, 18, 32, 18, 10, 2	5, 4 $_{91}$Pa 프로트악티늄 Protactinium 231.0359 2, 8, 18, 32, 20, 9, 2	6, 5, 4, 3 $_{92}$U 우라늄 Uranium 238.029 2, 8, 18, 32, 21, 9, 2	6, 5, 4, 3 $_{93}$Np 넵투늄 Neptunium 237.0482 2, 8, 18, 32, 22, 9, 2	6, 5, 4, 3 $_{94}$Pu 플루토늄 Plutonium — 2, 8, 18, 32, 23, 9, 2

Pauli의 배타원리: 한 원자 속의 2개의 전자가(n, l, m, s)의 동일값을 갖는 것을 허용하지 않는다. 어느 殼의 s, p, d, f 궤도에 들어갈 수 있는 수는 2, 6, 10, 14이하이다.

전자배치는 nl^k의 모양의 3개의 숫자의 조를 나열해서 표시한다. k는 양자수 n, l의 궤도에 있는 전자의 수 1개의 殼 내에서 에너지 s, p, d, f의 순서로 높아진다. 표에서는 이 순서에 따라서 전자배치를 표시하고 있다.

(예) $_{26}Fe$

$\underbrace{1s^2,}_{2}$

$\underbrace{2s^2 \cdot 2p^6,}_{8}$

$\underbrace{3s^2 \cdot 2p^6 \cdot 3d^6,}_{14}$

$\underbrace{4s^2}_{2}$

반 도 체 / 비 금 속

	1B	2B	3B	4B	5B	6B	7B	0
								0 2He 헬 륨 Helium 4.00260 Ⓖ 2
			3 5B 붕 소 Boron 10.81 2 3	±4. 2 6C 탄 소 Carbon 12.011 2 4	±3. 5. 4. 2 7N 질 소 Nitrogen 14.0067 Ⓖ 2 5	−2 8O 산 소 Oxygen 15.999(4) Ⓖ 2 6	−1 9F 플루오르 Fluorine 18.99840 Ⓖ 2 7	0 10Ne 네 온 Neon 20.17(9) Ⓖ 2 8
			3 13Al 알루미늄 Aluminum 26.98154 2 8 3	4 14Si 규 소 Silicon 28.08(6) 2 8 4	±3. 4. 5 15P 인 Phosphorus 30.97376 2 8 5	6. 3. 4. −2 16S 황 Sulfur 32.06 2 8 6	±1. 4. 5. 6. 7 17Cl 염 소 Chlorine 35.453 Ⓖ 2 8 7	0 18Ar 아르곤 Argon 39.94(8) Ⓖ 2 8 8
2. 3 28Ni 니 켈 Nickel 58.70 2 8 16 2	2. 1 29Cu 구 리 Copper 63.54(6) 2 8 18 1	2 30Zn 아 연 Zinc 65.38 2 8 18 2	3 31Ga 갈 륨 Gallium 69.72 2 8 18 3	4 32Ge 게르마늄 Germanium 72.5(9) Ⓛ 2 8 18 4	±3. 5 33As 비 소 Arsenic 74.9216 2 8 18 5	6. 4. −2 34Se 셀 렌 Selenium 78.9(6) 2 8 18 6	±1. 4. 5 35Br 브 롬 Bromine 79.904 Ⓛ 2 8 18 7	0 36Kr 크립톤 Krypton 83.80 Ⓖ 2 8 18 8
3. 4 46Pd 팔라듐 Palladium 106.4 2 8 18 18	1 47Ag 은 Silver 107.868 2 8 18 18 1	2 48Cd 카드뮴 Cadmium 112.40 2 8 18 18 2	3 49In 인 듐 Indium 114.82 2 8 18 18 3	4. 2 50Sn 주 석 Tin 118.6(9) 2 8 18 18 4	±3. 5 51Sb 안티몬 Antimony 121.7(5) 2 8 18 18 5	6. 4. −2 52Te 텔루륨 Tellurium 127.6(0) 2 8 18 18 6	±1. 4. 5. 7 53I 요오드 Iodine 126.9045 2 8 18 18 7	0 54Xe 크세논 Xenon 131.30 Ⓖ 2 8 18 18 8
2. 4 78Pt 백 금 Platinum 195.0(9) 2 8 18 32 17 1	3. 1 79Au 금 Gold 196.9665 2 8 18 32 18 1	2. 1 80Hg 수 은 Mercury 200.5(9) Ⓛ 2 8 18 32 18 2	3. 1 81Tl 탈 륨 Thallium 204.3(7) 2 8 18 32 18 3	4. 2 82Pb 납 Lead 207.2 2 8 18 32 18 4	3. 5 83Bi 비스무트 Bismuth 208.9804 2 8 18 32 18 5	4. 2 84Po 폴로늄 Polonium — 2 8 18 32 18 6	85At 아스타틴 Astatine — 2 8 18 32 18 7	0 86Rn 라 돈 Radon — Ⓖ 2 8 18 32 18 8

3. 2 63Eu 유로퓸 Europium 151.96 2 8 18 25 8 2	3 64Gd 가돌리늄 Gadolinium 157.2(5) 2 8 18 25 9 2	3. 4 65Tb 테르븀 Terbium 158.9254 2 8 18 27 8 2	3 66Dy 디스프로슘 Dysprosium 162.5(0) 2 8 18 28 8 2	3 67Ho 홀 뮴 Holmium 164.9304 2 8 18 29 8 2	3 68Er 에르븀 Erbium 167.2(6) 2 8 18 30 8 2	3. 2 69Tm 툴 륨 Thulium 168.9342 2 8 18 31 8 2	3. 2 70Yb 이테르븀 Ytterbium 173.0(4) 2 8 18 32 8 2	3 71Lu 루테튬 Lutetium 174.97 2 8 18 32 9 2
6. 5. 4. 3 95Am 아메리슘 Americium — 2 8 18 32 24 9 2	3 96Cm 퀴 륨 Curium — 2 8 18 32 25 9 2	4. 3 97Bk 버클륨 Berkelium — 2 8 18 32 26 9 2	3 98Cf 칼리포르늄 Californium — 2 8 18 32 27 9 2	— 99Es 아인시타이늄 Einsteinium — 2 8 18 32 28 9 2	— 100Fm 페르뮴 Fermium — 2 8 18 32 29 9 2	— 101Md 멘델레븀 Mendelevium — 2 8 18 32 30 9 2	— 102No 노벨륨 Nobelium — 2 8 18 32 32 8 2	— 103Lw 로렌슘 Lawrencium — 2 8 18 32 32 9 2

◆104 · 105 · 106은 생략하였음.

□ 참고문헌 □

1. 성만영 외, 『전기전자재료』, 광문각, 1996
2. 양호언 외, 『전자재료』, 남두도서, 1999
3. 홍기헌 외, 『귀금속재료』, 원창출판사, 2005
4. 이홍석 외, 『센서기술과 인터페이스』, 남두도서, 2001
5. http://www.kscled.com/
6. http://way.pe.kr/Electronics/index.htm
7. http://my.dreamwiz.com/sds008/parthome/part01.htm
8. http://www.kscled.com/techreport/tech__03__02.html
9. Texas Instrument Technical Report

□ 찾아보기 □

(ㄱ)
가변용량 콘덴서 180
가변저항기 166
감온 리드 스위치 269
강자성체 31
개폐기재료 13
게르마늄 155
경계저항 54
경 납 61
경동 48
계기재료 13
고무절연전선 44
고무절연 편조전선 44
고용체 37
고용체합금 37
고체절연재료 93
공유결합 19
공정형 합금 38
광기전력효과 234
광기전효과 28
광도전형 센서 229
광도전효과 229
광도전효과 28
광 유 92
광전관 227
광전자방출형 센서 226
광전자방출효과 226
광전자증배관 228
구리합금 50
권선저항기 167
궤도전자 16
규산알루미나 자기 97
금속간화합물 37
금속결합 19
금속박막저항기 73
금속저항재료 65
금운모 94
기체절연재료 88

(ㄴ)
납땜용 페이스트 61
납유리 99
능동부품 211

(ㄷ)
다결정 16
다이오드 188
단결정 16
단결정제법 157
단선금속 43
단원자금속 34
단일금속저항재료 69
담금질 36
담마르 102
대역정제법 156
도너(donor) 25
도너 불순물 25
도전재료 12, 33
동심연선 42

드리프트 전류 27
디스크형 서미스터 257
땜납 61
뜨임 37

(ㄹ)
로진 101
루미네선스 28
릴레이 196

(ㅁ)
마그네시아 자기 97
멜라민 수지 112
모스 트랜지스터 136
무기질재료 79
무산소동 50
미소 퓨즈 60

(ㅂ)
바리콘 182
바이폴라 트랜지스터 135
박막저항재료 73
반데르발스 20
반도체 온도 센서 252
반도체재료 12, 119
반도체전자재료 13
반송자 25
반자성체 31
발광 다이오드 192, 236
방사선열화 87
배선용 퓨즈 60
백운모 94
복합연선 42
분산강화 39
불림 36
불소수지 108
불포화 폴리에스테르 112
붕규산유리 99
브리지맨법 158
비금속저항재료 70
비닐 전선 46
비드형 서미스터 256
비정질반도체 154

(ㅅ)
산화티탄 자기 97
삼원합금 37
상자성체 30
서미스터 센서 254
석면 94
석면계 95
석면지 95
석면판 95
석영유리 99
석출강화 39
석출경화합금 39
선재 205
세라믹 96
세라믹 콘덴서 174
센서 225
셸락 102
소결합금 39
소다석회유리 98
수동소자 208
수소병 50
수소원자 15
수소취성 50

수소화 50
수정 온도 센서 271
수지외장 서미스터 257
슈퍼 커패시터 176
스티롤 콘덴서 175
실리콘 155
실리콘 수지 114
쌍금속선 43

(ㅇ)
아크릴 수지 110
아크 열화 87
알루미나 자기 97
알루미늄 52
암전류 243
액체절연재료 91
억셉터(acceptor) 26
에나멜 전선 47
에폭시 수지 113
에피택셜 158
연납 61
연동 48
열가소성 수지 106
열경화성 수지 111
열전대 248
열전효과 28
열화현상 86
온도 퓨즈 60
온도계측 245
온도 센서 245
온석면 95
외인성 반도체 121
우레아 수지 113
운모 93
운모 콘덴서 179
원소반도체 149
원자핵 15
유리 98
유기물반도체 153
유리섬유 99
유성 에나멜 동선 47
음극 스퍼터링 75
이온결합 18
이원합금 37
인덕터 182
인상법 157

(ㅈ)
자기 모멘트 30
자기계재료 80
자기재료 12
자성체 30
자유전자 16
자화율 30
저항기 163
저항 어레이 164
저항재료 63
전기동 48
전기 퓨즈 60
전선재료 13
전위차계 166
전자 15
전자관재료 13
전해 콘덴서 171
절연재료 12, 79
절연전선 44
접점재료 54
접촉저항 54

접합형 센서 234
정공 25
정류기재료 13
정류소자 133
제백 효과 28
조동 48
존 158
주기율표 17
진공관 124
진공증착법 75
진성반도체 24, 121
집적회로 125
집적회로 199
집중저항 54
집합연선 42

(ㅊ)
천연고무 115
천연수지 101
청석면 95
최외각전자 17
측온저항체 263
치환형 고용체 37
침입형 고용체 38
칩형 서미스터 257

(ㅋ)
캡타이어 케이블 45
커패시터 137
코일 182
코펄 102
코르손 합금 50
콘덴서 170, 209

(ㅌ)
탄소분말저항재료 71
탄소체저항재료 70
탄소피막저항기 163
탄소피막저항재료 76
탄탈 콘덴서 172
탄화규소저항체 71
탈산구리 50
터프 피치 동 50
톰슨 효과 29
트래킹 열화 86
트랜지스터 124
트랜지스터 194
트리머 180
트리잉 열화 86
티탄산바륨 자기 98

(ㅍ)
페놀 수지 111
펠티에 효과 29
편조선 43
평균자유행정 22
평형연선 42
포토 다이오드 238
포토 트랜지스터 242
포화 폴리에스테르 109
폴리스티렌 109
폴리아미드 107
폴리아세탈 108
폴리에스테르 에나멜 동선 47
폴리에스테르 필름 콘덴서 177
폴리에틸렌 106
폴리염화비닐 111
폴리우레탄 113

폴리우레탄 에나멜 동선 47
폴리카보네이트 110
폴리프로필렌 107
폴리프로필렌 필름 콘덴서 178
폴말 동선 47
풀림 36
퓨즈 59, 137
프린트 기판 204
플로팅 156

(ㅎ)
할로우 저항기 168
합금 37
합금선 43
합성고무 115
합성수지 102
합성연선 43
합성운모 94
합성유 92
호박 102
홀 전압 30
홀 효과 30
화합물반도체 151
확산전류 27
회로부품재료 13
회전기재료 13

(A)
ABS수지 109
AS수지 111

(C)
CdS 167
CdS 광도전 셀 231

(G)
GTO 143

(N)
n형 반도체 121
NTC 서미스터 256

(O)
OP 앰프 214

(P)
p형 반도체 26, 122
PbS 광도전 셀 234
PTC 서미스터 258
PUT 145

(S)
SCR 138
SCS 142
SUS 141

(T)
TRIAC 140

(U)
UJT 144

전자재료 및 부품

2016년 2월 25일 1판 5쇄 발행

저 자 이 홍 석
발행인 남 승 우

발행처 도서출판 상尙 학學 당堂

서울시 동작구 사당로9가길 6(사당동)
TEL : 02) 595-1692~4
FAX : 02) 595-1394
E-mail : namdoo6@unitel.co.kr
신고 : 2-155호 (1968. 11. 29)

정가 19,000원

ISBN 978-89-85437-49-3 93560